高等职业教育能源动力与材料大类系列教材

配电电缆施工运行与维护

PEIDIAN DIANLAN SHIGONG YUNXING YU WEIHU

● 主　编　汤　昕

● 副主编　杨雨薇　蒋　礼

● 参　编　欧阳荭一　胡　首　杨　鹏　王　璇

马光耀　谭　斌　赵　博

重庆大学出版社

内容提要

本书依据电力行业电力电缆安装运维工(配电)、配电线路工、农网配电营业工(配电)工种对应的配电电缆岗位工作任务,对知识、能力和素质的需求来选择和组织内容,参照《教育部关于全面提高高等职业教育教学质量的若干意见》(教高〔2006〕16号)文件进行教学课程内容改革,注重职业岗位工作任务与学习型典型工作任务的对接。

全书根据配电电缆安装运维的岗位工作责任、工作特点和内容,以实际电缆线路的寿命周期为全书的主线,分为4个学习项目、17个任务,介绍了配电电缆线路选用、配电电缆工程施工、配电电缆线路运行维护、配电电缆试验和故障测寻的相关内容。每个任务相对独立,充分体现了工作过程的完整性。

全书将配网电缆安装运维涉及的相关规程融入教学知识,以实际的10 kV配电电缆工程为学习载体,从电缆选用、施工、运维及检测4个方面使学生逐步了解并掌握配电电缆相关专业知识和专业技能,培养学生从事配网电缆安装、运维工作的能力。

本书适用于高压输电线路施工运行与维护专业和电力类专业学生使用,同时也可作为配电线路、供电企业新进员工、生产技能人员、工程技术人员培训提升的参考书。

图书在版编目(CIP)数据

配电电缆施工运行与维护 / 汤昕主编. -- 重庆 : 重庆大学出版社,2020.3

ISBN 978-7-5689-2025-4

Ⅰ.①配… Ⅱ.①汤… Ⅲ.①配电线路—电缆—工程施工—高等职业教育—教材 ②配电线路—电缆—维修—高等职业教育—教材 Ⅳ.①TM726.4

中国版本图书馆CIP数据核字(2020)第045775号

配电电缆施工运行与维护

主　编　汤　昕
副主编　杨雨薇　蒋　礼
参　编　欧阳羝一　胡　首　杨　鹏　王　璇
　　　　马光耀　谭　斌　赵　博

策划编辑:鲁　黎
责任编辑:李定群　版式设计:鲁　黎
责任校对:刘志刚　责任印制:张　策

*

重庆大学出版社出版发行
出版人:饶帮华
社址:重庆市沙坪坝区大学城西路21号
邮编:401331
电话:(023) 88617190　88617185(中小学)
传真:(023) 88617186　88617166
网址:http://www.cqup.com.cn
邮箱:fxk@cqup.com.cn (营销中心)
全国新华书店经销
重庆市国丰印务有限责任公司印刷

*

开本:787mm×1092mm　1/16　印张:16.75　字数:400千
2020年3月第1版　2020年3月第1次印刷
ISBN 978-7-5689-2025-4　定价:48.00元

高等职业教育能源动力与材料大类

（供电服务）系列教材编委会

编写人员名单

主　编　汤　昕　长沙电力职业技术学院

副主编　杨雨薇　长沙电力职业技术学院

蒋　礼　国网湖南省电力有限公司长沙供电分公司

参　编　欧阳荭一　长沙电力职业技术学院

胡　首　长沙电力职业技术学院

杨　鹏　国网湖南省电力有限公司株洲供电分公司

王　璇　国网湖南省电力有限公司株洲供电分公司

马光耀　国网北京市电力公司

谭　斌　国网湖南省电力有限公司长沙供电分公司

赵　博　国网吉林省电力有限公司吉林供电公司

序言

实施乡村振兴战略，是党的十九大作出的重大决策部署。习近平总书记指出，乡村振兴是一盘大棋，要把这盘大棋走好。近年来，在国家电网有限公司统一部署下，国网湖南省电力有限公司全面建设"全能型"乡镇供电所，持续加大农网改造力度，不断提升农村电网供电保障能力，与此同时，也对供电所岗位从业人员技术技能水平提出了更新更高的要求。

近年来，长沙电力职业技术学院始终以"产教融合"为主线，以"做精做特"为思路，立足服务公司和电力行业需求，大力实施面向供电服务职工的定制定向培养，推进人才培养与"全能型"供电所岗位需求对接，重点培养电力行业新时代卓越产业工人，为服务乡村振兴和经济社会发展，提供强有力的人才保障。

教材，是人才培养和开展教育教学的支撑和载体。为此，长沙电力职业技术学院把编写适应供电服务岗位需求的教材作为抓好定向培养的关键切入点，从培养供电服务一线职工的角度出发，破解职业教育传统教材与生产实际、就业岗位需求脱节的突出问题。本套教材由长沙电力职业技术学院教师与供电企业专家、技术能手和星级供电所所长等人员共同编写而成，贯穿了"产教协同"的思路理念，汇聚了源自供电服务一线的实践经验。

以德为先，德育和智育相互融合。本套教材立足高职学生视角，突出内容设计和语言表达的针对性、通俗性、可读性的同时，注重将核心价值观、职业道德和电力行业企业文化等元素融入其中，引导学生树立共产主义远大理想，把"爱国情、强国志、报国行"自觉融入实现"中国梦"的奋斗之中，努力成为德、智、体、美、劳全面发展的社会主义建设者和接班人。

以实为体，理论与实践相互支撑。"教育上最重要的事是要给学生一种改造环境的能力"(陶行知语)。为此，本套教材更加突出对学生职业能力的培养，在确保理论知识适度、实用的基础上，采用任务驱动模式编排学习内容，以"项目＋任务"为主体，导入大量典型岗位案例，启发学生"做中学、学中做"，促进实现工学结合、"教学做"一体化目标。同时，得益于本套教材为校企合作开发，确保了课程内容源于企业生产实际，具有较好的"技术跟随度"，较为全面地反映了专业最新知识，以及新工艺、新方法、新规范和新标准。

以生为本，线上与线下相互衔接。本套教材配有数字化教学资源平台，能够更好地适应混合式教学、在线学习等泛在教学模式的需要，有利于教材跟随能源电力专业技术发展和产业升级情况，及时调整更新。该平台建立了动态化、立体化的教学资源体系，内容涵盖课程电子教案、教学课件、辅助资源（视频、动画、文字、图片）、测试题库、考核方案等，学生可通过扫描“二维码”，结合线上资源与纸质教材进行自主学习，为大力开展网络课堂和智慧学习提供了有力的技术支撑。

“教育者，非为已往，非为现在，而专为将来”（蔡元培语）。随着现场工作标准的提高、新技术的应用，本套教材还将不断改进和完善。希望本套教材的出版，能够为全国供电服务职工培养培训提供参考借鉴，为“全能型”供电所建设发展做出有益探索！

与此同时，对为本套系列教材辛勤付出的编委会成员、编写人员、出版社工作人员表示衷心的感谢！

2019 年 12 月

前言

为贯彻落实《国家职业教育改革实施方案》,推进"三教"改革,实施岗位能力对接,促进产教融合,实现培养电缆高素质技术技能人才的目标,需要编写符合高职学生学习规律,满足课程改革的高职教材。本书依据"电力电缆安装运维工"国家职业技能标准,以及"配电线路工""农网配电营业工"企业职业资格认证标准中的配电电缆施工、运维岗位工作任务对知识、能力和素质的需求来选择和组织内容。从分析电缆岗位工作任务着手,对电缆岗位工作需要的知识、能力、素质分析,打破了传统的教学模式,编写了此书。

本书以实际的10 kV 配电电缆工程为学习载体,以该电缆线路的寿命周期为全书的主线,以标准、质量为核心,以规范的技能培养为重点,融入新工艺、新技术,与企业专家深度合作。在内容设计上涵盖了电缆相关岗位生产现场岗位典型工作任务,将学习内容与对应的职业标准、企业规范工作要求融合,实用性强,以任务工单的形式呈现工作流程、规范工作要求、规划教材内容,辅以必备的、相关的理论基础知识,图文并茂地突出电缆职业技能,编排上体现了工作过程的完整性和实际操作的可行性。

全书分为4个项目,项目1配电电缆线路选用设配电电缆的选型和应用、配电电缆附件的选型和应用、配电电缆构筑物的应用、配电电缆图识绘4个任务,项目2配电电缆工程施工设配电电缆施工方案的编制、配电电缆敷设前的准备、配电电缆敷设、配电电缆附件安装、配电电缆竣工验收5个任务,项目3配电电缆线路运行维护设配电电缆巡视、配电电缆运行管理、配电电缆防护、配电电缆故障抢修4个任务,项目4配电电缆试验和故障测寻设配电电缆绝缘电阻测量、配电电缆主绝缘交流耐压试验、配电电缆局部放电检测、配电电缆故障测寻4个任务。每个任务均给出了具体的任务目标,主要由相关规程、相关知识、任务实施、思考与练习等组成。从电缆选用、施工、运维、检测4个方面使学生逐步了解并掌握配电电缆相关专业知识和专业技能,培养学生从事配网电缆安装、运维工作的能力。

本书适用于高压输电线路施工运行与维护专业和电力类专业学生使用,同时也可作为配电线路、供电企业新进员工、生产技能人员、工程技术人员培训的参考书。

本书由汤昕任主编,杨雨薇、蒋礼任副主编。具体分工如下:项目1由蒋礼、欧阳荭一编写,项目2由汤昕、谭斌、胡首、赵博编写,项目3由杨雨薇、杨鹏编写,项目4由马光耀、杨鹏、王璇编写。全书由汤昕统稿。

限于编者水平,书中的不足之处恳请读者批评指正。

编　者

2019年10月

目录

项目1　配电电缆线路选用

【项目描述】

本项目主要培养学生配电电缆选用的能力。学生掌握电缆本体、电缆附件、构筑物的构成、特点和类型，掌握进行电缆本体、电缆附件、构筑物的选型要求，掌握电缆施工、运维相关图纸的内容及绘制方法；学生能严格遵守电缆相关职业标准、技术规范，能根据电缆线路的运行需要完成电缆和附件的选型以及电缆构筑物的选用，能正确理解、绘制电缆图纸。

【项目目标】

1. 能根据使用要求进行配电电缆选型。
2. 能根据运行环境进行配电电缆附件选型。
3. 能根据使用要求进行配电电缆构筑物的选择。
4. 能读懂并绘制配电电缆线路路径图、停电区域图等施工、检修所需电缆图。
5. 能在学习中学会自我学习，围绕主题讨论并准确表达观点，培养分析和解决问题的能力，具有责任意识、安全意识，精益求精，严格遵守标准规程完成任务。

【教学环境】

电缆实训场、电缆仓库、多媒体课件、电缆相关图纸。

任务 1.1　配电电缆的选型和应用

工作负责人：

新建 10 kV 电缆线路:10 kV 长远Ⅱ回长 316 武广桥分支箱 320 至# 005 杆,新敷设电力电缆 600 m。设计给出的电缆必须合理选型,满足电缆的供电负荷需求和环境要求。

【任务目标】

1. 掌握进行配电电缆结构、类型选用的要求,能进行配电电缆结构、类型的应用。
2. 掌握电缆载流量的影响因素,能进行电缆载流量的计算分析。

【相关规程】

1. GB 50217—2018　电力工程电缆设计标准。
2. GB/T 2900. 10—2013/IEC 60050-461:2008　电工术语　电缆。
3. DL/T 401—2002　高压电缆选用导则。
4. GB/T 2952. 1—2008　电缆外护层　第 1 部分:总则。
5. GB/T 2952. 2—2008　电缆外护层　第 2 部分:金属套电缆外护层。
6. GB/T 2952. 3—2008　电缆外护层　第 3 部分:非金属套电缆通用外护层。
7. GB/T 6995. 3—2008　电线电缆识别标志方法　第 3 部分:电线电缆识别标志。
8. GB/T 6995. 5—2008　电线电缆识别标志方法　第 5 部分:电力电缆绝缘线芯识别标志。
9. GA 306—2007　阻燃及耐火电缆塑料绝缘阻燃及耐火电缆分级和要求。

【相关知识】

电力电缆是用于电力传输功率电能的电缆。《电工术语　电缆》(GB/T 2900. 10—2013)对绝缘电缆构成规定为:有一根或多根绝缘线芯,有各自的包覆层(若有),有缆芯保护层(若有),有外保护层(若有),电缆内可以有附加的没有绝缘的导体。而电力电缆由导体、绝缘层和保护层 3 个部分组成,根据国家标准《额定电压 1 kV(Um = 1. 2 kV)到 35 kV

(Um=40.5 kV)挤包绝缘电力电缆及附件 第2部分:额定电压6 kV(Um=7.2 kV)到30 kV(Um=36 kV)电缆》(GB/T 12706.2—2008)规定,额定电压1.8/3 kV及以上的电缆应有金属屏蔽层,对6 kV及以上电缆,绝缘层内外还各有一层屏蔽层。3芯电缆结构图如图1.1所示。配网电缆为中、低压电缆,在选择电缆时,应满足敷设环境、投资成本、运行负荷、环保等要求,不同部分选用不同的材料和结构,保证电缆安全运行。

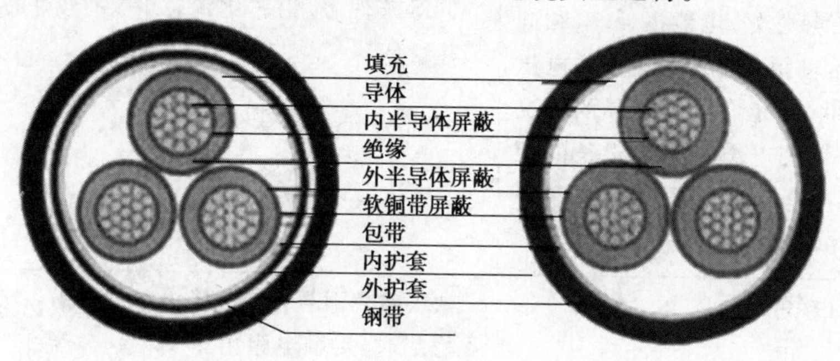

图1.1 3芯电缆结构图

1.1.1 电缆导体形式选用

(1)电缆材质选择

导体是电缆中具有传导电流特定功能的一个部件。常用的电缆导体材料可选用铜导体、铝或铝合金导体。铜、铝和铝合金导体的特点见表1.1。

表1.1 铜、铝和铝合金导体对比

性能	铜	铝	铝合金
电导率	电导率高(20 ℃时电阻率为 $1.724\times10^{-8}\ \Omega\cdot m$),在同样的传输容量情况下铜电缆截面可比铝小1~2级,载流量大	电导率比铜小(20 ℃时电阻率为 $2.80\times10^{-8}\ \Omega\cdot m$),铝芯大2~4个规格后导电性能与铜芯相同	电导率与铝相近
抗张强度和抗蠕变	机械强度高,能承受较大的机械力,抗压强度较高,延伸性好,耐疲劳,弯曲半径是10~20倍电缆直径,弯曲不易断裂	机械强度、抗拉强度和疲劳强度低于铜,塑性好,伸长率低,容易弯曲	机械性能比铝强,比铜抗拉,柔韧性好,抗压蠕变强于铝,比铝易弯曲,弯曲半径最小为7倍电缆直径,安装方便
抗氧化腐蚀	耐氧化和腐蚀,性能稳定	比铜易氧化和腐蚀	耐腐蚀性强于铝,避免纯铝导体的抗蠕变性能差的问题

续表

性能	铜	铝	铝合金
熔点	铜的熔融温度为 1 080 ℃	铝的熔融温度为 660 ℃	根据成分和含量不同，低于铜
能耗	导热性好，电能损耗小，相同的传输距离可保证更高的电压质量，在允许电压下降的情况下，铜芯电缆可达到很长的距离，即电源覆盖面积大，有利于网络规划，减少供电点数	同等条件下，铝芯比铜芯发热量高	有较好的导热性
连接	连接可靠性高	要去除表面氧化层。接头不稳定时，接触电阻由于氧化而增加，容易发热而发生事故，铝的事故率比铜高	无记忆力，接头易于压紧，要使用专用铝合金电缆接头，解决与铜端子相连的铜铝过渡问题，防止接头处产生电化学腐蚀，连接工艺比铜复杂
价格	价格高	资源丰富，材质轻，价格便宜	价格比铜低，材质轻

对铜、铝、铝合金材料的选择，要综合考虑电缆的载流量要求、电缆的生命周期成本及材料的特点，选择合适的导电材料。《电力工程电缆设计标准》(GB 50217—2018)规定：用于下列情况的电力电缆，应采用铜导体：

①电机励磁、重要电源(一级及以上负荷供电的电源)、移动式电气设备等需保持连接具有高可靠性的回路。

②振动场所、有爆炸危险或对铝有腐蚀等工作环境。

③耐火电缆。

④紧靠高温设备布置。

⑤人员密集场所。

电压等级 1 kV 以上的电缆不宜选用铝合金导体。

常用电缆导体一般采用绞合导体结构，由多根小截面圆形截面金属线绞合组成，可满足电缆的柔韧性和弯曲要求。绞合导体采用紧压结构变成不规则的形状，如图 1.2 所示。紧压结构可减少单线间的间隙，缩小导体外径，使线芯表面光滑，均匀线芯表面的不均匀电场，减小导丝效应引起的电场集中，防止水分和其他杂质进入线芯。

单芯电缆和 10 kV 及以上的交联聚乙烯电缆导体一般为圆形规则绞合导体结构，圆形表面电场较均匀，能传输的电流较大；10 kV 以下多芯挤包绝缘电缆对电场要求较低，可采用扇形、腰圆形,能减少电缆直径,节约材料消耗,如图1.3所示。

(2)电缆芯数选择

电力电缆的芯数分为单芯、2芯、3芯、4芯及5芯。在配网中,单芯电缆可用于传输单相交流电、高低压直流电,也可用于蓄电池组、高压电机引出线等场合,或是工作电流较大的回路、敷设在水下的电缆选用,一般中低压大截面电力电缆多为单芯。2芯电缆多用于传送单相交流电或低压直流电。3芯电缆主要用于三相回路,在35 kV及以下各种中小截面的电缆线路中广泛应用。4芯和5芯电缆多用于低压配电线路。只有电压等级为1 kV的电缆才有2芯、3芯、4芯及5芯。在1 kV及以下电源中性点直接接地时,具体的电缆芯数选用见表1.2。

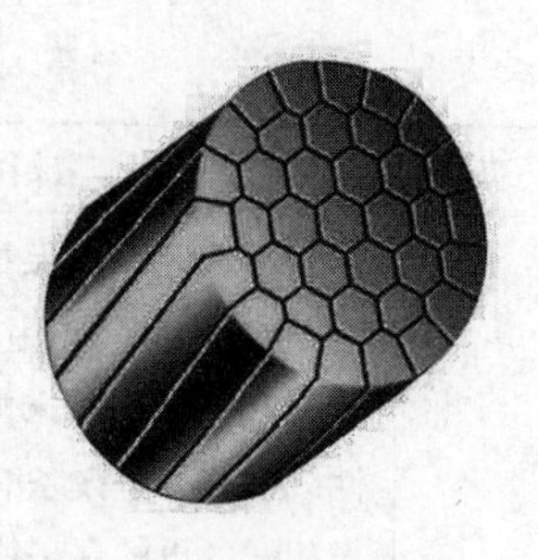

图1.2　导体紧压结构

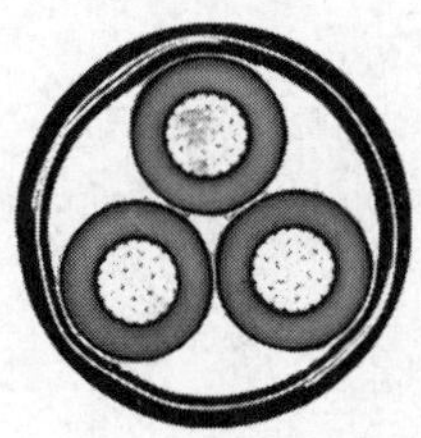

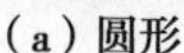

(a)圆形

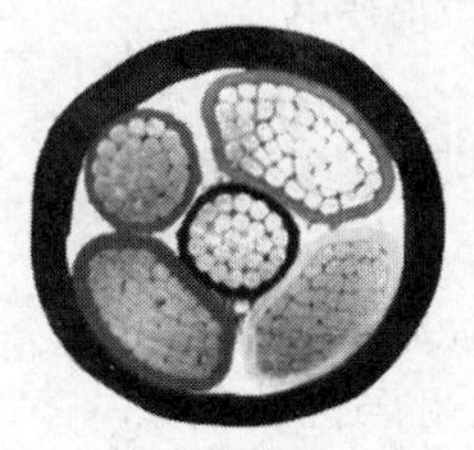

(b)腰圆形

(c)扇形

图1.3　电缆导体形状

多芯电缆绝缘线芯的不同颜色标志见表1.3。主线芯应为黄、绿、红,蓝色(为淡蓝色)用于中性线芯。

表1.2　1 kV及以下电源中性点直接接地时电缆芯数选用

芯数	三相回路中的选用	单相回路中的选用
单芯	相线截面大于240 mm^2 使用	
2芯	—	1. TN-C系统,用电缆中性线作保护线时使用 2. TT系统,受电设备外露可导电部位可靠连接至分布在全厂、站内公用接地网时,固定安装的电气设备使用
3芯	1. TT系统,未配出中性线或回路不需要中性线引至受电设备时使用 2. TN系统,受电设备外露可导电部位可靠连接至分布在全厂、站内公用接地网时,固定安装且不需要中性线的电动机等电气设备使用	1. TN-S系统,保护线与中性线各自独立时,或2芯电缆与另外紧靠相线敷设的保护线组成使用 2. 移动式电气设备的单相电源使用

续表

芯数	三相回路中的选用	单相回路中的选用
4芯	1. TN-C 系统,保护线与受电设备的外露可导电部位连接接地,用电缆中性线作保护线时使用 2. TN-C 系统,未配出中性线或回路不需要中性线引至受电设备时,或采用3芯电缆与另外紧靠相线敷设的保护线组成使用 3. TT 系统,受电设备外露可导电部分的保护接地与电源系统中性点接地各自独立时使用 注意: ①在三相不平衡电流比较大,要4芯等截面。 ②当电缆中性线作保护线时,不得采用3芯电缆加1根绝缘导线的组合,这样做3芯电缆的金属屏蔽层与铠装层中有不平衡电流通过发热,会影响电缆载流量,甚至发生热击穿	—
5芯	1. TN-C 系统,保护线与受电设备的外露可导电部位连接接地,保护线与中性线各自独立时使用 2. 三相四线制电源电缆使用	—

表1.3　多芯电缆绝缘线芯的颜色标志

电缆芯数	颜色
2芯	红、蓝
3芯	黄、绿、红
4芯	黄、绿、红、蓝
5芯	由供需双方协商确定

目前,额定电压0.6/1 kV及以下的系统中还有一种特殊的电缆,是将光纤组合在电力电缆的结构层中,使其具有电力传输和光纤通信两种功能的光纤复合电缆,电缆芯数增加,如图1.4所示。这种电缆可在电力传输同时实现光纤入户,可实现信息内网居民用电信息采集,满足智能电网信息化、自动化、互动化需求,实现“智能电网、电信网、广播电视网和互联网四网融合”入户端。

(3)导体截面积的选择

1)电缆载流量

在一个确定的适用条件下,当电缆导体流过的电流在电缆各部分所产生的热量能够及时向周围媒质散发，使绝缘层温度不超过长期最高允许工作温度，这时电缆导体上所流过的电流值，称为电缆载流量。

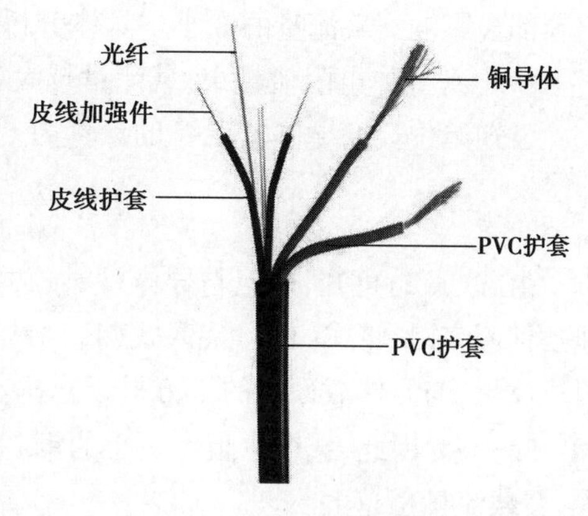

图1.4　光纤复合电缆

电缆载流量高，则代表电缆的传输能力强。电缆发热会使温度升高，降低绝缘性能，发生老化击穿。因此，需要绝缘材料有较高的耐热性、耐老化性。最大工作电流作用下的电缆导体温度不得超过电缆绝缘最高允许值，最大短路电流和短路时间作用下的电缆导体温度、持续工作回路的电缆导体工作温度应符合表1.4要求。10 kV及以下电缆截面还需要按电缆的初始投资与使用寿命期间的运行费用总和经济的原则选择。

表1.4　常用电缆导体的最高允许温度

电缆		最高允许温度/℃	
绝缘类型	电压/kV	持续工作	短路暂态
聚氯乙烯	1	70	160
交流聚乙烯	≤500	90	250
乙丙橡胶	1～500	90	250

注：铝芯电缆短路允许最高温度为200 ℃。

①电缆载流量的计算公式

计算电缆载流量的基本公式为

$$I = \sqrt{\frac{(\theta_C - \theta_0) - nW_d(0.5T_1 + T_2 + T_3 + T_4)}{nR[T_1 + (1 + \lambda_1)T_2 + (1 + \lambda_1 + \lambda_2)(T_3 + T_4)]}} \tag{1.1}$$

式中　I——电缆连续额定载流量，A；

θ_C——电缆导体允许最高温度，℃；

θ_0——周围媒质温度，℃；

W_d——电缆绝缘介质损耗；

R——单位长度导体在 θ_C 温度时的电阻，Ω/m；

T_1, T_2, T_3, T_4——单位长度电缆绝缘层、内衬层、外被层和周围媒质热阻，K · m/W；

λ_1, λ_2——金属屏蔽层和铠装层损耗系数；

n——在一个护套内所包含的电缆导体数(芯数)。

②电缆载流量的影响因素

由式(1.1)可知，电缆的绝缘层、内衬层、外被层和周围媒质会产生热阻，影响热量向外散发。在电场作用下，金属屏蔽层和铠装层会有能量损耗，绝缘性能、导体温度、周围媒质温

度等都会影响到载流量的大小。具体分析,影响因素如下:

A. 电缆导体电阻值越小,载流量越大。

已知单位长度导体电阻 R 的计算为

$$R = \frac{\rho}{A}[1 + \alpha(\theta - 20)] \tag{1.2}$$

由式(1.2)可知,电阻与导体材料的电阻率 ρ 成正比,与导体截面积成反比。因此,在其他条件不变时,将式(1.2)代入式(1.1)中,可知电缆载流量和导体材料的电阻率 ρ 的平分根成反比,与导体截面积的平方根成正比。常用的铜 $\rho_{Cu} = 1.724 \times 10^{-8}\ \Omega \cdot m$,铝 $\rho_{Al} = 2.8 \times 10^{-8}\ \Omega \cdot m$。因此,选用电阻率更小的铜芯比同等截面积下的铝芯载流量更大。导体截面越大,其载流量也越大。

B. 导体允许最高温度越高,即绝缘材料的耐热性能和耐老化性能越好,载流量越大。

由表1.4可知,交联聚乙烯允许工作温度为90 ℃,传输容量大。绝缘材料的介质损耗越小,载流量越大。选用热阻系数较小、击穿强度较高以及绝缘厚度较薄的绝缘材料能降低绝缘层热阻,有利于提高电缆传输容量。

C. 周围环境温度越高,载流量越小。

电缆线路附近有热源,如与热力管道平行、交叉或周围敷设有电缆等使周围媒质温度变化,会对电缆载流量造成影响。电缆线路与热力管道交叉或平行时,周围土壤温度会受到热力管道散热的影响,只有任何时间该地段土壤与其他地方同样深度土壤的温升不超过10 ℃时,电缆载流量才可认为不受影响,否则必须降低电缆负荷。同沟敷设的多条电缆邻近并列,相互影响,电缆负荷应降低。电缆导体工作温度大于70 ℃的电缆多根敷设于未装机械通风的隧道、竖井时,应计入对环境温升的影响。电缆持续允许载流量的环境温度应按使用地区的气象温度多年平均值确定,并符合表1.5的规定。

表1.5 电缆持续允许载流量的环境温度

电缆敷设场所	有无机械通风	选取的环境温度
土中直埋	—	埋深处的最热月平均地温
水下	—	最热月的日最高水温平均值
户外空气中、电缆沟	—	最热月的日最高温度平均值
户内电缆沟	无	最热月的日最高温度平均值另加5 ℃
隧道		
隧道	有	通风设计温度

D. 周围媒质热阻越大,载流量越小。

a. 土壤热阻影响。电缆直埋敷设,当埋深深度确定后,土壤热阻取决于土壤热阻系数。不同土壤热阻系数分类见表1.6。可选择热阻系数小的土壤替换的方式降低土壤热阻系数,电缆直埋敷设在干燥或潮湿土壤中,除实施换土处理能避免水分迁移的情况外,土壤热阻系数取值宜不小于2.0 m·K/W。

b.敷设方式影响。电缆敷设在管道中,周围媒质热阻有电缆表面到管道内壁的热阻、管道热阻和管道的外部热阻3部分,比直接埋入地下热阻大。因此,其载流量比直接埋设在地下要小,排管中不同孔位的电缆还应分别考虑互热影响。敷设于耐火电缆槽盒中的电缆应计入包含该型材质及其盒体厚度、尺寸等因素对热阻增大的影响。施加在电缆上的防火涂料、阻火包带等覆盖层厚度大于1.5 mm时,应计入其热阻影响。电缆沟内电缆埋沙且无经常性水分补充时,应按沙质情况选取大于2.0 m·K/W的热阻系数计入电缆热阻增大的影响。可采取冷却水管道循环降低地下通道温度,从而降低周围媒质热阻。

表1.6　不同土壤热阻系数的分类

土壤热阻系数 /(m·K·W^{-1})	分类特征(土壤特性和雨量)	校正系数
0.8	土壤很潮湿,经常下雨。如湿度大于9%的沙土,湿度大于10%的沙-泥土等	1.05
1.2	土壤潮湿,规律性下雨。如湿度大于7%但小于9%的沙土,湿度为12%~14%的沙-泥土等	1.00
1.5	土壤较干燥,雨量不大。如湿度为8%~12%的沙-泥土等	0.9
2.0	土壤干燥,少雨。如湿度大于4%但小于7%的沙土,湿度为4%~8%的沙-泥土等	0.87
3.0	多石地层,非常干燥。如湿度小于4%的沙土等	0.75

③电缆载流量的校正

环境温度、土壤热阻系数、多根电缆并列等因素影响电缆载流量,载流量计算时在额定载流量上要考虑相应的校正系数。不同环境温度载流量的校正系数见表1.7,其他环境的载流量校正系数按式(1.3)计算;不同土壤热阻系数的载流量校正系数见表1.6;土壤中直埋多根电缆并列时载流量校正系数见表1.8,一般设计中取8根并列计算;在空气中支架上并列敷设时载流量校正系数见表1.9。

表1.7　不同环境温度时载流量校正系数

敷设位置		空气中				土壤中			
环境温度/℃		30	35	40	45	20	25	30	35
电缆导体最高工作温度/℃	70	1.15	1.08	1.0	0.91	1.05	1.0	0.94	0.88
	90	1.09	1.05	1.0	0.94	1.04	1.0	0.96	0.92

环境载流量校正系数计算公式为

$$K = \sqrt{\frac{\theta_{m} - \theta_{2}}{\theta_{m} - \theta_{1}}} \tag{1.3}$$

式中 θ_m——电缆导体最高工作温度,℃;

θ_1——对应于额定载流量的基准环境温度,℃;

θ_2——实际环境温度,℃。

表 1.8 土壤中直埋多根电缆并列时载流量校正表

净距/mm	并列电缆根数											
	1	2	3	4	5	6	7	8	9	10	11	12
100	1.00	0.90	0.85	0.80	0.78	0.75	0.73	0.72	0.71	0.70	0.70	0.69
200	1.00	0.92	0.87	0.84	0.82	0.81	0.80	0.79	0.79	0.78	0.78	0.77
300	1.00	0.93	0.90	0.87	0.86	0.85	—	—	—	—	—	—

表 1.9 电缆空气中并列敷设时载流量校正表

并列根数		1	2	3	4	5	6
电缆中心距	$S=d$	1.00	0.90	0.85	0.82	0.81	0.80
	$S=2d$	1.00	1.00	0.98	0.95	0.93	0.90
	$S=3d$	1.00	1.00	1.00	0.98	0.97	0.96

④电缆载流量查表

a. 380 V 电缆载流量见表 1.10。

表 1.10 380 V 电缆载流量(适用于 8 根并列直埋敷设)

截面/mm²	地温 20 ℃				地温 30 ℃			
	PVC		XLPE		PVC		XLPE	
	A	kV·A	A	kV·A	A	kV·A	A	kV·A
25	84	55	102	67	75	49	91	60
35	102	67	124	82	91	60	111	73
50	121	80	148	97	107	70	130	86
70	143	94	174	115	128	84	156	103
95	168	110	205	135	149	98	182	118
120	188	124	229	151	164	108	200	132
150	210	138	256	168	188	124	229	151
185	237	156	289	190	212	139	259	170
240	263	173	321	211	235	155	287	189

注:1. 本表适用于铜导体,铝导体应乘以 0.78。

2. 土壤热阻系数按 1.0 m·K/W 计算。

b.1 kV 聚氯乙烯绝缘电缆载流量见表1.11。

表1.11　1 kV 聚氯乙烯绝缘电缆敷设时持续允许载流量/A

绝缘类型		聚氯乙烯								
电缆导体最高工作温度/℃		70 ℃								
敷设位置		空气			直埋					
环境温度/℃		40			25					
护套		无钢铠护套			无钢铠护套			有钢铠护套		
芯数		单芯	2芯	3芯或4芯	单芯	2芯	3芯或4芯	单芯	2芯	3芯或4芯
电缆导体截面/mm^2	25	95	79	69	138	105	90	134	100	87
	35	115	95	82	172	136	110	162	131	105
	50	147	121	104	203	157	134	194	152	129
	70	179	147	129	244	184	157	235	180	152
	95	221	181	155	295	226	189	281	217	180
	120	257	211	181	332	254	212	319	249	207
	150	294	242	211	374	287	242	365	273	237
	185	240	—	246	424	—	273	410	—	264
	240	410	—	294	502	—	319	483	—	310
	300	473	—	328	561	—	347	543	—	347

注:1.适用于铝芯电缆,铜芯电缆的持续允许载流量值可乘以1.29。

2.单芯只适用于直流。

c.10 kV 交联聚乙烯绝缘电缆载流量见表1.12。

表1.12　10 kV 3芯交联聚乙烯绝缘电缆持续允许载流量/A

绝缘类型		交联聚乙烯			
钢铠护套		无		有	
电缆导体最高工作温度/℃		90			
敷设位置		空气	直埋	空气	直埋
电缆导体截面/mm^2	25	100	90	100	90
	35	123	110	123	105
	50	146	125	141	120
	70	178	152	173	152
	95	219	182	214	182
	120	251	205	246	205

续表

敷设位置		空气	直埋	空气	直埋
电缆导体截面 /mm^2	150	283	223	278	219
	185	324	252	320	247
	240	378	292	373	292
	300	433	332	428	328
	400	506	378	501	374
	500	579	428	574	424
环境温度/℃		40	25	40	25
土壤热阻系数/($m \cdot K \cdot W^{-1}$)		—	2.0	—	2.0

注:适用于铝芯电缆,铜芯电缆的持续允许载流量值可乘以1.29。

2)电缆导体截面的选择方法

电缆导体截面的选择需满足负荷电流、短路电流以及短路时的热稳定等要求,一般是按负荷电流和长期允许载流量进行选择;对较长的高压电缆线路,应按经济电流密度选择电缆截面,再校验电压降、热稳定性等进行校核。

①按电缆长期允许载流量选择导体截面

电缆载流量越高,对应的电缆导体截面越大。按长期允许载流量进行导体截面积选择,要满足

$$I_{max} \leqslant KI_0 \tag{1.4}$$

式中 I_{max}——通过电缆的最大持续负荷电流;

I_0——指定条件下的长期允许载流量;

K——电缆长期允许载流量的总修正系数。

②根据经济电流密度选择导体截面

A.经济电流截面选择的计算

10 kV及以下电缆导体截面积要满足初始投资和使用寿命期间的运行费用总和经济的原则,可按照经济电流截面进行选择。根据经济电流密度选择电缆截面时,首先应知道电缆线路中年最大负荷利用时间,从表1.13中查得所选导体材料的经济电流密度,然后计算导体截面为

$$S = \frac{I_{max}}{J} \tag{1.5}$$

式中 I_{max}——最大负荷电流,A;

J——经济电流密度,A/mm^2。

根据计算所得的导线截面值,通常选择不小于这个值且最靠近这个值的标称截面。一般经济电流截面比长期允许载流量对应的截面要大,传输容量提高,线损降低,投资增加。

要综合考虑敷设成本和运行费用、电缆的经济寿命、电价及负荷增长率等因素，合理选择导体截面。

表1.13　经济电流密度/($A \cdot mm^{-2}$)

导体材料	年最大负荷利用时间/h		
	≤3 000	3 000~5 000	≥5 000
铜芯	2.50	2.25	2.00
铝芯	1.92	1.73	1.54

B. 10 kV及以下电力电缆按经济电流截面选择的要求

a. 按照工程条件、电价、电缆成本、贴现率等计算拟选用的10 kV及以下铜芯或铝芯的聚氯乙烯、交联聚乙烯绝缘等电缆的经济电流密度值。

b. 对备用回路的电缆，如备用的电动机回路等，宜按正常使用运行小时数的一半选择电缆截面。对一些长期不使用的回路，不宜按经济电流密度选择截面。

c. 当电缆经济电流截面比按热稳定、允许电压降或持续载流量要求的截面小时，则应按热稳定、电压降或持续载流量较大要求截面选择。当电缆经济电流截面介于电缆标称截面档次之间，可视其接近程度，选择较接近一档截面，并且宜偏小选取。

③按最大短路电缆短路时的热稳定性校核导体截面

电缆线芯耐受短路电流热效应而不致损坏的能力，称为电缆的热稳定性。中高压电缆和低压非熔断器保护的电缆要进行热稳定条件下的导体截面积校验，保证电缆在最大短路电流和通过的短路时间下线芯温度不超过规定数值，校核计算为

$$S_{min} = \frac{I_{\infty}\sqrt{t}}{C} \tag{1.6}$$

式中　S_{min}——短路热稳定要求的最小截面积，mm^2；

I_{∞}——稳态短路电流，A；

t——短路电流的作用时间，s；

C——热稳定系数。

④按允许电压降校核导体截面

当负载电流通过电缆时，因导体电阻和电抗的存在，末端和始端电压会存在电压降，电压降要在允许范围内。低压线路中按照允许电压降校核电缆截面S。

在三相系统中

$$S \geqslant \frac{\sqrt{3}I\rho L}{U\Delta u\%} \tag{1.7}$$

在单相系统中

$$S \geqslant \frac{2I\rho L}{U\Delta u\%} \tag{1.8}$$

式中 S——电缆导体截面积，mm^2；

I——负荷电流，A；

U——网络额定电压，三相系统为线电压，单相系统为相电压，V；

L——电缆长度，m；

$\Delta u\%$——允许电压降百分数；

ρ——电阻率，$\Omega \cdot m$。

配网系统根据需要也可用允许最大电缆长度替代电压降进行校核。

1.1.2 电缆绝缘形式选择

(1)电缆绝缘类型选用

绝缘是电缆中具有耐受电压特定功能的绝缘组件。电力电缆绝缘类型选用要充分考虑运行可靠性、施工和运维的方便性、最高允许工作温度、造价等因素，要注意使用环境的环保要求、防火要求，保证电缆绝缘的使用寿命不小于预期使用寿命。不同绝缘材料能承受的导体最高温度见表1.14。

表1.14 各种绝缘材料的导体最高温度

绝缘材料		导体最高温度/℃	
		正常运行	短路(最长持续5 s)
聚氯乙烯	导体截面≤300 mm^2	70	160
	导体截面>300 mm^2	70	140
交联聚乙烯		90	250(铝芯为200)
乙丙橡胶		90	250

目前，在配网中常用的电缆绝缘为挤包绝缘，材质有聚乙烯、聚氯乙烯、交联聚乙烯、乙丙橡胶及橡胶等。根据不同环境特点，要合理选择适用的绝缘类型，其材料的特点和适用场合见表1.15。

(2)电缆绝缘厚度的选择

电缆的绝缘厚度不同，电缆的绝缘水平也不相同。1 kV及以下电缆的绝缘厚度基本上是按工艺上规定的最小厚度来确定的。低压大截面的电缆主要根据安装和生产过程中可能受到的机械损伤(主要是弯曲)和绝缘的不均匀性来决定。10 kV及以上电缆绝缘材料的击穿强度是决定绝缘层厚度的主要因素。

表1.15　不同绝缘材料特点和适用范围

绝缘材料	特　点	适用范围
聚氯乙烯(PVC)	电气性能和机械强度都较好,具有耐酸、耐碱和耐油性能,不延燃,但工作温度低,特别是允许短路温度低,介质损耗大,载流量小,低温易变硬变脆,不宜在-15 ℃以下环境使用	1. 多用于6 kV及以下的低压电缆线路 2. 不宜用于需与环境保护协调的场所 3. 不宜用于防火有低毒性要求的场所 4. 不宜用于低温、未做耐热处理 5. 不宜用于高温场所
聚乙烯(PE)	优良的电气性能,介损和介电常数都较小	按低温条件和绝缘类型要求可用于-15 ℃以下低温环境
交联聚乙烯(XLPE)	优良的电气性能和机械性能,载流量大,燃烧时不产生大量毒气和烟雾,施工方便,是目前最主要的电缆品种	1. 适用于低、中、高压的电缆线路 2. 按低温条件和绝缘类型要求可用于-15 ℃以下低温环境 3. 按经受高温及其持续时间和绝缘类型要求可用于60 ℃以上高温场所 4. 适用于在人员密集等公共设施,以及有低毒阻燃性防火要求的场所 5. 按绝缘类型要求可用于放射性作用场所
乙丙橡胶(EPR和HEPR)	绝缘性能好,柔软性好,耐水,不会产生水树枝,耐γ射线,耐臭氧,耐磨,耐老化,阻燃性好,低烟无卤	1. 按绝缘类型要求可用于放射性作用场所 2. 水底敷设使用时可考虑选用
橡皮	弹性及柔软性较好的硫化橡胶	用于移动式电气设备等经常弯移或有较高柔软性要求的回路

电缆绝缘层的厚度,根据电缆绝缘层内最大电场强度等于其击穿电场强度时,电缆发生击穿的原理来设计并保证一定的安全裕度。电缆绝缘厚度通常采用最大场强公式和平均场强公式计算。挤包绝缘电缆其绝缘厚度采用平均场强公式计算。绝缘厚度必须满足电缆在使用寿命期限内能安全承受电力系统中各种电压,包括工频和脉冲冲击电压,按两种电压计算确定的绝缘厚度不相等时,取其厚者。

在长期工频电压下,绝缘厚度为

$$\Delta = \frac{U_0}{G_1}k_1k_2k_3 \tag{1.9}$$

在冲击电压下,绝缘厚度为

$$\Delta = \frac{BIL}{G_2}k'_1k'_2k'_3 \tag{1.10}$$

式中 BIL——基本绝缘水平(即雷电冲击耐受电压,8.7/10 kV,8.7/15 kV 下 $BIL = 95$ kV),kV;

U_0——电缆设计电压,对中性点非有效接地系统的电缆,U_0 应取比系统电压高一挡的相电压值,如 10 kV 系统 U_0 取 8.7 kV,35 kV 系统 U_0 取 26 kV;

G_1, G_2——绝缘材料的工频和冲击击穿强度(35 kV 及以下交联聚乙烯电缆 G_1, G_2 分别为 10~15 kV/m,40~50 kV/m),kV/mm;

k_1, k_1'——工频和冲击击穿强度的温度系数,是室温下与导体最高工作温度下击穿强度的比值,对交联聚乙烯电缆,$k_1 = 1.1$,$k_1' = 1.13 \sim 1.20$;

k_2, k_2'——工频和冲击电压下的老化系数(交联聚乙烯电缆,$k_2 = 4$,$k_2' = 1.1$);

k_1, k_3'——工频和冲击电压下不定因素影响引入的安全系数,一般均取 1.1。

1.1.3 电缆保护层形式选择

电缆的保护层具有保护电缆绝缘层免受水分潮气浸入、机械损伤、紫外线、化学腐蚀等功能。配电电缆保护层的结构分为内衬层、铠装层和外被层,按材料不同有金属套、非金属套、组合套和特种外护套。配电电缆常用外护套应用要求见表 1.16,主要敷设场所见表 1.17。

表 1.16 电缆保护层的应用要求

<table>
<tr><th colspan="2">结构(材质)</th><th>应用要求</th><th>备 注</th></tr>
<tr><td rowspan="2">铠装层</td><td>钢带</td><td>适用于:
1. 直埋电缆承受较大压力或可能遭受机械损伤时
2. 空气中固定敷设小截面挤塑绝缘电缆,直接在臂式支架上敷设时
3. 在地下客运、商业设施等安全性要求高而鼠害严重、有蚁害等场所</td><td rowspan="2">敷设在桥架等支承密集或构筑物内不受机械压力、拉力影响的场所可无铠装层</td></tr>
<tr><td>钢丝</td><td>适用于:
1. 直埋敷设在流沙层、回填土地带等可能出现位移等土壤
2. 短距离架空敷设,电缆位于高落差、垂直等竖直受力时</td></tr>
<tr><td rowspan="2">外被层</td><td>聚氯乙烯</td><td>1. 不宜用于有防火低毒型要求场所
2. 不宜用于需与环境保护协调的场所</td><td></td></tr>
<tr><td>聚乙烯</td><td>适用于:
1. 潮湿、含化学腐蚀环境或易受水浸泡的电缆
2. 60 ℃以上高温场所、-15 ℃以下低温环境或药用化学液体浸泡场所
3. 地下水位较高地区
4. 人员密集的公共设施,以及有低毒阻燃性防火要求的场所</td><td></td></tr>
</table>

续表

结构(材质)		应用要求	备注
外被层	其他材料	1. 防水结构。在有水或化学液体浸泡等场所的6~35 kV重要性交联聚乙烯电缆,应具有符合使用要求的金属塑料复合阻水层、金属套等径向防水构造 2. 放射性场合用。放射线作用场所的电缆,应选用适合耐受放射线辐照强度的聚氯乙烯、氯丁橡皮和氯磺化氯乙烯等 3. 移动式电气设备等经常弯移或有较高柔软性要求等回路使用橡皮 4. 防白蚁。白蚁严重危害地区可选用较高硬度材质,如尼龙或特种聚烯烃共聚物挤包在普通外被层上;或在护套材料里加入对白蚁有驱赶、毒杀作用的药物,要注意驱避剂的无毒无害,环保安全 5. 阻燃电缆要在绝缘层、护套及填料中添加阻燃剂(具有阻燃特性、烟密度、烟气毒性及耐腐蚀性等阻燃性能),防止火势蔓延。为实现耐火电缆能在着火燃烧时能在一定时间内正常运行,可增加耐火包带绕包在导体和绝缘层之间,耐火电缆有阻燃和非阻燃耐火电缆	

表1.17 非金属套电缆通用外护套的结构名称和主要敷设场所

名称	主要适用敷设场所										
	敷设方式							特殊环境			
	室内	隧道	电缆沟	管道	埋地		竖井	水下	易燃	严重腐蚀	拉力
					一般土壤	多砾石					
联锁钢带铠装聚氯乙烯外套	△	△	△		△	△			△	△	
钢带铠装聚氯乙烯外套	△	△	△		△	△			△	△	
钢带铠装聚乙烯(或聚烯烃)外套	△		△		△	△				△	
细圆钢丝铠装聚氯乙烯外套					△	△	△	△	△	△	△
细圆钢丝铠装聚乙烯(或聚烯烃)外套					△	△	△	△		△	△

1.1.4 电缆屏蔽层形式选择

交联聚乙烯电缆屏蔽层包括半导电屏蔽层和金属屏蔽层。

(1)半导电屏蔽层

电缆半导电屏蔽层是电阻率很低且较薄的半导电料或半导电带,作为改善电缆绝缘内电力线分布的一项措施。它分为导体屏蔽(也称内半导电屏蔽层)和绝缘屏蔽(也称外半导电屏蔽层)。

1)导体屏蔽

导体屏蔽是包覆在导体上的非金属半导电层。它与被屏蔽的导体等电位,并与绝缘层良好接触,使导体和绝缘界面表面光滑,消除界面处空隙对电性能的影响,避免在导体与绝缘层之间发生局部放电。

2)绝缘屏蔽

绝缘屏蔽是包覆于绝缘表面的非金属半导电层,它与被屏蔽的绝缘层有良好接触,与金属护套(金属屏蔽层)等电位,避免在绝缘层与护套之间存在间隙可能发生局部放电。

绝缘屏蔽层有可剥离屏蔽和不可剥离屏蔽两种。由于可剥离层的存在可能产生气隙,发生局部放电,因此,输电电缆一般为不可剥离屏蔽。35 kV 及以下电缆一般为可剥离屏蔽,便于在安装和接头时剥除方便。

(2)金属屏蔽层

绝缘屏蔽外有金属屏蔽层,它将电场限制在电缆内部,保护电缆免受外界电气干扰,主要起到静电屏蔽的作用。金属屏蔽层有铜带和铜丝两种。10 kV 电缆一般采用铜带屏蔽,可以是一层重叠绕包的软铜带或双层软铜带间隙绕包。金属屏蔽层要满足相间短路电流热容量,系统才能比较安全可靠运行。

额定电压为 3.6/6(7.2 kV)的 PVC 绝缘电缆无屏蔽层。额定电压为 3.6/6(7.2 kV)的 PVC,EPR 绝缘电缆采用金属屏蔽时,不需要有半导电层。

6 kV 及以上的交联聚乙烯绝缘电缆,导体屏蔽和绝缘屏蔽的挤包半导电料要与绝缘紧密结合,即选用导体屏蔽、绝缘屏蔽与绝缘层“三层共挤”工艺特征的形式。

1.1.5 电缆型号的选择

电缆的型号、规格(标称截面积、芯数、额定电压)、长度标识、制造厂,名称、标准编号(GB/T 12706.2—2008)会连续标记在电缆外护套表面,方便检查是否符合设计要求。

(1)电缆型号的表示

电缆的型号以字母和数字为代号组合表示。以数字表示外护套,其余均用字母表示。其组成形式如下:

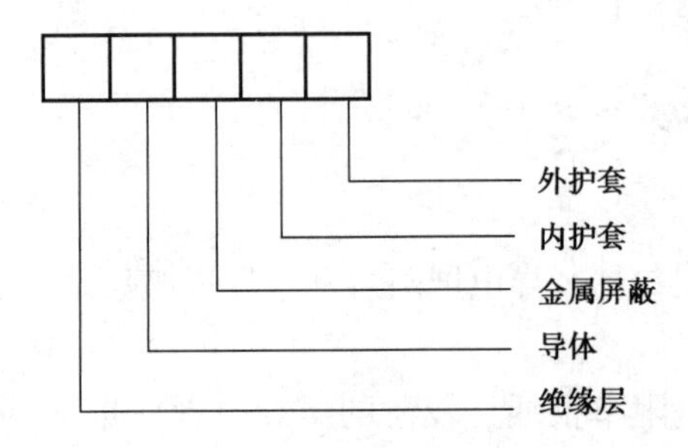

具体的型号说明如下：

1)导体代号

铜导体——T(可省略),铝导体——L。

2)绝缘层代号

聚乙烯(聚烯烃)绝缘——Y,交联聚乙烯绝缘——YJ,聚氯乙烯绝缘——V,乙丙橡胶绝缘——E,橡皮绝缘——X。

3)金属屏蔽代号

铜带屏蔽——D(省略),铜丝屏蔽——S。半导电屏蔽层不表示。

4)内护套代号

铅套——Q,铝套——L,聚氯乙烯护套——V,聚乙烯护套——Y,弹性体护套——F。内护套与外被层材质基本相同,在型号中一般不表示。

5)外护套代号

外护套按铠装层和外被层结构顺序,其代号为两位数字组成,见表1.18。

表1.18　非金属电缆外护套的结构

<table>
<tr><th rowspan="2">型号</th><th colspan="3">外护层结构</th></tr>
<tr><th>内衬层</th><th>铠装层</th><th>外被层</th></tr>
<tr><td>12</td><td rowspan="7">绕包型:塑料带或无纺布带
挤出型:塑料套</td><td>联锁铠装</td><td>聚氯乙烯外套</td></tr>
<tr><td>22</td><td rowspan="2">双钢带铠装</td><td>聚氯乙烯外套</td></tr>
<tr><td>23</td><td>聚乙烯(或聚烯烃)外套</td></tr>
<tr><td>32</td><td rowspan="2">单细圆钢丝铠装</td><td>聚氯乙烯外套</td></tr>
<tr><td>33</td><td>聚乙烯(或聚烯烃)外套</td></tr>
<tr><td>62</td><td rowspan="2">(双)非磁性金属带铠装</td><td>聚氯乙烯外套</td></tr>
<tr><td>63</td><td>聚乙烯(或聚烯烃)外套</td></tr>
</table>

6)特殊代号

除了对电缆结构进行说明,电缆型号还需要根据使用环境等特殊要求对电缆进行产品用途和特性的说明,可将此类代号放在型号的最前面或最后面,用“-”分开,如ZR-YJV。

①产品类别代号

绝缘与产品类别一致,省略。布线——B,控制电缆——K,架空绝缘电缆——JK,海底电缆——H(L)。

②特性代号

阻燃电缆根据阻燃等级表示为A,B,C,D级阻燃——ZR(A,B,C,D)。

耐火电缆根据耐火等级表示为A,B级耐火——NH(A,B)。

低卤——DL,无卤——WL,低卤低烟——DD,无卤低烟——WD,防白蚁——FY,阻水——ZS,防腐防水——FS,湿热地区用——TH。

(2)电缆规格的说明

1)额定电压的选择

电力电缆的额定电压用 $U_0/U(U_m)$ 表示。其中:U_0——设计时采用的导体对地或金属屏蔽之间的额定工频电压(有效值)。

U——设计时采用的导体之间的额定工频电压(有效值),不小于电缆所在系统额定电压。

U_m——设计时采用的导体之间的运行最高电压,但不包括过电压,一般为最高系统电压(有效值)。

电缆的额定电压要满足系统的运行条件,符合中性点接地方式和接地故障时间的要求。电力系统分为以下 3 类:

①A 类

A 类系统任一相导体与地或接地导体接触时,能在 1 min 内与系统分离,采取中性点直接接地系统;这时,U_0应不低于 100% 系统工作相电压,即 U_0取系统的相电压值,如 10 kV 系统选用 6/10 kV 电缆。

②B 类

B 类是系统中单相接地故障时作短时运行,接地故障时间应不超过 1 h,对本部分包括的电缆,在任何情况下允许不超过 8 h 的更长的带故障运行时间,每年累计时间不超过 125 h,采取中性点非有效接地系统;这时,U_0宜采用不低于 133% 的系统工作相电压,如 10 kV 系统选用 8.7/10 kV 电缆。

③C 类

C 类是不属于 A 类和 B 类的系统。在系统接地故障不能立即自动解除时,故障期间加在电缆绝缘上过高的电场强度,会在一定程度上缩短电缆寿命,如系统预期会经常运行在持久的接地故障状态下,该系统应划为 C 类;这时,U_0宜采用 173% 的系统工作相电压,即线电压,如 6 kV 系统选用 6/6 kV 电缆。用于三相系统的电缆,U_0的推荐值见表 1.19。

表 1.19 额定电压 U_0推荐值

系统 U_m/kV	额定电压 U_0/kV	
	A 类、B 类	C 类
1.2	0.6	0.6
3.6	1.8	3.6
7.2	3.6	6.0
12.0	6.0	8.7
17.5	8.7	12.0
24.0	12.0	18.0
36.0	18.0	

常见的配网电缆的额定电压标示有 0.6/1,1/1,3.6/6,6/6,6/10,8.7/10,8.7/15,12/15,15/20,18/20 kV 等。

2)电缆芯数和标称截面积的说明

电缆芯数用数字表示,配网中会用到的标称截面积有1.5,2.5,4,6,10,16,25,35,50,70,95,120,150,185,240,300,400 mm^2。芯数与对应的相同的截面积组合表示为芯数×标称截面积或芯数×标称截面积+芯数×标称截面积。

1.1.6　常用配网电缆型号及应用

根据不同的使用场合需要选用不同结构的电缆,下面介绍一些常用型号配电电缆的型号及使用范围。

①交联聚乙烯绝缘电缆的型号及使用范围见表1.20。

表1.20　交联聚乙烯绝缘电缆型号及使用范围

型号	名　称	使用范围
YJV YJLV	交联聚乙烯绝缘铜(铝)芯聚氯乙烯护套电力电缆	敷设在室内外,隧道,管道中及松散土壤中,不能承受机械外力作用
YJV22 YJLV22	交联聚乙烯绝缘铜(铝)芯钢带铠装聚氯乙烯护套电力电缆	敷设在室内、隧道、管道及地下,不能承受大的拉力,有防腐能力
YJV32 YJLV32	交联聚乙烯绝缘铜(铝)芯细钢丝铠装聚氯乙烯护套电力电缆	敷设在竖井、矿井、水底及地下,能承受一定的拉力,有防腐能力

②聚氯乙烯电缆的型号及使用范围见表1.21。

表1.21　聚氯乙烯电缆型号及使用范围

型号	名　称	使用范围
VV VLV	聚氯乙烯绝缘铜(铝)芯聚氯乙烯护套电力电缆	敷设在室内、隧道及沟管中,不承受机械外力
VV32 VLV32	聚氯乙烯绝缘铜(铝)芯细钢丝铠装聚氯乙烯护套电力电缆	敷设在室内、地下、竖井,能承受机械外力和拉力

③阻燃、耐火电缆的型号及使用范围,见表1.22、表1.23。

表1.22　阻燃电缆型号及使用范围

型号	名　称	使用范围
ZRA(B,C)-YJV ZRA(B,C)-YJLV	交联聚乙烯绝缘铜(铝)芯聚氯乙烯护套A(B,C)类阻燃电力电缆	可敷设在对阻燃有要求的室内、隧道及管道内
ZRA(B,C)-VV ZRA(B,C)-VLV	聚氯乙烯绝缘铜(铝)芯聚氯乙烯护套A(B,C)类阻燃电力电缆	

续表

型号	名 称	使用范围
ZRA(B,C)-YJV22 ZRA(B,C)-YJLV22	交联聚乙烯绝缘铜(铝)芯钢带铠装聚氯乙烯护套A(B,C)类阻燃电力电缆	适宜对阻燃有要求时埋地敷设,不适宜管道敷设
ZRA(B,C)-VV22 ZRA(B,C)-VLV22	聚氯乙烯绝缘铜(铝)芯钢带铠装聚氯乙烯护套A(B,C)类阻燃电力电缆	
WDZA(B,C)-YJY WDZA(B,C)-YJLY	无卤低烟交联聚乙烯绝缘铜(铝)芯聚烯烃护套A(B,C)类阻燃电力电缆	适宜对阻燃且无卤低烟有要求的室内、隧道及管道内
WDZA(B,C)-YJY23 WDZA(B,C)-YJLY23	无卤低烟交联聚乙烯绝缘铜(铝)芯钢带铠装聚烯烃护套A(B,C)类阻燃电力电缆	适宜对阻燃且无卤低烟有要求时埋地敷设,不适宜管道敷设

表1.23 耐火电缆型号及使用范围

型号	名 称	使用范围
NHA(B)-YJV	交联聚乙烯绝缘铜芯聚氯乙烯护套A(B)类耐火电力电缆	可敷设在对耐火有要求的室内、隧道及管道内
NHA(B,C)-VV	聚氯乙烯绝缘铜芯聚氯乙烯护套A(B)类耐火电力电缆	
NHA(B)-YJV22	交联聚乙烯绝缘铜芯钢带铠装聚氯乙烯护套A(B)类耐火电力电缆	适宜对耐火有要求时埋地敷设,不适宜管道敷设
NHA(B,C)-VV22	聚氯乙烯绝缘铜芯钢带铠装聚氯乙烯护套A(B)类耐火电力电缆	
WDNHA(B)-YJY	交联聚乙烯绝缘铜芯聚烯烃护套无卤低烟A(B)类耐火电力电缆	适宜对耐火且无卤低烟有要求的室内、隧道及管道内
WDNHA(B)-YJY23	交联聚乙烯绝缘铜芯钢带铠装聚烯烃护套无卤低烟A(B)类耐火电力电缆	适宜对耐火且无卤低烟有要求时埋地敷设,不适宜管道敷设

④预制分支电缆的型号,见表1.24。

表1.24 0.6/1 kV的预制分支电缆型号

型号	名 称
FZ-NHVV	聚氯乙烯绝缘聚氯乙烯护套耐火预制分支电力电缆
FZ-WDNHYJY	交联聚乙烯绝缘聚烯烃护套无卤低烟耐火预制分支电力电缆
FZ-WDZYJY	交联聚乙烯绝缘聚烯烃护套无卤低烟阻燃分支电力电缆
FZ-ZRVV	聚氯乙烯绝缘聚氯乙烯护套阻燃预制分支电力电缆

【任务实施】

工作任务	配电电缆的选型和应用			学时	4	成绩	
姓名		学号		班级		日期	

1. 给定资料

了解10 kV长远I线的建设背景及线路资料。

2. 决策

影响电缆选型资料分析。

3. 实施

(1)根据运行要求，进行电缆载流量的分析，选择合适的电缆材质和截面，并进行校验。

(2)根据运行要求，进行电缆的选型，确定电缆的绝缘层、保护层，说明电缆型号。

4. 检查及评价

考评项目		自我评估20%	组长评估20%	教师评估60%	小计100%
素质考评(20分)	劳动纪律(5分)				
	积极主动(5分)				
	协作精神(5分)				
	贡献大小(5分)				
电缆载流量分析(30分)					
电缆其他结构分析(30分)					
电缆型号确定(10分)					
总结分析(10分)					
总　分					

【思考与练习】

1. 影响电缆绝缘性能的因素有哪些?

2. 在封闭型、全干式交联生产流水线上,导体屏蔽、绝缘层和绝缘屏蔽采用三层同时挤出工艺,即“三层共挤”,这样做有什么好处?

3. 电缆保护层应如何选择?

任务 1.2 配电电缆附件的选型和应用

工作负责人:

新建 10 kV 电缆线路:10 kV 长远Ⅱ回长 316 武广桥分支箱 320 至# 005 杆新敷设 YJV22_3 * 240 电力电缆 600 m。现需要根据运行环境进行电缆终端和接头的合理选型,满足电缆应用要求。

【任务目标】

1. 掌握电缆附件种类及作用。

2. 能根据不同场景选择电缆中间接头及终端接头类型。

【相关规程】

1. GB 50217—2018 电力工程电缆设计标准。

2. GB 50168—2018 电气装置安装工程 电缆线路施工及验收标准。

3. GB 12706.1—12706.4—2002 额定电压 1 kV(Um = 1.2 kV)至 35 kV(Um = 40.5 kV)挤包绝缘电力电缆及附件。

【相关知识】

电缆终端是安装在电缆末端,以使电缆与其他电气设备或架空输电线相连接,并维持绝缘直至连接点的装置。电缆终端分为户内终端和户外终端。电缆接头是连接电缆与电缆的导体、绝缘、屏蔽层和保护层,以使电缆线路连续的装置。电缆终端和接头是电缆线路中的薄弱环节,因此,在选择时要注意根据安装环节要求进行选用,结构设计合理,保证终端和接头的绝缘性能能匹配电缆的额定电压要求,在保证质量的前提下价格合适。

1.2.1　电缆终端和中间接头的分类

电缆终端、接头分类如图1.5所示。

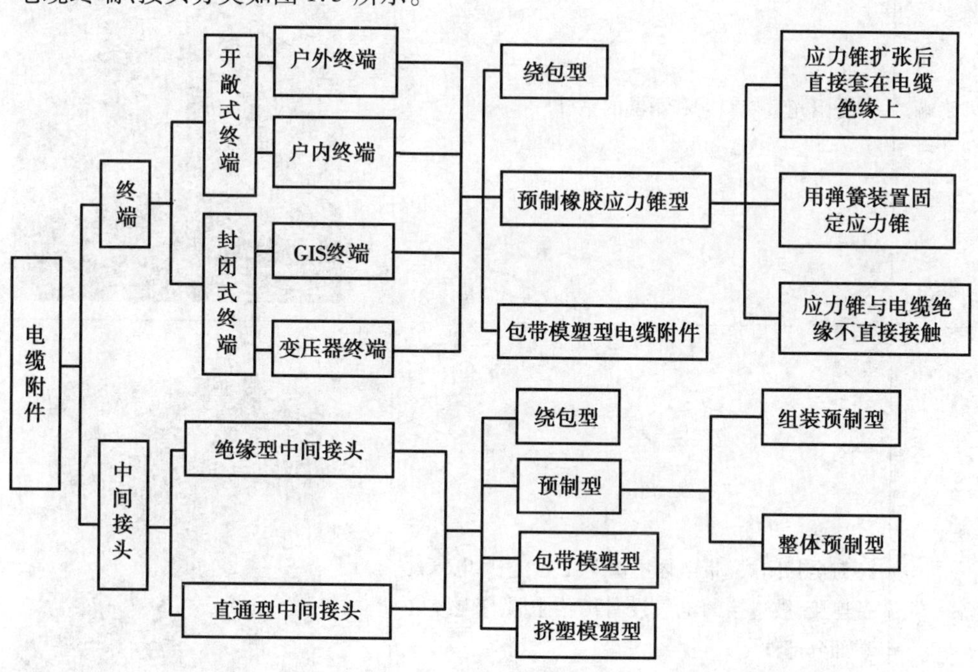

图1.5　电缆终端和接头分类

①配电电缆终端按使用场合,可分为户内终端、户外终端和设备终端,见表1.25。

表1.25　配电电缆终端按使用场合不同分类

名称	适用场合	图　例
户内终端	不受阳光直接照射和雨淋的室内	
户外终端	受阳光直接照射和雨淋的室外	
设备终端	与全封闭式(带电体不裸露在空气中)电气设备连接,被连接的电气设备结构上带有电缆终端部分部件	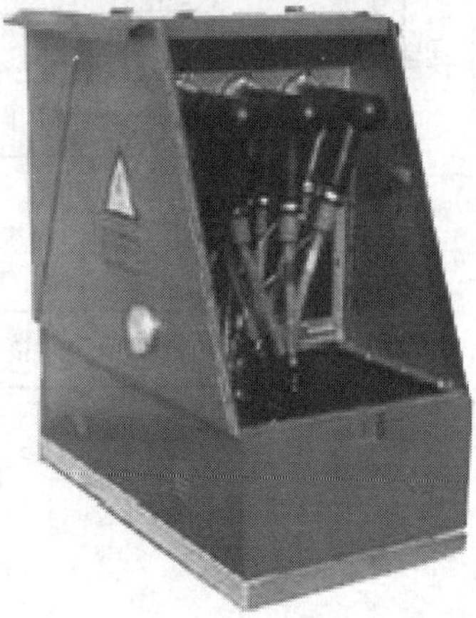 可分离式连接器

②配电电缆接头按功能，可分为直通接头，分支接头、过渡接头及转换接头，见表1.26。

表1.26　配电电缆接头按功能不同分类

名称	功　能	图　例
直通接头	用于两根同材质、同结构电缆的相互连接，电缆结构各层直接连接，中间无绝缘件隔离	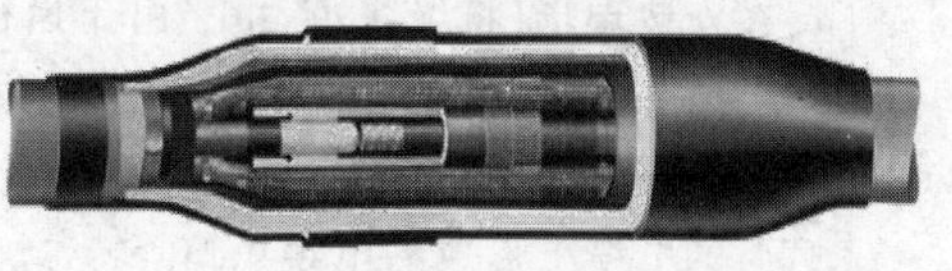 直通接头结构
分支接头	用于电缆线路主干线与分支线相连，实现1回变多回线路。预制式分支可在工厂将主电缆、分支电缆和分支接头一同装配，再配套安装附件现场安装，从而实现配电线路简单化。可用于高层建筑竖井1 kV低压垂直供电，也可用于隧道、机场、桥梁和公路等1 kV低压照明供电系统	 连接件 分支护套 主电缆 分支电缆 分支接头结构
过渡接头	用于两种不同绝缘材料的电缆相互连接，如油纸和交联聚乙烯电缆相连接的接头	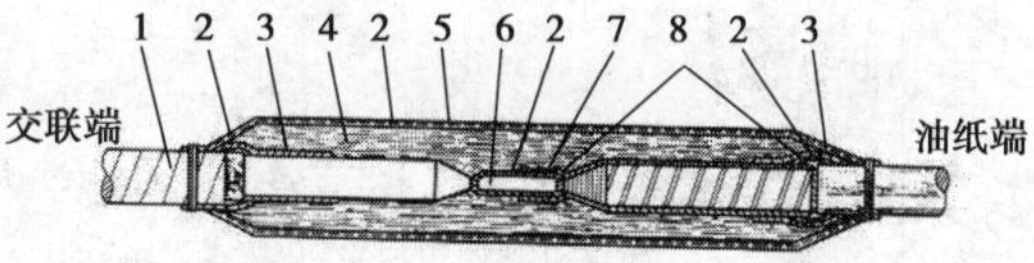 1 2 3 4 2 5 6 2 7 8 2 3 交联端　油纸端 过渡接头结构 1—铜屏蔽带；2—半导电带；3—应力控制带；4—绝缘带；5—铜屏蔽网；6—塞止接管；7—硅橡胶带；8—应控堵油黄胶
转换接头	用于连接不同芯数电缆，如将1根3芯电缆与3根单芯电缆相互连接	

③配电电缆终端与电缆接头按结构不同，可分为绕包式、热收缩式、冷收缩式、预制式终端及接头。35 kV交联聚乙烯电缆接头可用模塑式接头，设备终端则常用可分离式连接器，见表1.27。

表 1.27　电缆终端和电缆接头按结构不同分类

结构形式	形式说明	使用要求	图　例
绕包式	在安装现场,将绝缘带、半导电带、应力控制带、密封带等带材绕包在经过处理后的电缆上形成的电缆接头和终端为绕包式终端和接头。10~35 kV 以自黏性橡胶带、乙丙橡胶带、硅橡胶带等材料为绕包绝缘带材	由于运行经验丰富、绕包接头的纵向防水性能较好,价格低,可用于事故抢修等特殊情况 绕包式附件的缺点是工作场强较低,结构尺寸较大,接头质量直接受施工条件、绕包技术、环境等影响,对施工人员的技术要求较高,目前在高压电缆终端和接头制作中较少使用	1 2 3 12 4 7 11 10 9 8 绕包式终端结构图 1—接线柱(或端子);2—电缆导体;3—电缆绝缘;4—绝缘带绕包层;5—瓷套;6—液体绝缘剂;7—应力锥(或应力带);8—接地线;9—电缆外护层;10—分支套;11—相色带;12—雨罩
热缩式	在安装现场,将热收缩管材(包括绝缘管、半导电管、分支手套、应力管、密封管和雨裙等)加热收缩在经过处理的电缆上的终端和接头 热缩式附件以热缩材料经扩展至特定尺寸,使用时加热可自行回缩到扩张前的尺寸。热缩管材端口的热熔胶经加热呈胶状,可达到管端密封的作用	热缩附件具有良好的抗污秽性能和耐气候性,可使用于各种环境条件,如严寒的东北地区、湿热的南方地区以及沿海地区、工业污秽区。其安装工艺简便、易于施工,价格便宜,使用时一般使用易燃气体或液体加热,要保证现场的防火安全 热缩附件的缺点是热缩材料热缩不能同步 XLPE,容易和电缆之间产生间隙放电;接头须剥切较大尺寸。受每层管材之间界面的绝缘强度限制,最高使用电压一般在 66 kV,一般用于 35 kV 及以下电压等级的交联聚乙烯电缆线路	接线端子 标记管 密封管 单孔雨裙 绝缘管 应力管 钢屏蔽层 绑扎带 热缩支套 接地线 电缆外护套 三孔雨裙 填充胶 钢铠 10 kV 交联聚乙烯电缆热缩式终端

续表

结构形式	形式说明	使用要求	图　例
冷缩式	在安装现场，将内部衬有支承物的橡胶部件（包括绝缘主体、绝缘管、密封管、终端套管和分支手管等）套在电缆上，抽出支承物，使其收缩紧密包覆在电缆上而形成的电缆接头和终端 冷缩管材两端需采用绝缘带材进行密封处理，防止从端部进水受潮 冷缩式附件常采用乙丙橡胶、硅橡胶、三元乙丙橡胶等绝缘性能好、弹性强的材质作为收缩件	冷缩式附件在安装过程中不使用火源，安装方便，抗污秽，耐寒耐热，价格比热缩式附件高，特别适用于不方便用明火加热、易燃易爆的施工场所，如矿山、石油化工等，也用于高海拔、潮湿寒冷地区。冷缩式附件要特别注意防潮密封处理，一般用于35 kV以下电压等级电缆线路	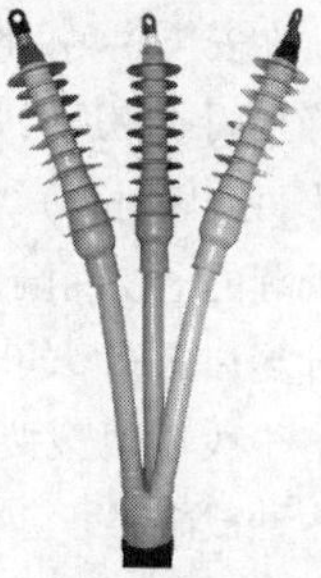 10 kV交联聚乙烯电缆冷缩式终端 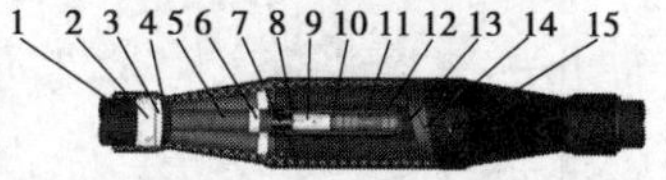 1 2 3 4 5 6 7 8 9 10 11 12 13 14 15 10 kV交联聚乙烯电缆冷缩式接头结构 1—外护套；2—接地线抱箍；3—电缆铠装；4—内护套；5—铜屏蔽带；6—接地线抱箍；7—半导电层；8—应力单元；9—电缆绝缘；10—导体；11—导体连接管；12—内屏蔽管；13—中间接头套管；14—防水带；15—铠装带
预制式	预制式附件又称预制件装配式附件，有冷缩式和热缩式。在安装现场，将橡胶预模制部件（包括接头套管、终端套管、应力锥和雨裙等）套装在经过处理后的电缆上而形成的电缆接头和终端 预制式附件在工厂将屏蔽层和增强绝缘预先做成一个整体，在现场安装时，只需套入电缆绝缘上即可，其他部分的操作与普通电缆相同	预制附件绝缘结构简单、工艺操作水平要求低、将环境中不可测的不利因素降低到最低程度，尺寸小，施工方便，运行维护等方面比热缩附件或其他形式附件有很大优越性。价格比普通热缩式附件、冷缩式附件略高 预制附件对电缆制作尺寸要求较高，多用于10 kV及以下电压等级电缆线路	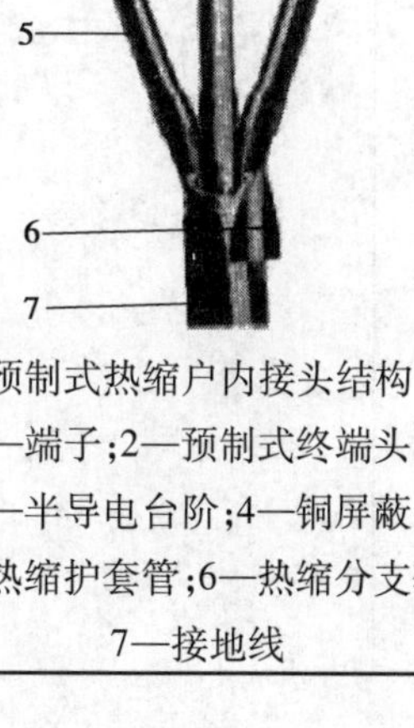 1 2 3 4 5 6 7 预制式热缩户内接头结构 1—端子；2—预制式终端头；3—半导电台阶；4—铜屏蔽；5—热缩护套管；6—热缩分支套；7—接地线

续表

结构形式	形式说明	使用要求	图　例
模塑式	在安装现场，将与电缆绝缘相同或相近的带材（一般为可交联材料）绕包在经过处理的电缆两端，再用模具加热加压成型的电缆接头 一般模塑型接头的电缆一种截面需一套模具，不能通用，而且绕包绝缘尺寸要求严格	模塑式附件的优点是消除了界面不良对整个附件的影响，而且结构简单，性能良好，主要用于电缆中间连接 可用于35 kV交联聚乙烯电缆接头，特别适合于水底电缆的连接	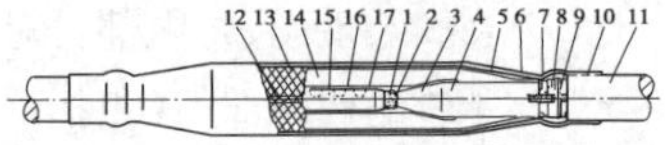12 13 14 15 16 17 1 2 3 4 5 6 7 8 9 10 11 交联聚乙烯电缆模塑式接头结构 1—导体；2—内半导电层； 3—反应力锥；4—电缆绝缘； 5—PVC带；6—热缩护套管； 7—外半导电层；8—屏蔽铜带； 9—铜扎线；10—热熔胶； 11—外护层；12—过桥线； 13—屏蔽铜丝网；14—交联聚乙烯带； 15—连接管；16—半导电带； 17—乙丙橡胶带
可分离连接器	使电缆与其他设备连接或断开的完全绝缘的终端。可分离连接器有可插入式和螺栓式 可分离式附件综合预制的优点是将特种金具和绝缘在生产车间一次制成一体，克服现场压接金具不配套带来的接触不良问题	肘形接头连接电缆截面120 mm^2以下，导电杆连接头有灭弧功能，用于箱式变、环网柜、地埋式变压器及其他设备连接，可作为负荷开关操作200 A电流，操作方便 T形接头连接电缆截面可达400 mm^2，用于分接箱和环网柜进出线电缆连接，其测试点上可安装短路故障指示器或带电指示器 这种结构形式为电缆的一进多出分支，“T”形接头等特种连接创造了条件，也为用户预留电缆分支提供了有利条件，可节省电缆和配电柜。可分离连接器也可用于安装空间较小的地方或转弯处，使用接插附件转90°不会给电缆带来损伤	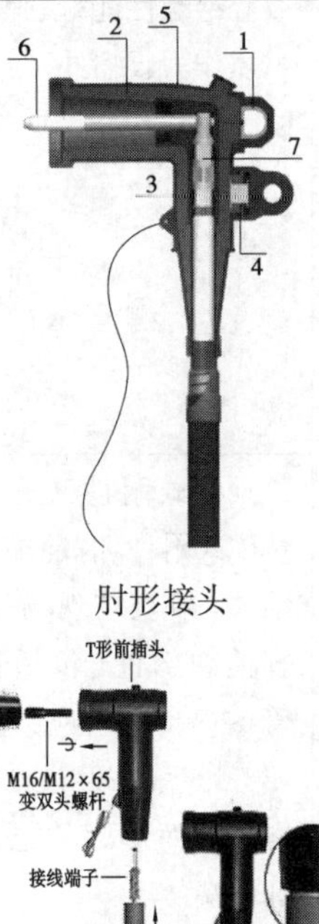6 2 5 1 7 3 4 肘形接头 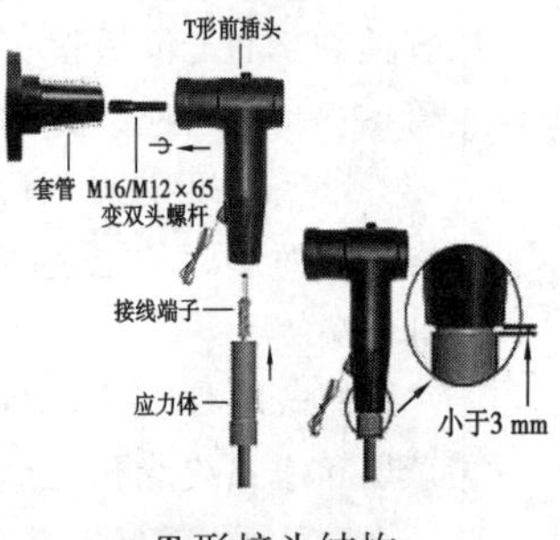T形前插头 套管 M16/M12×65 变双头螺杆 接线端子 应力体 小于3 mm T形接头结构 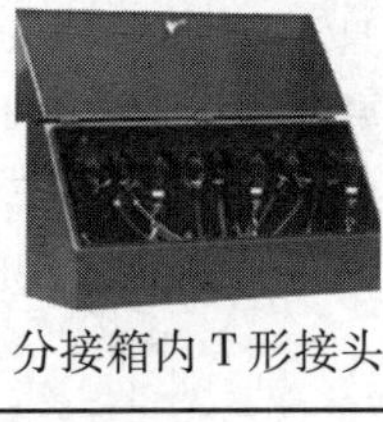 分接箱内T形接头

1.2.2 配电电缆附件选择规定

配电电缆终端和接头选择应按满足工程所需可靠性、安装与维护方便和经济合理等因素确定。

(1)电缆终端的选择规定

1)电缆终端装置类型的选择规定

电缆与电器相连具有整体式插接功能时,应采用敞开式终端,其他与低压电器或导体相连也应采用敞开式终端。

2)电缆终端构造类型的选择规定

①在易燃、易爆等不允许有火种场所的电缆终端应采用无明火作业的构造类型。

②在人员密集场所、多雨且污秽或盐雾较重地区的电缆终端宜具有硅橡胶或复合式套管。

3)电缆终端头绝缘特性的选择规定

①终端的额定电压及其绝缘水平,不得低于所连接电缆额定电压及其要求的绝缘水平。

②终端的外绝缘,必须符合安置处海拔及污秽环境条件下所需爬电距离和空气间隙的要求。

4)电缆终端的机械强度的选择规定

电缆终端的机械强度应满足安置处引线拉力、风力和地震力作用的要求。

(2)电缆中间接头的选择规定

1)电缆中间接头装置类型的选择规定

①电缆线路距离超过电缆制造长度,除非是3芯与单芯直接相连的部位(采用转换接头),则应采用直通接头。

②电缆线路分支接头的部位,除带分支主干电缆或在电缆网络中应设置分支箱、环网柜等情况外,其他应采用T形接头。

③3芯与单芯电缆直接相连的部位应采用转换接头。

2)电缆中间接头构造类型的选择规定

①用于抢修的接头应恢复铠装层纵向连续且有足够的机械强度。

②在可能有水浸泡的设置场所,6 kV及以上交联聚乙烯电缆中间接头应具有外包防水层。

③在不允许有火种场所,电缆中间接头不得选用热缩型。

3)电缆中间接头的绝缘特性规定

接头的额定电压及其绝缘水平,不得低于所连接电缆额定电压及其要求的绝缘水平。

1.2.3 电缆终端和接头的型号

电缆户内、户外终端型号表示方法如下：

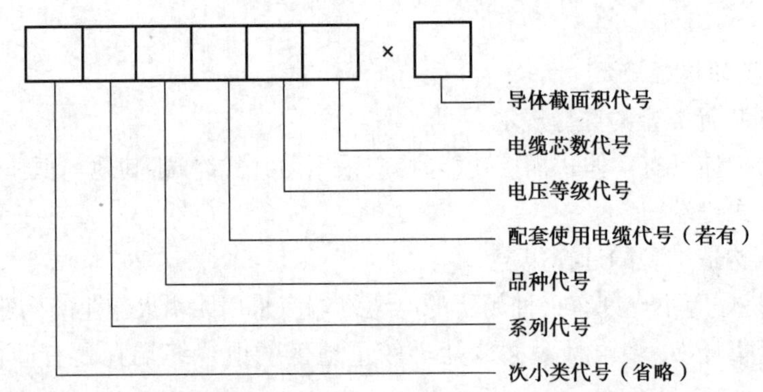

电缆接头型号表示方法如下：

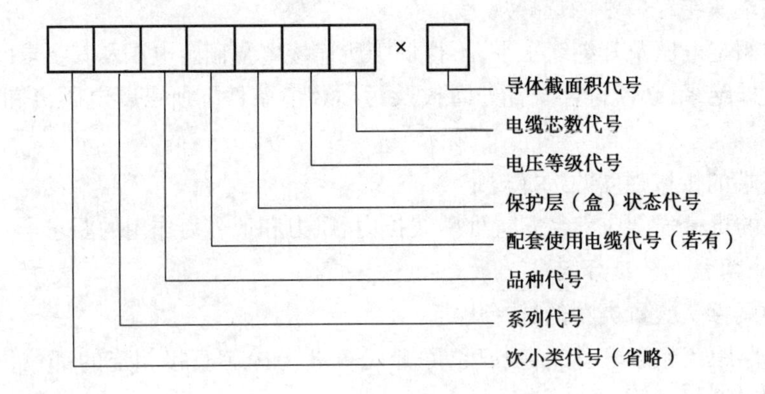

具体形式表示如下：

(1)次小类代号

终端——Z(省略),接头——J。

(2)系列代号

1)终端系列代号

户内终端——N,户外终端——W,设备终端——S。

2)接头系列代号

直通接头——Z(省略),转换接头——H,过渡接头——G,分支接头——按分支形式采用3个代号之一,其中T形、Y形和X形分别用代号T,Y,X表示。

3)品种代号

①终端系列代号

绕包式——RB,热缩式——RS,冷缩式——LS,预制件装配式——YZ。

②接头系列代号

绕包式——RB,热缩式——RS,冷缩式——LS,预制件装配式——YZ,预制件插入式——YC,模塑式——M,树脂浇筑注式——Z(省略)。

(3)配套使用电缆代号

挤包绝缘电缆——J(省略)。

注:过渡接头不标配套使用电缆代号。

(4)接头保护层(盒)状态代号

有保护层(盒)——1。

无保护层(盒)——0。

(5)电压等级代号

1.8/3 kV——1.8/3。

3.6/6 kV—— 3.6/6。

6/6 kV,6/10 kV——6/10。

8.7/10 kV,8.7/15 kV——8.7/15。

12/20 kV,18/20 kV——18/20。

21/35 kV,26/35 kV——26/35。

(6)电缆芯数代号

1——单芯,2——2 芯,3——3 芯,4——4 芯,5——5 芯。

(7)导体截面积代号

按实际截面积标出,也有用数字代号的,一般1——25 ~ 50 mm^2,2——70 ~ 120 mm^2,3——150 ~ 240 mm^2,4——300 ~ 400 mm^2。

(8)举例说明

1)示例1:NLS　10/ 3.3

额定电压为10 kV,适用于150 ~ 240 mm^2 3芯挤包绝缘电缆的冷缩式户内终端。

2)示例2:WYZ　26/35　1 × 300

21/35 kV或26/35 kV单芯300 mm^2 挤包绝缘电缆预制件装配式户外终端。

3)示例3:JLS0　8.7/15　3 × 185

8.7/15 kV 3芯185 mm^2 交联聚乙烯绝缘电缆冷缩式直通接头,无保护盒。

4)示例4:JYZ1　26/35　1 × 300

26/35 kV单芯300 mm^2 交联聚乙烯绝缘电缆预制件装配式直通接头,有保护盒。

新工艺介绍——电缆熔接接头

电缆熔接接头通过采用生产电缆的制作工艺,实现电缆与电缆的连接,从而消除电缆附件与电缆绝缘之间制作产生的气隙界面,使接头的导体、内半导电层、绝缘层及外半导电层按照电缆的原有结构等径恢复,有效地解决了电缆中间接头密封、电场分布不均匀、电缆的回缩以及因附件与电缆之间因材质不同而产生的气隙界面问题,其效果在很多配电电缆工程中得到了证明。电缆熔接接头的价格相对传统热缩、冷缩接头较高。

电缆接头制作时,主要通过熔化焊接的方式,对线芯进行连接,使用熔融技术,对电缆内半导电层、绝缘层、外半导电层“重新生成”,还原至新电缆相应结构状态。

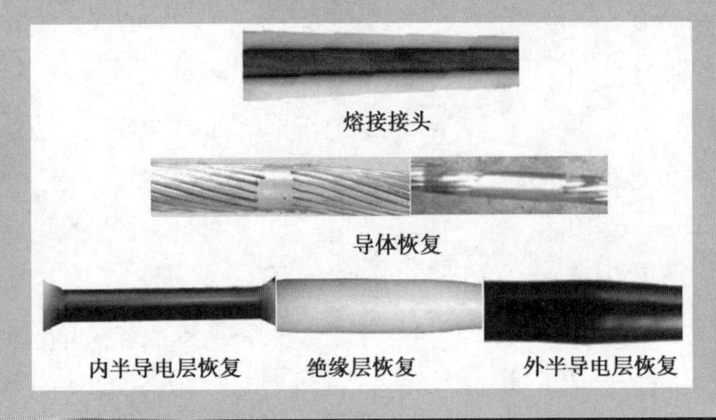

【任务实施】

工作任务	配电电缆附件的选型和应用		学时	2	成绩	
姓名		学号	班级		日期	
1. 给定资料 了解 10 kV 长远 Ⅰ 线的建设背景及线路资料。 2. 决策 影响电缆附件选型资料分析。						

3. 实施

根据运行要求,进行电缆附件的选型。

4. 检查及评价

考评项目		自我评估20%	组长评估20%	教师评估60%	小计100%
素质考评（20分）	劳动纪律(5分)				
	积极主动(5分)				
	协作精神(5分)				
	贡献大小(5分)				
电缆附件类型分析(50分)					
电缆附件型号说明(20分)					
总结分析(10分)					
总　分					

【思考与练习】

1. 电缆终端是什么?
2. 电缆终端如何分类?
3. 电缆接头如何分类?
4. 配电电缆终端和接头有哪些结构?
5. 如何根据运行要求选择电缆终端和接头的类型?

任务1.3　配电电缆构筑物的应用

工作负责人:

新建10 kV电缆线路:10 kV长远Ⅱ回长316武广桥分支箱320至#005杆新敷设YJV22_3 * 240电力电缆600 m。根据需要可进行电缆构筑物选择。

微课　电缆构筑物的初识

【任务目标】

1. 掌握配电电缆常见构筑物类型及使用场合。
2. 能根据不同敷设方式要求选择合适的构筑物类型。

【相关规程】

1. GB 50217—2018　电力工程电缆设计标准。
2. GB 50168—2018　电气装置安装工程　电缆线路施工及验收标准。

【相关知识】

专供敷设电缆或安置附件的电缆沟、电缆排管、电缆隧道、电缆夹层、电缆竖井和工作井等构筑物,统称电缆构筑物。一般根据工程条件、环境特点和电缆类型、数量等因素,以及满足运行可靠、便于维护和技术经济合理的要求选择电缆构筑物,保证电缆的安全运行。

微课　电缆构筑物——电缆沟

1.3.1　电缆沟

(1)电缆沟结构

电缆沟为电缆沟敷设方式所建构筑物,电缆沟由墙体、电缆沟盖板、电缆沟支架、接地装置、集水井等组成。所用材质构成应满足承受荷载和适合环境耐久的要求。电缆沟按其支架布置方式,可分为单侧支架电缆沟和双侧支架电缆沟,如图1.6、图1.7所示。

图1.6　单侧支架电缆沟

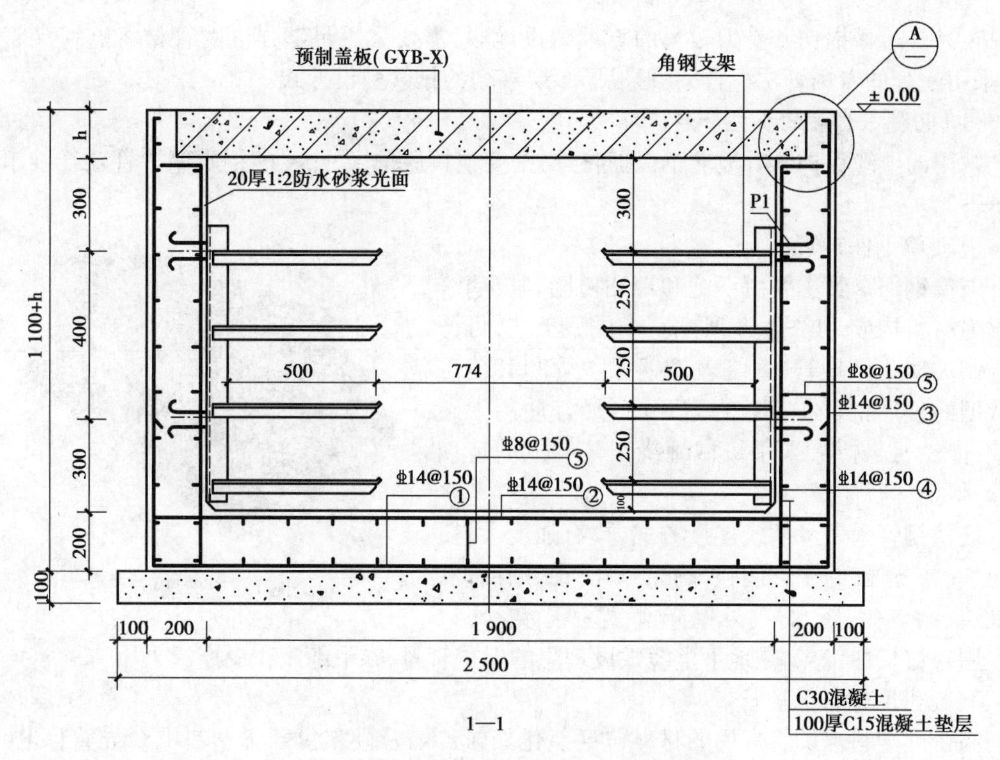

图1.7　4×500 mm 双侧支架电缆沟结构

①电缆沟的墙体采用砖砌、条石或钢筋混凝土结构，根据电缆沟所处的位置和地质条件可选用砖砌、条石、钢筋混凝土等材料，在外部载重较大的地段优先采用钢筋混凝土结构。

②电缆沟盖板采用钢筋混凝土或增强树脂、玻璃钢塑料等复合材料，坚固耐用，其厚度与环境条件和耐久性要求有关。

③电缆沟支架采用镀锌角钢或增强树脂、玻璃钢塑料等复合材料。支架要能满足承载电缆及其附件荷重的要求，同时考虑施工时附加荷重的要求，并留有足够的裕度。

(2)电缆沟的适用范围

电缆沟在支架上可并列敷设多根电缆，电缆沟与电缆排管、电缆井等进行相互配合使用，适用于城镇人行道或绿地开挖不便且电缆需分期敷设，发电厂和变电站电缆出线集中和小区道路、工厂厂区电缆数量较多但不需采用电缆隧道的地段。但在有化学腐蚀液体或高温熔化金属溢流的场所，以及在载重车辆频繁经过的地段，不得采用电缆沟。经常有工业水溢流、可燃粉尘弥漫的厂房内，也不宜采用电缆沟。处于爆炸、火灾环境中的电缆沟应充沙。

电缆沟能同时容纳多根电缆，放置沟中电缆不易遭受外界破坏，维护检修方便。但施工、巡检及更换电缆时，须搬运大量盖板，有土建设施，建设周期长，施工较为复杂，施工时要防止外物落入沟内碰伤电缆；电缆沟要注意防火；容易积水，不适宜于地下水位较高地区。

1.3.2　电缆保护管

电缆保护管是指电缆穿入其中后受到保护和发生故障后便于将电缆拉出更换用的管

道。在易受机械损伤和受力较大的直埋敷设地段,需要采用足够强度的管材将电缆穿管保护,采用配套的专用管枕组合,就形成了多层多列的排管敷设方式。

(1)电缆保护管的类型和特点

常用的电缆保护管有玻璃钢保护管、高密度塑料保护管、热浸塑钢质保护管及纤维水泥保护管等。

1)玻璃钢保护管

玻璃钢保护管主要由不饱和聚酯树脂和玻璃纤维增强材料构成,如图1.8所示。按成型工艺,可分为卷制玻璃钢保护管、缠绕玻璃钢保护管和其他工艺成型的玻璃钢保护管。在选用时,最好使用无碱玻璃纤维增强材料,采用机械缠绕工艺制成的玻璃钢管,保证运行质量。

图1.8 玻璃钢管

玻璃钢管采用承插式连接方式,具有强度大,质量小,安装方便,绝缘性能强,耐压、耐腐蚀、耐高温、耐低温、耐老化,防水,内外壁光滑,摩擦系数小,以及使用寿命长的优点,是地下电缆敷设理想的保护管材,在电缆工程中广泛采用。

2)高密度塑料保护管

高密度塑料保护管常用的材料包括氯化聚氯乙烯及硬聚氯乙烯塑料电缆导管(CPVC/UPVC管)、聚丙烯塑料双壁波纹电缆导管(PP管)、MPP聚丙烯塑料管等。根据结构不同,可分为实壁管和双壁波纹管。

PVC管内外壁光滑,采用承插式连接,如图1.9所示。由于PVC管本身环刚度、抗压强度、耐热性能有一定的局限性,因此,在选用PVC管作电缆保护管时,一定要注意根据保护管敷设的位置、承受的压力等实际情况而采用不同的保护形式。例如,城市绿化带等没有受压的地段,可选用PVC管直接回填沙土的埋设方式;电缆埋设在车行道下时,一般不选用PVC管,若不得已选用PVC管,则必须用钢筋混凝土保护,把PVC管当成衬管用,由钢筋混凝土承受压力。

图1.9 PVC管

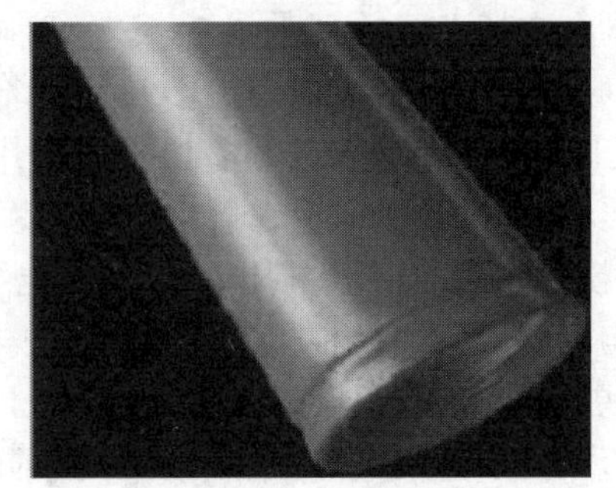
图1.10 热浸塑钢管

3)热浸塑钢质保护管

如图1.10所示,热浸塑钢质保护管采用钢质材料,内外表面用环氧树脂粉末等材料进行防腐涂层处理,内外表面光滑,摩擦系数小,具有钢材的机械强度高,抗压能力强的特点,又有高分子材料绝缘性能优良,以及耐老化、耐腐蚀、适应温度范围广的优点,采用承插式连接方式,安装方便,是电缆线路工程常用管材之一。

4)纤维水泥保护管

如图1.11所示,纤维水泥保护管是以石棉、维纶纤维、海泡石、水镁石和水泥为主要原材料加工制成的管道,具有摩擦因数小、抗压强度高、热阻系数小、耐腐蚀、耐热、耐老化,以及使用寿命长的优点,能承受较高的外部荷载压力,防止外力破坏,但质量大,施工要注意内外表面无黏结杂物,保持光滑,不损伤电缆。在水泥管内壁涂层处理,可防止施工过程中黏结水泥、泥浆等杂物,即使用钢丝刷清理也不影响产品的内壁质量。如海泡石纤维水泥管内壁一般有涂层,具有较低的摩擦因数,有利于电缆长距离敷设,不会损伤电缆;该管能承受较高的外压荷载。

图1.11　海泡石纤维水泥管

纤维水泥管种类很多,按外压荷载、抗折荷载级别分为A,B,C 3类用户可依据埋设电缆管的位置选择。A类管抗压性能较差,适用于电缆排管混凝土包封敷设及人行道直埋;B类、C类管适用于车行道路面中直埋或架空铺设,B类管适用重载车辆通过的机动车道混凝土包封敷设,C类管适用重载车辆通过路段(包括高速公路及一级、二级公路)的直埋敷设。

(2)电缆保护管的型号

每根保护管上会标志产品标记、生产厂名或商标、合格标记、生产日期或生产批号。

产品的标记由型号、规格、原材料类型及标准编号组成。

①型号由字冠、保护管类型和成型工艺或结构形式组成。第一个符号为D,表示电缆用保护管。电缆保护管的类型有:B——玻璃钢,S——塑料,X——纤维水泥。实壁结构符号省略,S——双壁波纹结构。玻璃钢管中,J——卷制成型,J——机械缠绕成型,JJ——夹砂机械缠绕成型,S——手工缠绕成型,Q——其他工艺成型。

②规格包括管内径、管壁厚和管长度。保护管的公称内径统一分为7个系列,具体规定见相应的产品标准。例如,DBJ-C-150 ×8 ×4 000为管内径150 mm,壁厚为8 mm,长度为4 000 mm的缠绕玻璃钢保护管。

③原材料类型。氯化聚氯乙烯塑料用CPVC表示;硬聚氯乙烯塑料用UPVC表示;玻璃纤维增强塑料,用E表示无碱玻璃纤维,C表示中碱玻璃纤维;纤维水泥和混凝土保护管原材料类型符号缺省。

(3)电缆保护管的技术要求

①电缆保护管的内径满足电缆敷设的要求,管的内径宜不小于电缆外径或多根电缆包

络外径的1.5倍,排管的管孔内径宜不小于75 mm。

②电缆保护管内壁应光滑无毛刺,摩擦力较小,不损伤电缆外护套。

③电缆保护管应满足机械强度和耐久性要求,有较好的可弯曲性,保证电力电缆正常运行和短路情况下电缆保护管的变形在可接收的范围内。

④电缆保护管要有良好的耐热性能和抗渗密封性能。

(4)电缆保护管的适用范围

①在有爆炸性环境明敷的地段,露出地坪上需加以保护的地段,经常会遇到需要穿越公路、铁路或气体管线的地段,需要用到电缆保护管。

②当电缆穿过建筑物、隧道的楼板或墙壁时,或电缆埋设在室内地下时,需套装保护管。

③同一通道采用穿管敷设的电缆数量较多时,宜采用排管。

④电缆从沟道引至电杆、设备,要在室内行人容易接近的地方、距地面高度2 m以下的一段电缆装设保护管。

⑤电缆敷设于道路下面或横穿道路时,需套装保护管。

⑥从桥架上引出的电缆,或者装设桥架有困难及电缆比较分散的地方,均在敷设的电缆上套装保护管。

(5)暴露在空气中的电缆保护管选择规定

①防火或机械性要求高的场所宜采用钢管,并应采取涂漆、镀锌或包塑等适合环境耐久要求的防腐处理。

②需要满足工程条件自熄性要求时,可采用阻燃型塑料管。部分埋入混凝土中等有耐冲击的使用场所,塑料管应具备相应承压能力,且宜采用可挠性的塑料管。

1.3.3 电缆排管

电缆排管是用于电缆排管敷设的一种专用电缆构筑物,是按规划电缆根数开挖壕沟一次建成多孔管道的地下构筑物,如图1.12所示。

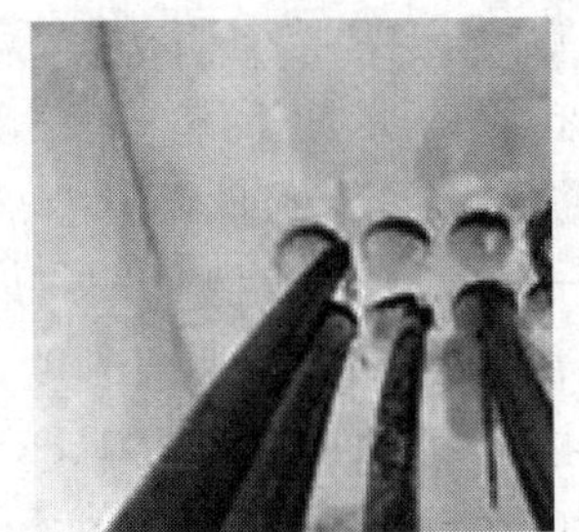

图1.12 电缆排管

(1)电缆排管的结构

混凝土包封排管由混凝土基础、衬管和外包钢筋混凝土组成。这种形式的排管适用于地基不太稳定或有较大土层压力和地面动负载的地段。如图1.13所示为3×3孔混凝土加固式电缆排管图。直埋排管选用有较大荷载承力的保护管组成排管,管道间只用细土填充夯实,适

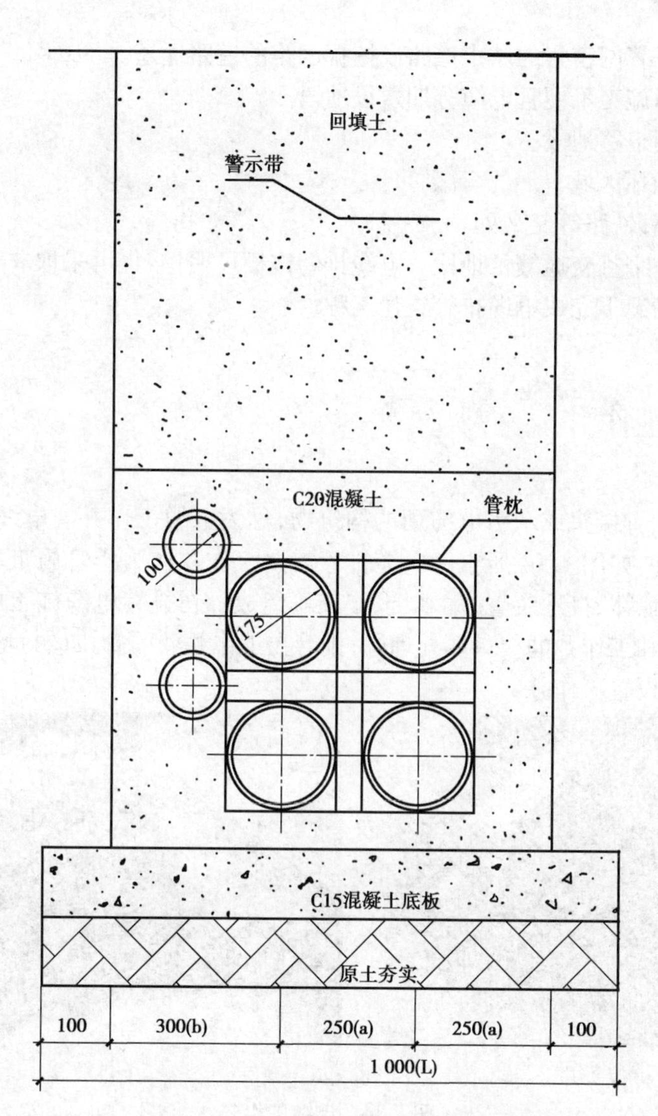

图1.13　3×3混凝土包封电缆排管结构图

用于地基稳定的地段。根据地面承载和土质条件，直埋式排管可有适当基础结构，或在管子镶接处用混凝土局部加固。预制式排管采用钢筋混凝土基板和用金属插件连接的预制混凝土砌块工厂生产，现场组装，施工方便，适用于地基比较稳定的地段。电缆排管所需孔数，除按电网规划确定敷设电缆根数外，还需有适用备用孔供更新电缆用。排管顶部土壤覆盖深度宜不小于0.5 m，且在电缆、管道(沟)及其他构筑物的交叉距离应满足有关规程的要求。

(2)电缆排管的适用范围

排管敷设一般适用于城市道路边人行道下、电缆与各种道路交叉处、穿管保护处、广场区域及小区内电缆条数较多、敷设距离较长等地段。电缆排管占地小，走廊利用率高，一次建成可分期敷设，电缆敷设无相互影响，能承受较大的荷载，受外力破坏影响小，不受土壤化学腐蚀影响。但土建成本高，不能直接转弯，散热条件差，检修和更换电缆成本高。

电缆排管敷设方式适用于：

①在城市地下管网密集的城市道路或挖掘困难的道路通道。

②城镇人行道施工不便且电缆分期敷设地段。

③规划或新建道路地段。

④易受外力破坏区域。

⑤电缆与公路、铁路等交叉处。

⑥城市道路狭窄且交通繁忙地段。电缆排管沟槽可明挖,也可采取非开挖方式,在不影响地面道路通畅情况下完成电缆排管土建工程。

1.3.4 电缆工作井

供作业人员安置接头或牵引电缆用的构筑物,称为电缆工作井。电缆工作井有敷设工作井和接头工作井,如图1.14所示。电缆排管需要工作井作为排管施工、电缆接头放置等的空间,工作井由墙体、接地装置、集水坑、支架等组成。在排管电缆施工中,一般先建工作井再建排管,排管和工作井的接口要处理好,排管在工作井处的管口应封堵。较长电缆管路中,在下列地方应设置工作井:

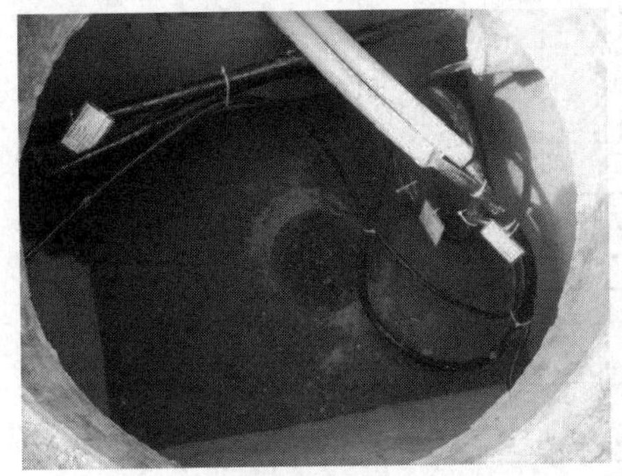

(a)接头井

(b)敷设井

图1.14 电缆工作井

①电缆牵引张力限制的间距处。

②电缆分支、接头处。

③管路方向较大改变/电缆从排管转入直埋处。

④管路坡度较大且需防止电缆滑落的必要加强固定处。

工作井长度应考虑电缆弯曲半径和满足接头安装的需要,并留有裕度。工作井高度应使工作人员能站立操作。工作井间距按计算牵引力不超过电缆允许牵引力来确定,在直线部分,两工作井之间的距离宜不大于150 m;工作井高度应使工作人员能站立操作,一般为1.9~2.0 m,宽度为2.0~2.5 m;排管通向工作井应不小于1/1 000的倾斜度;工作井需设置集水坑,泄水坡度不小于0.3%;每座工作井设出入孔两个。

工作井内的两侧除需预埋供安装用立柱支架等铁件外,在顶板和底板以及与排管接口部位,还需预埋供吊装电缆用的吊环及供电电缆敷设施工所需的拉环。安装在工作井内的金属构件皆应用镀锌扁钢与接地装置连接。每座工作井应设接地装置,接地电阻应不大于

10 Ω。在10%以上的斜坡排管中,应在标高较高一端的工作井内设置防止电缆因热伸缩而滑落的构件。

1.3.5　电缆隧道

容纳电缆数量较多,有供安装和巡视方便的通道,有通风、排水、照明等附属设施的电缆构筑物,称为电缆隧道,如图1.15所示。

图1.15　电缆隧道

(1)电缆隧道的组成

电缆隧道通道有明挖和暗挖两种。明挖隧道适用于建设场地比较开阔,且地下管线对本工程施工影响较小的区域,并应充分考虑施工对环境的影响,应对影响范围内的市政管线及周边建(构)筑物提出保护措施。浅埋暗挖隧道,适用于地面交通运输繁忙、地下管线密布、对地面沉陷要求严格的城市中不能开槽施工的区域,要求地层为含水量小的土层和破碎软岩层。

独立电缆隧道长度在500 m以内时,应在隧道一端设一个出入口;当隧道长度超过500 m但在1 000 m以内时,应在隧道两端设两个出入口;电缆隧道长度超过1 000 m时,应在隧道两端以及中间每隔1 000 m适当位置设立出入口。电缆隧道出入口应设在变电站、电缆终端站以及市政规划道路人行步道或绿地内。出入口下方建电缆竖井,竖井内设旋转式楼梯或折梯供上下使用,电缆竖井高度超过3 m时,应每隔3 m左右设休息平台。电缆隧道出入口位于变电站或终端站内时,出入口上方应建独立的出入及控制房。出入口位于市政规划路步道或绿地内时,电力竖井上端条件允许时应建出入控制房,条件不允许时也可建设隧道应急井。应急井出口不小于2.0 m×2.0 m,应急井盖板与地面平齐且与周围环境相适应。应急井盖板应符合地面承载要求,密封良好不渗漏水,有良好的耐候性,且能方便开启。

(2)电缆隧道的适用范围

电缆隧道敷设方式具有安全可靠、运行维护检修方便、敷设时受外界条件影响小,能可靠地防止外力破坏,电缆线路输送容量大等优点,能满足不同电压等级的电缆敷设。不同电压等级的电缆在隧道内应顺序布置,高电压电缆宜布置在隧道下侧,同方向双回电源应布置在隧道两侧。但电缆隧道工程量大,施工难度高,投资大,建设周期长,附属设施多。一般适用于规划集中出线或走廊内电缆线路20根及以上、重要变电站、发电厂集中出线区域、局部电力走廊紧张且回路集中区域。

(3)电缆隧道敷设方式选择的规定

①同一通道的地下电缆数量众多,电缆沟不足以容纳时,应采用隧道。

②同一通道的地下电缆数量较多,且位于有腐蚀性液体或经常有地面水流溢的场所,或含有35 kV以上高压电缆,或穿越公路、铁路等地段,宜用隧道。

③受城镇地下通道条件限制或交通流量较大的道路下,与较多电缆沿同一路径有非高温的水、气和通信电缆管线共同配置时,可在公用性隧道中敷设电缆。

1.3.6 电缆竖井

电缆竖井(见图1.16)是用于布放垂直干线电缆的通道。将电缆敷设在竖井中的电缆安装方式,称为竖井敷设。

(1)电缆竖井的结构

电缆竖井是垂直的多根电缆通道,上下高程差较大。竖井与建筑物成一整体,为钢筋混凝土或砖砌结构。竖井内地坪通常应高于该楼层地坪50 mm。竖井内每隔4~5 m设工作平台,有上下工作梯、起重和牵引电缆用的拉环等设施,有贯通上下的接地扁钢,金属支架的预埋铁与接地扁钢用电焊连接。

敷设在竖井中的电缆必须具有能承受纵向拉力的铠装层,应选用不延燃的塑料外护套或阻燃电缆,也可选用裸细钢丝铠装电缆。竖井中优先选用交联聚乙烯电缆。竖井内可使用电缆、电缆桥架、金属线槽、金属管及封闭式母线槽敷设电缆,电缆用支架或夹具固定在竖井壁上,这时要考虑重力的作用,固定牢固。电缆竖井要特别注意防火安全,井壁应是耐火极限不低于1 h的非燃烧体。电缆井、管道井应每隔2~3层在楼板处用相当于楼板耐火极限的非燃烧体作防火分隔。竖井每层的维护、检修门应朝外开向公共走廊,门的耐火等级应不低于丙级。

(2)电缆竖井的技术要求

①非拆卸式电缆竖井中,应设有人员活动的空间,且宜符合下列规定:

a.未超过5 m高时,可设置爬梯,且活动空间宜不小于800 mm×800 mm。

b.超过5 m高时,宜设置楼梯,且宜每隔3 m设置楼梯平台。

c.超过20 m高且电缆数量多或重要性要求较高时,可设置电梯。

②钢制电缆竖井内应设置电缆支架,且应符合下列规定:

a.应沿电缆竖井两侧设置可拆卸的检修孔,检修孔之间中心距应不大于1.5 m,检修孔尺寸宜与竖井的断面尺寸相配合,但宜不小于400 mm×400 mm。

b.电缆竖井宜利用建构筑物的柱、梁、地面、楼板预留埋件进行固定。

图1.16　电缆竖井

③办公楼及其他非生产性建筑物内,电缆垂直主通道应采用专用电缆竖井,应不与其他管线共用。

④在电缆竖井内敷设带皱纹金属套的电缆应具有防止导体与金属套之间发生相对位移的措施。

(3)电缆竖井的适用范围

竖井敷设适用于水电站、电缆隧道出口以及高层建筑等场所。垂直走向的电缆宜沿墙、柱敷设,当数量较多时应采用竖井。在高层建筑中电能和电气信号的垂直传输量要大于水平传输量;大截面的导线和数量众多的线缆垂直方向敷设时,不适宜穿管敷设。因此,在高层建筑中要从底层到顶层留出一定截面的井道,称为电气竖井。高层建筑的竖井设在电梯井或楼梯间的两侧。

1.3.7　电缆夹层

电缆数量较少时,也可采用有活动盖板的电缆夹层,如图1.17所示。电缆夹层或桥架由托盘(托槽)或梯架的直线段、非直线段、附件及支吊架等组成,用以支承电缆。在电缆数量较多的控制室、继电保护室等处,宜在其下部设置电缆夹层,适用于发电厂、变电所内的内部联络电,可解决安装较多电缆途径复杂的困难,也可防止机械损坏。

图1.17　电缆夹层

新设施介绍——城市综合管廊工程

城市电力电缆可采用综合管廊工程内敷设的方式。目前，很多城市进行了地下综合管廊工程建设。建于城市地下，用于容纳两类及以上城市工程管线的构筑物及附属设施，称为地下综合管廊。在城市道路的地下空间中建造一根公共廊道，用于容纳市政、电力、通信、广播电视、燃气、热力及给排水等管线构造物及其附属设备，满足管线单位的使用和运行维护要求，同步配套消防、供电、照明、监控与报警、通风、排水、标识的市政公用设施，并留有供检修人员行走。这种管线埋设方式设有管廊巡检机器人全天候智能巡视，具有防火防爆、自动灭火功能，管线“立体式布置”，相互不影响，利于城市规划管理，合理利用城市地下空间，减少道路开挖，不容易遭受外界因素影响，便于检修维护。当然，也存在建设费用高、周期长，要协调不同管线单位入廊，以及考虑运维责任和费用认定等问题。

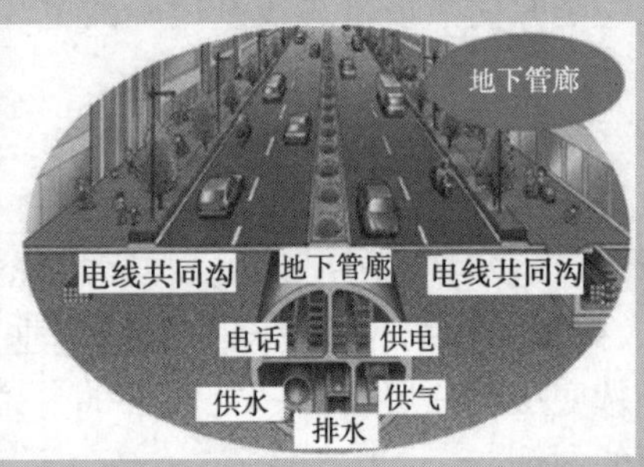

新工艺介绍——装配式电缆构筑物

国家在大力发展装配式建筑，电缆构筑物也有很多采用装配式结构。装配式构筑物可实现标准化设计、施工，工厂化生产，装配式安装，其适用范围广，材料配套更合理，使用寿命长，简化施工程序，施工工艺更加简单，有利于提高施工质量，缩短建设时间，减少建设投资费用，利于保护环境。下面介绍两种装配式构筑物。

1. 装配式电缆沟

采用增强树脂材质制作的装配式电缆沟，有足够的强度，能密封防水、防火、防腐蚀、防盗。将电缆沟分成普通侧板、转角侧板、连接框架、工作井框架、U 形底槽、支架、盖板等构件分别加工完成，现场在已开挖的沟槽内铺设垫层，就可进行不同构件的拼装，完成直线沟、工作井、转角井模块化安装，各构件间的连接可靠密封，易拆装，盖板设计防盗同时支架。

普通侧板

转角侧板

连接框架

井框

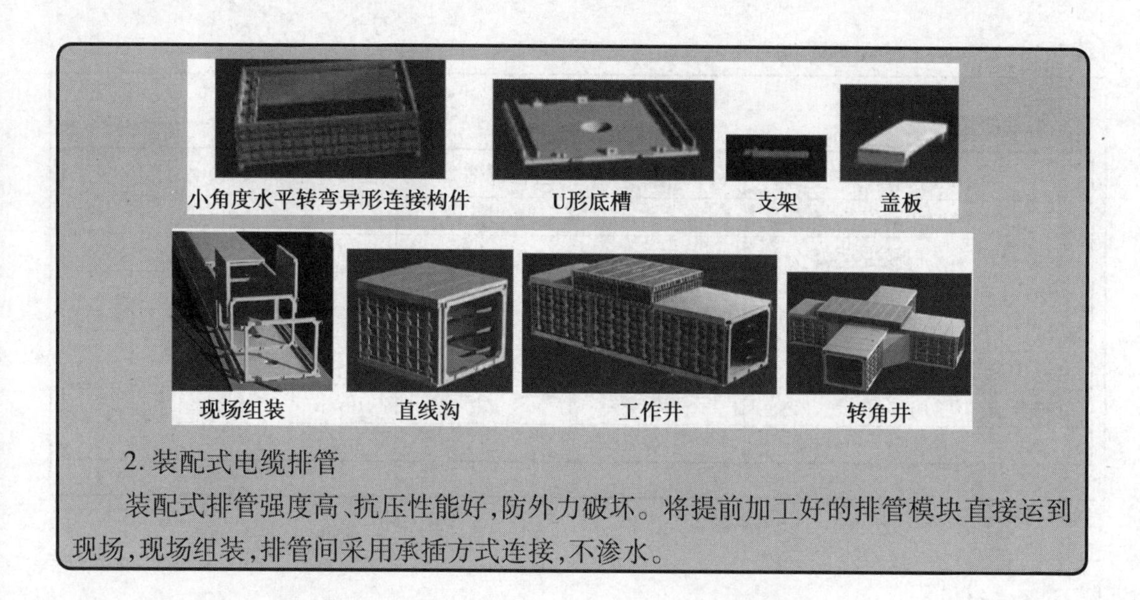

2. 装配式电缆排管

装配式排管强度高、抗压性能好,防外力破坏。将提前加工好的排管模块直接运到现场,现场组装,排管间采用承插方式连接,不渗水。

【任务实施】

<table>
<tr><td>工作任务</td><td colspan="2">配电电缆构筑物的应用</td><td>学时</td><td>2</td><td>成绩</td><td></td></tr>
<tr><td>姓名</td><td></td><td>学号</td><td></td><td>班级</td><td></td><td>日期</td><td></td></tr>
<tr><td colspan="8">1. 给定资料
了解10 kV长远Ⅰ线的建设背景及线路资料。
2. 决策
影响电缆构筑物选择资料分析。
3. 实施
根据运行要求,进行电缆构筑物的选用。</td></tr>
</table>

续表

4. 检查及评价

考评项目		自我评估 20%	组长评估 20%	教师评估 60%	小计 100%
素质考评（20 分）	劳动纪律(5 分)				
	积极主动(5 分)				
	协作精神(5 分)				
	贡献大小(5 分)				
电缆构筑物分析(70 分)					
总结分析(10 分)					
总 分					

【思考与练习】

1. 电缆构筑物有哪些类型?
2. 电缆沟的构成有哪些?
3. 电缆沟适宜在什么场合下使用?
4. 电缆保护管有何作用?

任务 1.4 配电电缆图识绘

工作负责人:

新建 10 kV 电缆线路:10 kV 长远Ⅱ回长 316 武广桥分支箱 320 至# 005 杆新敷设 YJV22_3 * 240 电力电缆 600 m,敷设方式以直埋为主,过马路采用穿管方式。设计人员和运行单位要提供电缆路径图及相关安装图,便于施工单位了解工程情况,确定施工范围。

【任务目标】

1. 能识读电缆路径图。
2. 能识读电缆停电区域图,并描述出电缆停电区域范围。

【相关规程】

1. GB 50168—2018　电气装置安装工程　电缆线路施工及验收标准。
2. GB 50217—2018　电力工程电缆设计标准。

【相关知识】

微课　电缆路径图的识读

1.4.1　配电电缆识图

(1)电缆路径走向图的概述

电缆路径走向图是描述电缆敷设、安装、连接、走向的具体布置及工艺要求的简图。它由电缆敷设平面图、电缆排列剖面图组成。电缆路径图标出了电缆的走向、起点至终点的具体位置,一般用电缆路径走向的平面图表示。必要时,可附上路径断面图进行补充说明。

(2)电缆图纸常用管线图形符号

根据 GB/T 4728 选用电力电缆线路常用管线图形符号,见表 1.28。

(3)配电电缆路径图的识读

如图 1.18 所示为某电缆线路路径走向图。

表 1.28　电力电缆线路常用管线图形符号

序号	图形符号	说　明	序号	图形符号	说　明
1		电缆一般符号	6		柔软电缆
2		电缆铺砖保护	7		管道线路(示例为6孔管道线路)
3		电缆穿管保护(可加注文字符合说明规格和数量)	8		明敷
4	6	同轴对、同轴电缆	9		明敷
5		电缆预留(按标注预留)	10	3　3	电缆中间接线盒

续表

序号	图形符号	说 明	序号	图形符号	说 明
11		电缆分支接线盒	13		电缆密封终端头(示例为3芯多线和单线表示)
12	(a)电缆无保护 (b)电缆有保护	电力电缆与其他设施交叉点(a为交叉点编号)	14		电缆桥架(*为注明回路号及电缆截面芯数)

由图1.18可知:

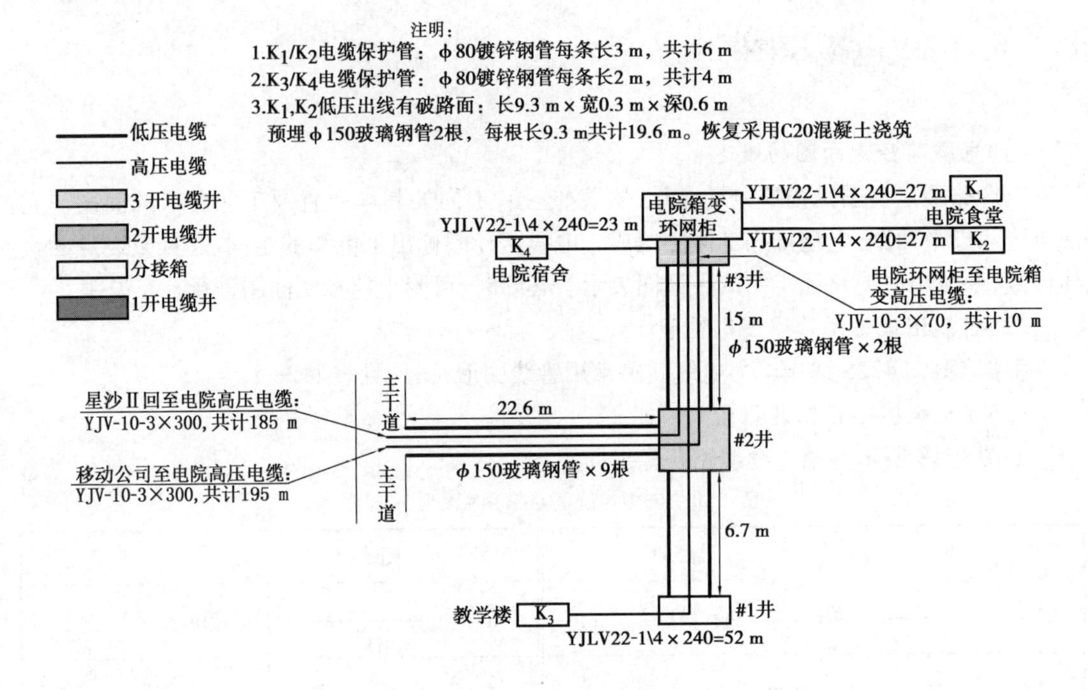

图1.18 电缆线路路径走向图

1)电缆的走向

两回高压电缆从西侧主干道引入,穿过道路向东敷设,进入二号电缆井后转向北侧,自三号电缆井引入电院箱变、环网柜。经降压后分成4条支路,支路一 K_1 与支路二 K_2 从电院箱变、环网柜东侧出,进入电院食堂分接箱;支路三 K_3 从三号电缆井出,经过二号电缆井继续向南敷设,至一号电缆井转向西侧,进入终点电院教学楼分接箱;支路四 K_4 从三号电缆井西侧出,向西敷设至电院宿舍分接箱。

2)电缆的长度

电缆全长包括在电缆两端实际距离和电缆中间接头处必须预留的松弛长度,图1.28中星沙Ⅱ回至电院高压电压全长共185 m,移动公司至电院高压电缆全长共195 m,支路K_1,K_2电缆长27 m,支路K_3电缆长52 m,支路K_4电缆长23 m。

3)电缆敷设方法

高压电缆有一个较大的转弯,支路K_3有一个直角转弯。高压电缆采用ϕ150 mm玻璃钢管保护,保护管外填满沙土,其余支路地段直埋地下。

(4)电缆敷设平面图的识读

微课　电缆敷设平面图的识读

某10 kV电缆直埋敷设平面图如图1.19所示。它比较概略地标出了设计比例、坐标指向,分清道路名称及走向、建筑标志物、重要地理水平标高等电缆敷设的环境状况,标明了电缆线路的长度、上杆位置与架空线连接点及电缆走向、敷设方法、埋设深度、电缆排列及一般敷设要求的说明等。

(5)配电停电区域图的识读

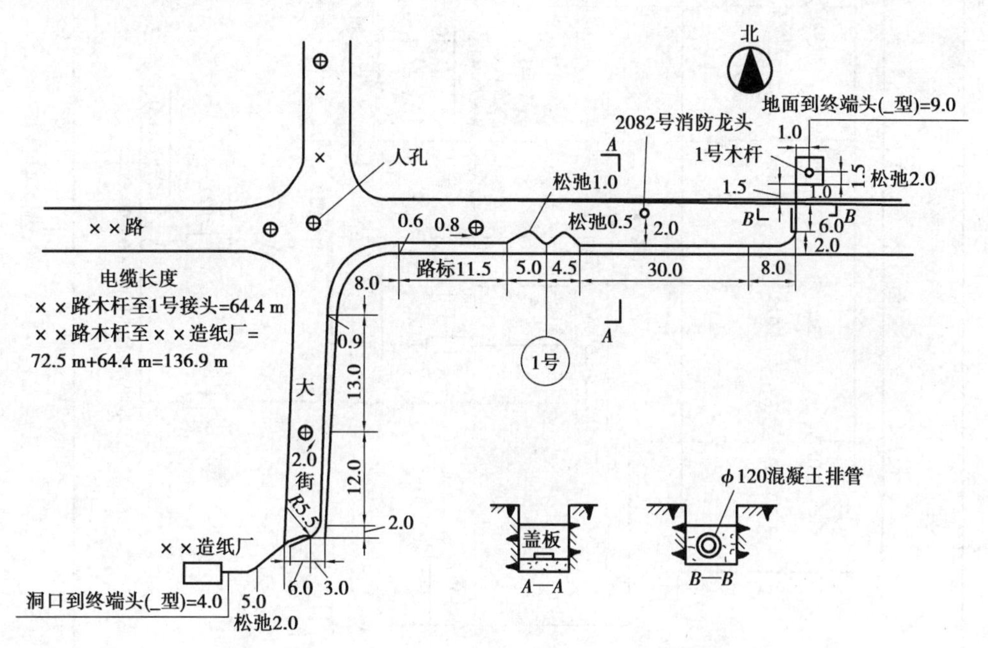

图1.19　10 kV电缆直埋敷设平面图(单位:m)

微课　停电区域图的识读

停电区域图即电力线路申请停电区域图,如图1.20所示为环网柜出线停电区域图。

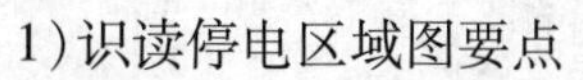

1)识读停电区域图要点

①停电区域用蓝(或黑)色表示,保留有电部分用红色表示。

②共杆线路如不同时停电,应以红、蓝两种颜色表示,并注明杆号。蓝线下红点表示高压停电,低压有电;红线下有蓝点表示高压有电,低压停电。

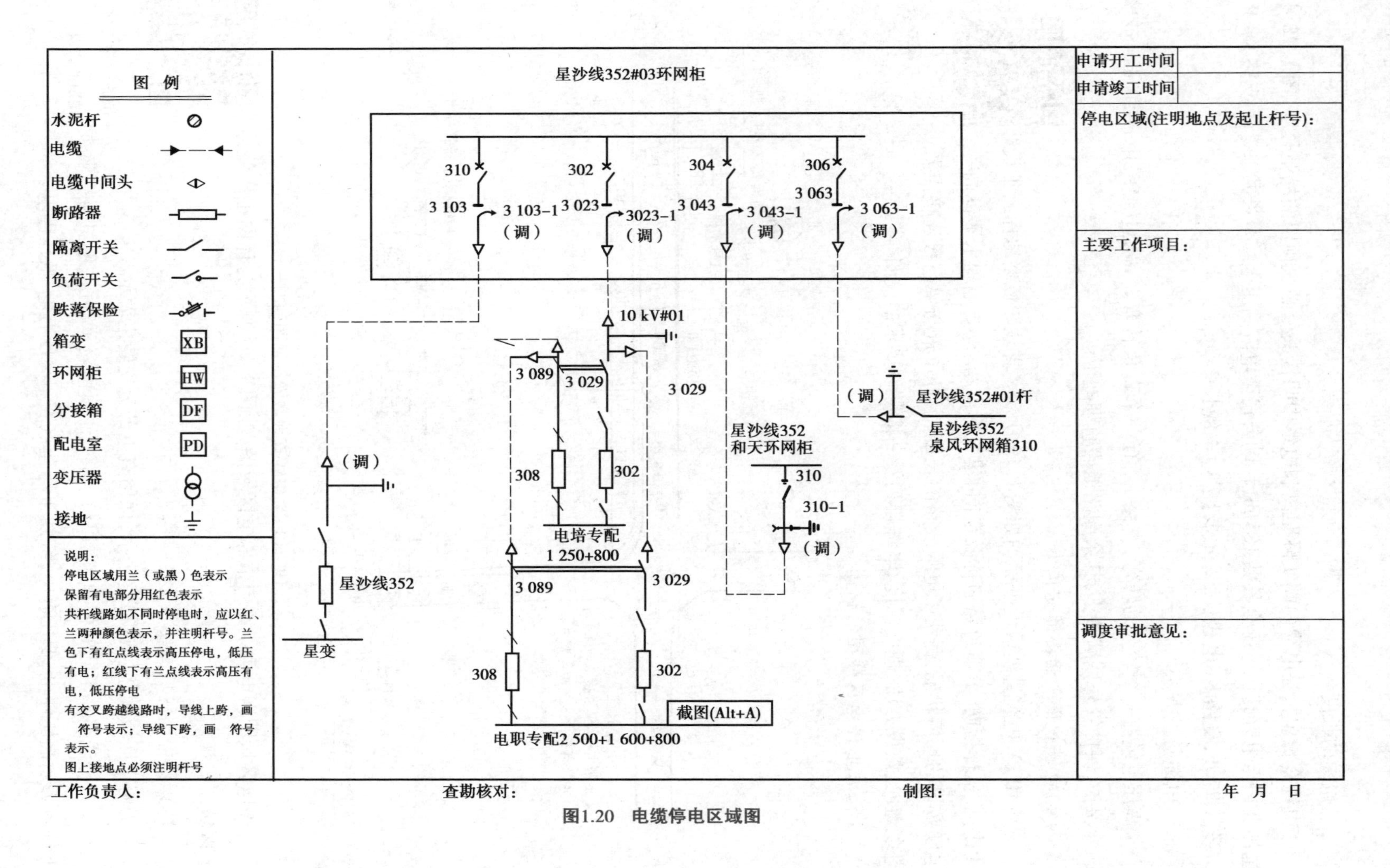

图1.20 电缆停电区域图

③有交叉跨越线路时,在上面者,画“⌒”符号表示;在下面者,则画“⌣”符号表示。

④图1.20上接地点必须注明杆号。

2)图1.20电缆停电区域说明

①星沙线352线路至星沙线352# 03环网柜310间隔全线停电。

②电培专配至星沙线352# 03环网柜302间隔全线停电。

③电职专配至星沙线352# 03环网柜302间隔全线停电。

④星沙线352和天环网柜310间隔至星沙线352# 03环网柜304间隔全线停电。

⑤星沙线泉风环网柜310间隔至星沙线352# 03环网柜306间隔全线停电。

(6)电缆敷设安装图的识读

电缆施工应按照施工图纸严格操作,设计人员会给出不同敷设方式的施工大样图,生产厂家会给出电缆附件的制作说明书。如图1.21所示为某电缆沟接地装置图,如图1.22所示为某厂家电缆头安装说明。在敷设和安装图纸中,要特别注意工艺要求和各部件的尺寸要求。

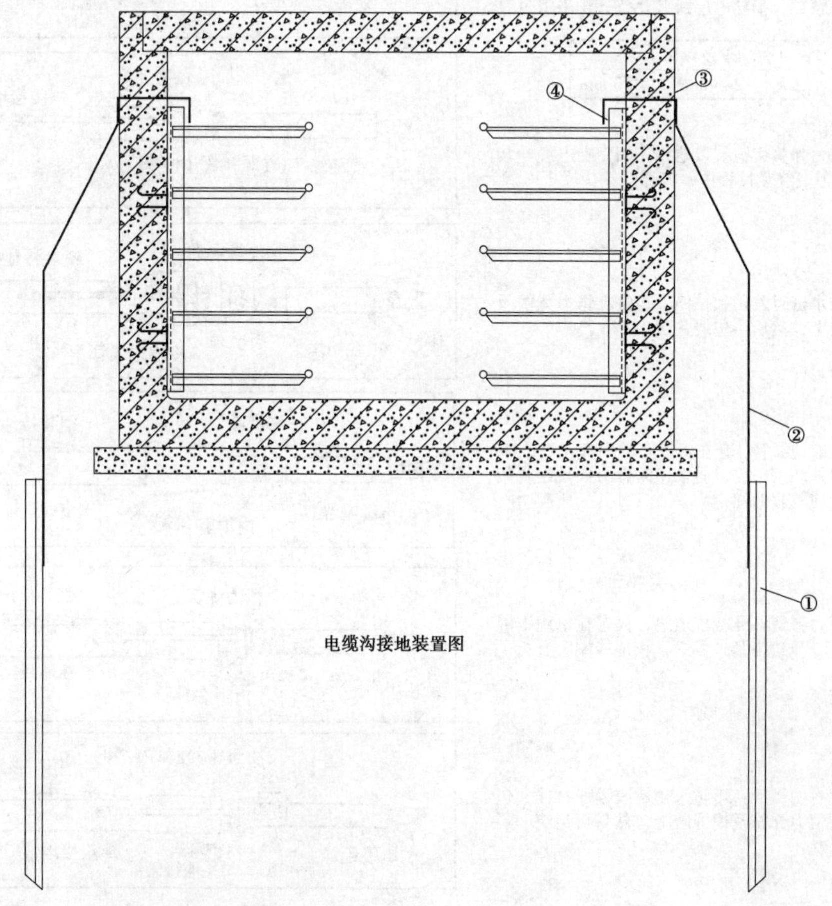

电缆沟接地装置图

电缆接地装置材料表

编号	名　称	规　格	长度/m	单位	数量	单重/kg	小计/kg	备　注
①	接地极	∠50 mm×5 mm	2 500	根	2	9.45	18.9	与连接带焊接
②	外连接带	-50 mm×5 mm	2 500	根	2	4.9	9.8	与预埋件及接地极焊接
③	预埋件	-50 mm×5 mm	900	根	2	1.75	3.5	每50 m一道,预埋沟墙台帽内
④	内接地带	-50 mm×5 mm	与电缆沟同长	根	2			与预埋件焊接、电缆支架焊接,电缆沟通长
每处接地极钢材总质量(不包含内接地带)32.2 kg,当为单侧支架时重量减半								

说明:①部件连接处全部采用双面焊,且焊接高度大于6 mm。

②焊接完毕后,清除焊渣,并涂一层防腐漆,两层银色油漆。

③接地带沿全沟内侧通长敷设,接地极每50 m设置一处。

④双侧支架电缆沟设置双侧接地极,单侧支架电缆沟设置单侧接地极。

图1.21　电缆沟接地装置图

工作步骤如下:

1.检查电缆应当没有进水，损伤等，电缆校直后，按右图尺寸剥切：外护套剥去的总长度，线耳孔深+5+A+190 mm，其中A尺寸参照前页第7工步表格。其中绝缘层要光滑无损伤、无导电颗粒。半导电层断口要整齐，平滑过渡。

	30 kV及以下	35 kV
A	245 mm	450 mm

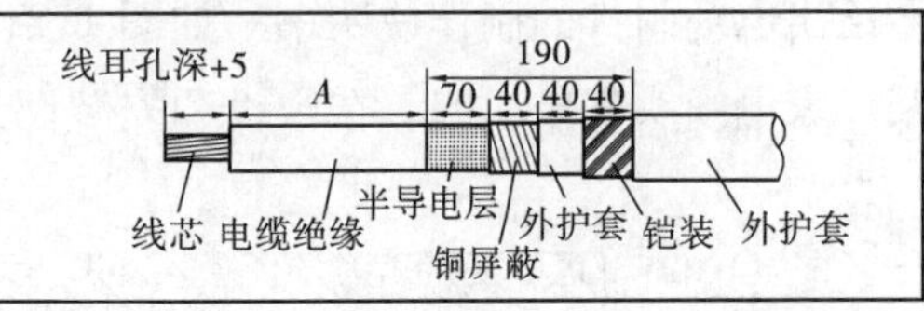

2.用恒力弹簧将铠装接地线，固定在电缆铠装上，弹簧绕紧过程中，将地线端头反折一次。

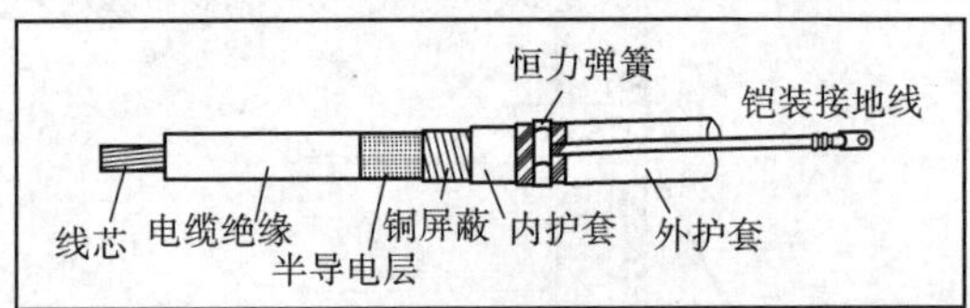

3.用防水密封胶稍加拉伸，包绕在恒力弹簧及铠装上，然后再包绕一层PVC带。

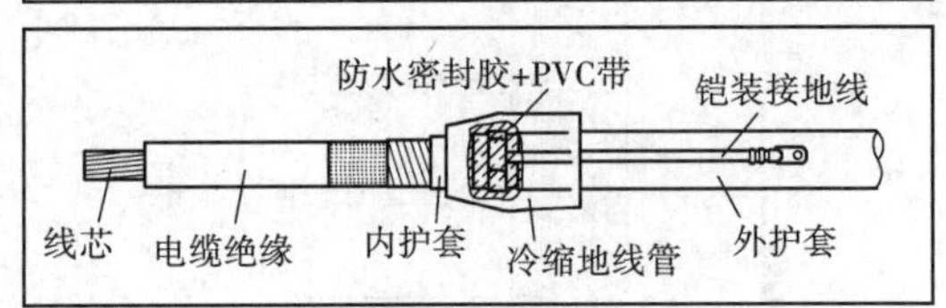

4.把冷缩地线管-1套在内护套的中部位置，盖住铠装和密封胶，向下逆时针方向拉出骨架条，使其收缩固定。

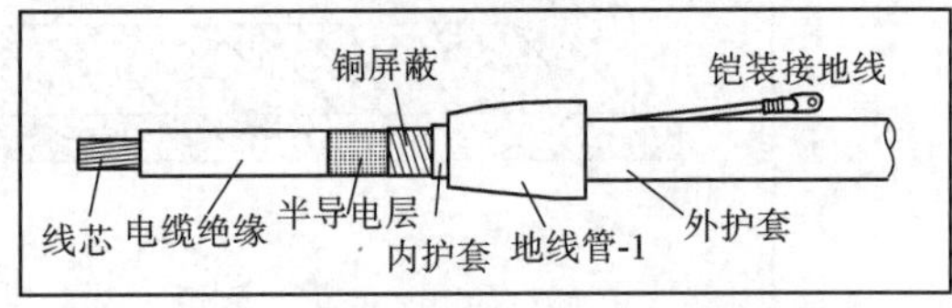

5.用恒力弹簧将屏蔽接地线，固定在电缆铜屏蔽上，弹簧绕紧过程中，将地线端头反折一次。

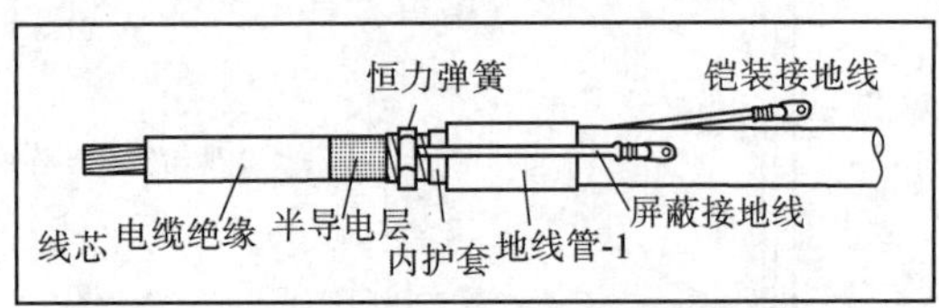

6.按照右图尺寸：用防水密封胶稍加拉伸，包绕在恒力弹簧及铜屏蔽上，然后再包绕一层PVC带。

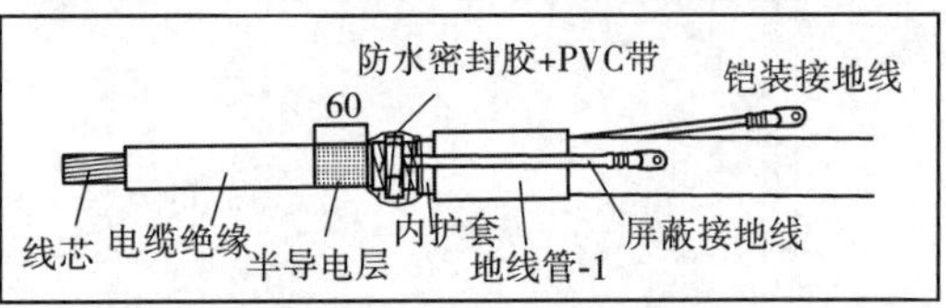

图1.22　冷缩电缆终端安装图(节选)

1.4.2　配电电缆路径图绘制

(1)电缆路径图的现场测绘方法和要求

电缆路径图是在电缆敷设后,在施工现场对电缆线路位置、走向和路径等进行实地测量、现场测绘而成的。

绘制电缆线路路径图的内容如下:

①电缆线路走向。

②变电站进出线电缆(名称、开关、主要参照物)。

③电缆终端头位置。

④电缆分支箱、电缆环网柜的位置。

⑤电缆经过的地形、地貌。

⑥电缆交叉跨越的情况。

⑦电缆型号。

⑧电缆中间接头的位置。

⑨电缆标志桩的位置。

⑩电缆经过地段腐蚀、污染源情况。

⑪电缆穿管位置。

⑫分段电缆的长度、转弯部分的长度和累计长度。

(2)绘制电缆路径图的基本步骤

绘制电缆路径图是在现场测绘草图的基础上,精确地标出绘制比例、坐标指向,道路名称及走向,以及建筑标志物、水平标高等电缆敷设竣工的环境状况,明确电缆线路的走向、长度,上下杆位置和高度,穿越街道时采用的穿管敷设保护,以及敷设方法、道路管线长度、与架空线连接点位置等,并以电力电缆线路竣工图来表示。

绘制电缆路径图的基本步骤如下:

1)确定线路走向

认定并记录电缆敷设地段的方位、地形和路名。标明绘制出电缆线路走向,路段的道路边线和各种可参照的固定性标志物,如道路两侧建筑物边线、房角、路界石及测标等。标注符号要符合城市道路规划和建筑设计规范,常用道路建筑图形符号见表1.29,可供参考。

表1.29　常用道路建筑图形符号

图形符号	说明	图形符号	说明
	里程碑		涵洞
	方形人井、雨水管、沉井		大基础铁塔

续表

图形符号	说明	图形符号	说明
	外方内圆井		工字形水泥杆
	圆形人井		圆形污水沉井
	市政测量标高桩		圆形电杆、电话杆
	消防龙头(地面上)		三角形水泥杆
	消防龙头(地面下)		杆上变压器
	阳沟		大门
	铁塔		

2)设定绘制比例

绘制比例一般为1:500。根据电缆敷设现场的实际需要,地下管线密集处可取1:100,管线稀少地段可取1:1 000。

3)正确进行地理标注

依据城市规划测绘院提供的地理标志为基准定位依据,如河流、道路(名称)、走向、建筑标志物、重要地理水平标高,正确标注电缆线路方位、走向、敷设深度、弯曲弧度与地理指(北)向。

4)电缆长度标注

应准确标注电缆各段长度和累计总长。直埋电缆敷设的现场测绘图,必须在覆土前测绘。应沿电缆线路路径走向逐段测绘,并精确计算电缆线路累计总长度。

5)电缆终端、附件、构筑物标注

①标注各弯曲部分长度,进入变电站和上下电杆长度及电缆线路路径的地段、位置。

②纵向截面图例应采用统一专用符号,表示电缆终端、分支箱、电缆沟、电缆排管和工井、电缆隧道和桥架箱梁等。

③电缆穿过道路的抗压护导管时,应注明管材、孔径和埋设深度。

④排管敷设应附上纵向断面图,并注明排管孔别编号。

6)注意管线交叉、平行或重叠

电缆与地下同一层面的其他管线平行、交叉或重叠,必须在图上标绘清楚,应加注文字补充说明。电缆与其他管线平行交叉和重叠的标绘图如图 1.23 所示。

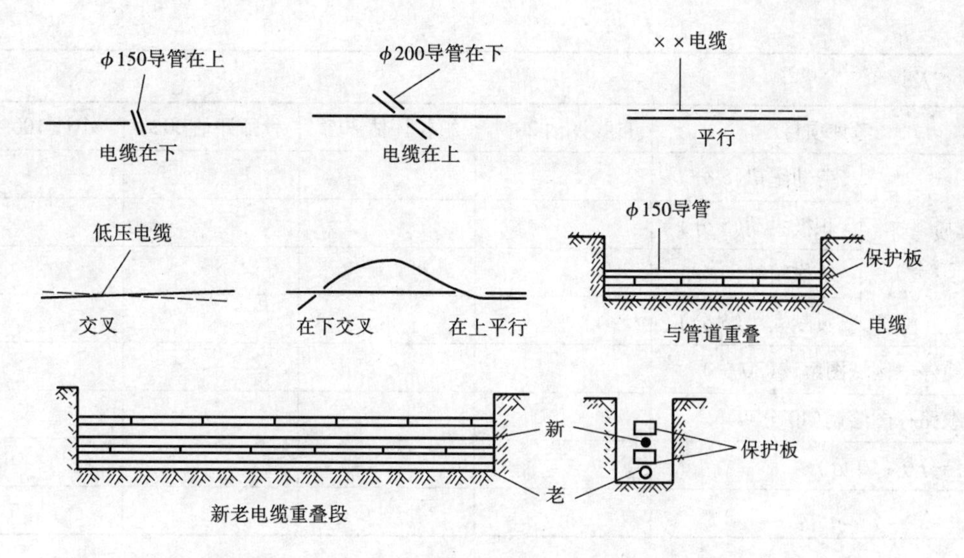

图1.23　电缆与其他管线平行交叉和重叠的标绘图

【任务实施】

工作任务	配电电缆图识绘		学时	4	成绩	
姓名		学号		班级		日期	

1. 给定资料

了解10 kV长远Ⅰ线的建设背景及线路资料。

2. 决策

现场勘查,确定长远Ⅰ线施工停电区域,绘制电缆路径草图。

3. 实施

(1)10 kV长远Ⅰ线路径图绘制(另附纸)。

(2)10 kV长远Ⅰ线施工相关停电区域图解读。

续表

4. 检查及评价

考评项目		自我评估 20%	组长评估 20%	教师评估 60%	小计 100%
素质考评（20 分）	劳动纪律(5 分)				
	积极主动(5 分)				
	协作精神(5 分)				
	贡献大小(5 分)				
电缆停电区域图解读(30 分)					
电缆路径图绘制(40 分)					
总结分析(10 分)					
总　分					

【思考与练习】

1. 请详细说明电缆线路的路径图分类组成、内容和特点。
2. 请对照配电停电区域图，说明工作任务和停电区域。
3. 试说明配电电缆路径图绘制基本步骤的要点。

项目 2　配电电缆工程施工

【项目描述】

本项目主要培养学生配电电缆施工的能力。学生熟悉配电电缆施工的整个流程，掌握电缆施工方案编制的内容和要求、电缆运输和保管的要求、电缆敷设的类型特点和施工要求、电缆附件的类型和安装要求及电缆竣工验收制度和验收要求；学生能严格遵守电缆施工相关职业标准、技术规范和工艺要求，能完成施工前电缆的运输和保管工作，熟练运用施工工器具和设备完成电缆敷设，制作安装电缆终端头和中间接头，能参与电缆竣工验收工作，能编制施工方案。

【项目目标】

1. 能编制电缆工程施工方案。

2. 能完成施工前电缆的运输和保管工作。

3. 能选择并使用施工工器具和设备完成电缆敷设。

4. 能制作安装电缆终端头和中间接头。

5. 能参与电缆竣工验收。

6. 能在学习中学会自我学习，围绕主题讨论并准确表达观点，培养分析和解决问题的能力，具有责任意识、安全意识和质量意识，精益求精，严格遵守标准规程完成任务。

【教学环境】

电缆实训场、电缆仓库、多媒体课件、电缆施工教学视频、电缆施工图纸、电缆施工工器具、电缆试验设备。

任务2.1　配电电缆施工方案的编制

工作负责人：

新建10 kV长远Ⅱ回长316武广桥分支箱320至#005杆新敷设YJV22_3 * 240电力电缆线路，总长600 m，敷设方式以直埋为主。检修公司承担了本次工程任务，在进行电缆施工前，要先编制10 kV长远Ⅱ回长316电缆施工方案。施工方案由工作负责人完成，依据电缆施工工作验收规范及相关工作规程，认真进行现场勘查和资料分析，编写的施工方案要符合实际工程需要，能为工程的开展提供指导。

【任务目标】

1. 熟悉10 kV电缆施工方案编制的主要内容。
2. 掌握电缆施工的组织措施、安全措施和技术措施。
3. 能根据电缆敷设施工的项目特点，编制10 kV电缆施工方案。

【相关规程】

1. GB 50168—2018　电气装置安装工程　电缆线路施工及验收标准。
2. GB 50217—2018　电力工程电缆设计标准。

【相关知识】

微课　电力电缆施工方案的编制

电缆施工方案包含电缆工程的工程概况、组织措施、技术措施及安全措施，对整个施工过程起到指导作用，保证施工安全，提高施工质量。在整个施工方案中，要明确说明电缆开工准备、施工准备内容、工作流程、施工的内容及工艺要求，人员组织合适，安全措施到位，技术措施合理。

2.1.1　工程概况

根据工程设计要求，给出整个电缆线路的工程概况。

(1)工程简介

施工范围、电缆敷设路径走向、敷设方式、施工单位、工程类别。

(2)工作量

列出该工程所用电缆及其他设备、材料型号规格、数量。

(3)施工平面示意图

给出该工程的施工平面示意图。

(4)工程承诺

1)保证工期

保证在合同规定工期内高质量完成施工。

2)保证质量

严格按照验收标准保证施工质量。

3)保证安全

杜绝事故发生，安全管理，文明施工，达到国家安全施工标准。

2.1.2　组织措施

①组织机构设立。为优质高效按期完成工程的各项任务，成立项目经理部，建立以项目经理为首的管理层，实行目标管理。所有管理人员全部持证上岗，制订施工组织机构图。

②人员安排。工程实行目标管理，程序控制，分区分段。将总体目标分解落实，明确责任，保证工程有序进行。一般现场人员有项目负责人、现场工作负责人、现场总协调、现场把关人、安全员、质量技术员、物资领料员及各项工程施工人员。列出人员组织安排表，见表2.1。

表2.1　人员组织一览表

序号	姓名	工作职务及职责
1		
2		
合计		

③施工机械调配。根据工程工期短、工程量大等特点,必须采取分段施工,提高施工速度,同时利用高效率的机械化作业,确保总工期的实现。主要施工机械见表2.2。

表2.2 主要施工机械保障一览表

序号	施工机械名称	规格型号	数量	进场时间
1				
2				
3				
4				
5				

④组织有关技术人员,熟悉设计图,进行图纸技术交底。对电缆敷设尤其是基础工程进行重点讲解施工过程中的操作要点,结合工程特点以及施工现场中交叉施工多的施工特性,需进行“长计划、短安排”,作好施工人员思想上、技术上的准备。

⑤所有通过正规渠道购进的材料要有合格证书、材质证书等,以确保工程的质量。

2.1.3 技术措施

电缆施工的技术措施按照《电力工程电缆设计标准》《电气装置安装工程电缆线路施工及验收标准》《国家电网公司配电网施工检修工艺规范》及企业的相关要求进行,下面列出了部分电缆施工准备及施工过程的技术要求,具体编制时应结合工程实际情况进行详细阐述。

(1)电缆施工准备

①根据工程设计书了解整个电缆线路工程的施工概况:施工范围、电缆敷设路径走向、敷设方式等。

②了解敷设电缆的厂家、型号规格、护层接地方式及需采取的电缆防火措施的整体概况。

③办理开工的施工依据,设立以电缆施工负责人为核心,工程技术、质量、安全负责人等为辅的组织机构,以及需配合施工的民工队伍人数,制订施工计划,见表2.3。

④根据工程电缆主要技术参数对电缆允许最大牵引力、转弯处最大侧压力的计算,看是否满足设计、施工与敷设机械设备的技术要求以及电缆弯曲半径的要求。

表2.3　施工计划

序号	工作时间	施工任务	工作地点	工作人员及具体安排	工作负责人
1					
2					
3					

⑤做好输送机、滑车、放线架、牵引机、卷扬机、校直机、防捻器、托锟、牵引头(网)等施工机具的准备并放置在合适位置上,线盘施放点、牵引点、沟道、转弯处、工井、每台输送机各重要岗位的人员配置合理。

⑥做好通信设备的配置及调试,确保畅通。

⑦做好电缆的检查,确保电缆密封良好、无受潮。

(2)电缆敷设

①电缆敷设时,不应损坏电缆沟、隧道、电缆井和人井的防水层。

②电缆敷设时,电缆应从盘的上端引出,不应使电缆在支架上及地面摩擦拖拉。电缆上不得有铠装压扁、电缆绞拧、护层折裂等未消除的机械损伤。

③机械敷设电缆的速度宜不超过15 m/min。

④电缆敷设时应排列整齐,不宜交叉,并应及时装设标识牌,标识牌规格宜统一,标识牌应防腐,挂装应牢固;标识牌上应注明线路编号,且宜写明电缆型号、规格、起讫地点;并联使用的电缆应有顺序号;标识牌的字迹应清晰不易脱落。标识牌装设应符合下列规定:

a.生产厂房及变电站内应在电缆终端头、电缆接头处装设电缆标识牌。

b.电网电缆线路应在下列部位装设电缆标识牌。

c.电缆终端及电缆接头处。

d.电缆管两端人孔及工作井处。

e.电缆隧道内转弯处、T形口、十字口、电缆分支处、直线段每隔50~100 m处。

⑤沿电气化铁路或有电气化铁路通过的桥梁上明敷电缆的金属护层或电缆金属管道,应沿其全长与金属支架或桥梁的金属构件绝缘。

⑥电缆进入电缆沟、隧道、竖井、建筑物、盘(柜)以及穿入管子时,出入口应封闭,管口应密封。

⑦电缆埋设、电缆排列、电缆与电缆距离、电缆与其他设施的距离符合设计要求。

(3)电缆附件安装

①电缆终端与接头制作,应由经过培训的熟练工人进行。

②电缆终端与接头制作前,应核对电缆相序或极性。

③制作电缆终端和接头前,应按设计文件和产品技术文件要求做好检查,确保产品符合标准。

④在室内、隧道内或林区等有防火要求的缆施工现场进行电缆终端与接头制作,应备有足够的消防器材。

⑤电缆终端与接头制作时,施工现场温度、湿度与清洁度,应符合产品技术文件要求。

⑥电缆终端及接头制作时,应遵守制作工艺规程及产品技术文件要求。

⑦附加绝缘材料除电气性能应满足要求外,尚应与电缆本体绝缘具有相容性。

⑧制作电缆终端与接头,从剥切电缆开始应连续操作直至完成,应缩短绝缘暴露时间。剥切电缆尺寸符合产品技术文件要求,不得损伤电缆各层结构。附加绝缘的包绕、装配、热缩等应保持清洁。

⑨交联电缆终端和接头制作时,预制件安装定位尺寸应符合产品技术文件要求,在安装过程中内表面应无异物、损伤、受潮。

⑩电缆导体连接时,应除去导体和连接管内壁油污及氧化层。压接模具与金具应配合恰当,压缩比应符合产品技术文件要求。压接后应将端子或连接管上的凸痕修理光滑,不得残留毛刺。

⑪三芯电缆接头两侧电缆的金属屏蔽层、金属护套、铠装层应分别连接良好,不得中断,跨接线的截面应符合产品技术文件要求。直埋电缆接头的金属外壳及电缆的金属护层应做防腐、防水处理。

2.1.4 安全措施

电缆施工的安全措施要严格遵守《电力安全工作规程》,下面列出了电缆施工过程中要注意的部分安全措施。具体编制时,应结合工程实际情况进行详细阐述。

(1)通用安全措施

①开工前,组织全体施工人员认真学习安全操作等规程,提高安全意识,现场施工人员正确佩戴安全帽,穿好工作服,所有施工人员严禁酒后作业,以保证全体施工人员安全。

②班组定期召开安全例会,由安全员组织,对施工中出现的安全隐患,采取有针对性的教育,并提出具体改进措施,做出记录,改进措施要复查验收结果,以促进安全生产。

③班组配备专职安全员,施工过程中要及时巡视,防止土方、流沙坍落,防止高空附物打击,高空作业检查安全带,并由经验丰富的人员监护。

④夜间施工有明显标志,挂设红灯,多方施工区要装设安全围栏,挂设明显标志,并有专人维护交通,保障行人、车辆安全。

⑤特殊工种(如电工、焊工、司机)经过专业培训,人员必然佩戴合格的安全用具,工器具

和物件的传递严禁抛掷，持证上岗。

⑥雨季施工要检查土方基坑、边坡的稳固情况以及地下原有管线。施工过程中，要有专门措施加以保护。

⑦群体作业时，要集中精力、听从指挥、尽职尽责、同心协力，防止发生人员、设备事故。做到"三不伤害"确保设备人员安全。

(2)专用安全措施

①工作前，应核对电力电缆标志牌的名称与工作票所填写的相符以及安全措施正确可靠。

②电缆直埋敷设施工前，应先查清图纸，再开挖足够数量的样洞(沟)，摸清地下管线分布情况，以确定电缆敷设位置，确保不损伤运行电缆和其他地下管线设施。

③掘路施工应做好防止交通事故的安全措施。施工区域应用标准路栏等进行分隔，并有明显标记，夜间施工人员应佩戴反光标志，施工地点应加挂警示灯。

④为防止损伤运行电缆或其他地下管线设施，在城市道路红线范围内不宜使用大型机械开挖沟(槽)，硬路面面层破碎可使用小型机械设备，但应加强监护，不得深入土层。

⑤沟(槽)开挖深度达到1.5 m及以上时，应采取措施防止土层塌方。

⑥在下水道、煤气管线、潮湿地、垃圾堆或有腐质物等附近挖沟(槽)时，应设监护人。在挖深超过2 m的沟(槽)内工作时，应采取安全措施，如戴防毒面具、向沟(槽)送风和持续检测等。监护人应密切注意挖沟(槽)人员，防止煤气、硫化氢等有毒气体中毒及沼气等可燃气体爆炸。

⑦沟(槽)开挖时，应将路面铺设材料和泥土分别堆置，堆置处和沟(槽)之间应保留通道供施工人员正常行走。在堆置物堆起的斜坡上不得放置工具、材料等器物。

⑧电缆施工作业完成后应封堵穿越过的孔洞。

⑨非开挖施工的安全措施有：

a.采用非开挖技术施工前，应先探明地下各种管线设施的相对位置。

b.非开挖的通道，应离开地下各种管线设施足够的安全距离。

c.通道形成的同时，应及时对施工的区域采取灌浆等措施，防止路基沉降。

⑩使用携带型火炉作业时，要注意火焰与带电部分的安全距离：电压在10 kV及以下者，应大于1.5 m。不得在带电导线、带电设备、变压器、油断路器(开关)附近以及在电缆夹层、隧道、沟洞内对火炉加油、点火。在电缆沟盖板上或旁边动火工作时应采取防火措施。

⑪电缆施工完成后，电缆要进行试验。电缆耐压试验前，应先对被试电缆充分放电。加压端应采取措施防止人员误入试验场所；另一端应设置遮栏(围栏)并悬挂警告标示牌。若另一端是上杆的或开断电缆处，应派人看守。电缆试验结束，应对被试电缆充分放电，并在被试电缆上加装临时接地线，待电缆终端引出线接通后方可拆除。

【任务实施】

工作任务	配电电缆敷设方案编制		学时	4	成绩	
姓名		学号		班级		日期	

1. 计划

小组成员分工：

组别	岗位		
	工作负责人	专职监护人	作业人员

2. 决策

根据规程和施工方案的内容，进行电缆直埋敷设施工资料的收集，确定施工方案的信息。

3. 实施

写出电缆直埋敷设的施工三措（另附）。

4. 检查及评价

考评项目		自我评估 20%	组长评估 20%	教师评估 60%	小计 100%
素质考评（20 分）	劳动纪律（5 分）				
	积极主动（5 分）				
	协作精神（5 分）				
	贡献大小（5 分）				
施工信息（10 分）					
施工三措（60 分）					
总结分析（10 分）					
总　分					

【思考与练习】

1. 编制电缆施工方案要注意哪些要点?
2. 电缆敷设的一般安全措施有哪些?

任务2.2　配电电缆敷设前的准备

工作负责人:

新建10 kV电缆线路:10 kV长远Ⅱ回长316武广桥分支箱320至# 005杆新敷设YJV22_3 * 240电力电缆600 m,敷设方式以直埋敷设为主。电缆班接到施工任务,施工方案已编制完成,现要根据设计和施工方案要求做好线路敷设的准备工作。本次敷设工作设工作负责人1人,工作小组负责人两人,敷设人员6人,要求准备工器具、设备齐全,电缆及附件完好齐备,电缆路径合适,编制作业指导书。

【任务目标】

1. 掌握配电电缆运输、电缆及附件的保管要求。
2. 掌握电缆敷设常用工具的类型和使用方法。
3. 能正确使用电缆敷设的专业工具、仪器及设备,并计算电缆敷设机械力。
4. 掌握电缆构筑物土建设施的施工工艺要求。

【相关规程】

1. GB 50168—2018　电气装置安装工程　电缆线路施工及验收标准。
2. GB 50217—2018　电力工程电缆设计标准。
3. Q/GDW 10742—2016　配电网施工检修工艺规范。

【相关知识】

在电缆线路施工前,要做好相关的前期准备工作,包括明确电缆敷设路径,编写电缆施工方案,完成电缆设备的采购、运输及现场验货保管,以及准备好电缆和施工的人员、工器具。

2.2.1 明确电缆敷设路径

在电缆线路施工前,要根据电缆路径图确定电缆敷设路径。电缆敷设路径需要城市规划管理部门确认,与城镇总体规划相结合,有条件的地区可根据发展规划考虑采用政府主导的地下综合管廊。如涉及地下管线或保护通道内建筑、农田、树木等的迁移,应与相关单位协商签订书面协议,取得他们的配合并做好施工相关赔偿工作。要提前办好电缆线路施工的相关手续,包括建设工程规划许可证、电缆线路管线执照、掘路执照和道路挖掘许可证等。电缆敷设路径要保证电缆安全运行,确定与邻近地下管线和相关设施有足够的距离,如距离不够,应做好隔离措施或进行路径调整。采取直埋敷设的线路要先开挖土壤样洞,避免路径上的电缆遭受化学腐蚀。

配电电缆的路径选择应符合下列规定:

①应避免电缆遭受机械性外力、过热、腐蚀等危害。

②统筹兼顾,满足安全要求条件下,应保证电缆路径最短。

③应便于敷设、维护,有利于电缆附件的布置和施工。

④宜避开将要挖掘施工的地方。

2.2.2 配电电缆运输

电缆一般采用电缆盘装盘包装运输、保管和敷设施放。从出厂到现场交付,在运输电缆的过程中要注意对电缆的保护,不得使电缆和电缆盘损坏。具体的运输步骤和注意事项见表2.4。

表2.4 电缆运输步骤和注意事项

序号	步骤	注意事项	图 例
1	装盘	(1)电缆包装应完好,配有电缆合格证,电缆两侧端头要密封,并固定牢靠在盘上 (2)电缆一般缠绕在钢制盘上进行包装。30 m以下、质量不超过80 kg的短段电缆,也可按不小于电缆允许的最小弯曲半径卷成圈,成圈包装搬运	装盘
2	装车绑扎	(1)电缆盘装车前要检查,电缆外观完好,电缆两侧可靠密封,电缆盘及包装完好 (2)电缆装车一般采用吊车或叉车 (3)严禁同时吊装几盘电缆,吊装时盘轴穿在电缆盘中心孔,盘轴应长出电缆盘两端足够长度,起吊钢丝绳分别套入盘轴两端起吊。不得将钢丝绳直接穿在电缆盘孔中起吊,防止受力不均匀 (4)在运输车辆上,要将电缆盘放置在专用的电缆底座或支架上固定牢固,两侧用绳索绑扎牢固,防止运输时电缆脱落、翻倒,损伤电缆	电缆底座 装车固定
3	运输	(1)电缆盘不能平卧运输,防止电缆缠绕松脱,电缆盘摆放要平稳、牢固,电缆绕紧,避免强烈振动,防止电缆倾倒受损 (2)运输时,要做好电缆的密封受潮 (3)运输电缆高度应符合运输路线道路限高要求	运输
4	卸车	(1)卸车一般采用吊车或叉车 (2)吊装卸电缆的要求同装车。如果没有起重设备,严禁将电缆盘从车上直接推下,防止电缆和电缆盘损坏。可用木板搭设牢固斜坡,用绳子或绞车拉住电缆盘,使电缆盘慢慢滚下,电缆滚动应顺着电缆盘示箭头滚动指向(顺着电缆绕紧的方向),防止电缆受到机械损伤和退绕松脱	卸车

2.2.3 电缆及附件的保管

(1)电缆及附件的现场验收

电缆及附件运到现场后,应按下列规定进行检查:

①产品的技术文件应齐全。电缆型式试验、出厂试验应符合要求,出具相关试验报告,要核对每盘电缆的产品表示、合格证件、出厂批次和试验报告,并与电缆盘号统一,作为原始资料进行存档。

②电缆的额定电压、型号规格、长度及包装应符合订货要求。每盘电缆上的电缆型号、规格、标准编号、长度、每米电缆的位置、出厂日期、生产厂家以及电缆盘滚动方向的箭头符号等应标明清楚。

③电缆盘无机械损伤,电缆外观应完好无损,电缆封端应严密,端头加保护密封罩,电缆无铠装锈蚀,无明显皱褶、裂纹和扭曲现象。当外观检查有怀疑时,应进行受潮判断或试验,可进行绝缘电阻测量判断电缆是否受潮。

④电缆附件部件应齐全,材质质量应符合产品技术要求。电缆附件产品组成部件配套齐全,包装完好,成套附件、配套辅助材料和消耗材料的数量、规格种类符合订货要求和安装需要,装箱清单、质量合格证齐全并符合要求。不同的附件产品要有良好的相容性,符合国家标准,电气性能和理化性能参数满足附件技术要求。

(2)电缆及附件的储存

电缆及附件材料验货后,可能不会立即安装,这时需要进行妥善保管,放入电缆仓库进行储存。如果作为备品备件,存放时间会更长。电缆及附件的保管期限应符合产品技术文件要求,安装前的保管期限一般不超过 1 年。当需长期保管时,应符合设备保管的专门规定。

具体的储存应符合下列规定:

①电缆应集中分类存放,可按电压等级、规格等分类,并应标明额定电压、型号规格、长度。电缆盘之间应有通道,便于人员进出和运输使用。地基应坚实,电缆盘应稳固。当受条件限制时,盘下应加垫,存放处应地面平整,保持通风、干燥,不得积水。

②电缆盘不能平卧储存,电缆盘尽可能避免露天存放,要保证电缆盘及包装完好、无变形,做好防潮措施。

③储存电缆的仓库不得有破坏绝缘及腐蚀金属的有害气体存在,电缆与有腐蚀性的其他物品要进行隔离存放。

④电缆在保管期间应定期检查电缆及其附件是否完好,标志应齐全,封端应严密。当有缺陷时,应及时处理。可根据需要定期滚动电缆,将向下存放的电缆盘翻滚向上,避免电缆受潮。

⑤电缆附件绝缘材料的防潮包装应密封良好,并应根据材料性能和保管要求储存和保

管,应存放在室内阴凉处,不得在户外或阳光下存放,保证室内清洁干燥,避免附件绝缘材料受潮影响性能。

⑥防火隔板、涂料、包带、堵料等防火材料储存和保管,应符合产品技术文件要求。为了防止电缆终端及中间接头使用的绝缘附件和材料受潮、变质,应将其存放在干燥室内。

⑦电缆及附件储存仓库要做好防火措施,避免接触热源。

2.2.4 电缆敷设工器具的准备

(1)电缆敷设工器具类型

在电缆敷设工作开始前,要按照不同的敷设方式要求准备好相应的机械器具。电缆敷设常用的机具见表2.5。

表2.5 电缆敷设常用的机具列表

序号	机具类型	机具名称	说明	示范图例
1	挖掘机械	(1)电动类:气镐和空气压缩机、挖掘机、推土机等 (2)人工类:铁锹,铁棒等	电缆线路敷设工程挖掘用	气镐
2	装卸运输工具	载重汽车、吊车、平板拖车和叉车等	运输电缆盘、各种管材、电缆附件、电缆盖板、电缆沟余土等	载重汽车 叉车

续表

<table>
<tr><th>序号</th><th>机具类型</th><th>机具名称</th><th colspan="2">说　明</th><th>示范图例</th></tr>
<tr><td rowspan="3">3</td><td rowspan="3">卷扬机械</td><td>卷扬机</td><td>卷扬机用于电缆敷设牵引。按牵引动力不同,卷扬机分为自动卷扬机、燃油卷扬机和汽车卷扬机等。电缆敷设牵引应选用与电缆最大允许牵引力相当的卷扬机,一般水平牵引力为30 kN 的卷扬机已满足牵引各种规格电缆的需要。适用于电压等级低、不易产生侧压力、落差小的电缆敷设</td><td rowspan="2">当输送机与卷扬机同时使用时,一般是以输送机为主,卷扬机为辅,输送机与卷扬机输送速度必须相同,且必须采取联动控制装置,即各台输送机和卷扬机的操作必须集中联动控制,必须关停同步,速度一致,否则可能损坏电缆</td><td>卷扬机</td></tr>
<tr><td>输送机</td><td>输送机又称履带卷扬机,是以电动机驱动,用凹形橡胶带夹紧电缆,并用预压弹簧调节对电缆的压力(不超过电缆允许侧压力),使之产生对电缆的一定推力。国产输送机的推力有3,5,8 kN 等。适用于电压等级高、敷设要求高及地段复杂的电缆敷设</td><td>输送机</td></tr>
<tr><td>滑车/滚轮</td><td colspan="2">滑车/滚轮装有可灵活转动的一个或多个光滑圆筒,具有较小的摩擦系数,用于支承并传送电缆,避免电缆与地面摩擦,保护电缆外护层不受摩擦力的损坏,同时可减小电缆牵引力和侧压力。滑车一般每隔,2～3 m 均匀放置,保证电缆不应重力作用与地面接触摩擦。滑车按用途分为直滑车、转弯滑车、环形滑车、井口滑车及撑壁滑车等,输送电缆直径 ϕ180 mm 及以下
直线滑车用于直线段电缆敷设,可减少电缆所需牵引力和保护电缆外护层不受摩擦力损伤</td><td>直线滑车
转弯滑车</td></tr>
</table>

续表

序号	机具类型	机具名称	说　明	示范图例
3	卷扬机械	滑车/滚轮	转弯滑车用于电缆转弯处,以控制电缆弯曲半径和侧压力。为满足电缆最小允许弯曲半径在某些特殊敷设路径,如工作井、隧道转角处等,应以若干滚轮成适当的电缆滚轮组,以利控制电缆弯曲半径和侧压力 环形滑车用于解决电缆敷设时限制电缆的摆动。在电缆下井口处、陡坡处及电缆进入输送机前固定一个环形滑车,可确保电缆顺利通过这些定位要求准确、有锐角、易损伤电缆外护套的地方	环形滑车 井口滑车
4	敷设专用工器具	电缆盘放线架	电缆盘放线架是支承和施放电缆盘的承力装置。电缆盘置于电缆放线架上,保持离开地面50~150 mm,在牵引力作用下,电缆盘在放线架的横杆上悬空旋转,电缆沿牵引方向脱离电缆盘敷设到指定路径上 电缆盘上应安装有效制动装置,用于敷设过程中突发状况临时停车、电缆盘转动过快时调整盘外圈电缆松弛情况	电缆盘放线架
		千斤顶	千斤顶配合电缆放线架使用,用于顶升电缆盘,保证电缆盘水平放置,能灵活转动施放电缆。千斤顶有液压式和机械式两种	千斤顶

续表

序号	机具类型	机具名称	说　明	示范图例
4	敷设专用工器具	防捻器	防捻器装设在电缆牵引头(或牵引网套)和牵引钢丝绳之间,消除敷设时钢丝绳和电缆金属护套上产生的扭转力,防止作用于电缆上。敷设时,防捻器两端可自由转动,将受到的牵引扭机械力及时释放,保证电缆不受到扭转力的损坏或钢丝绳弹跳伤人	防捻器
		牵引头和牵引网套	牵引头和牵引网套用于固定电缆端部,牵引电缆。根据电缆所承受牵引力的大小选择不同的牵引装置。牵引头直接作用于电缆导体,敷设牵引力较大,牵引网套作用于电缆外护套,敷设牵引力较小	牵引头 牵引网套
		张力计	张力计是监视电缆在牵引过程中牵引力或侧压力是否超过允许规定值的装置	张力计

续表

序号	机具类型	机具名称	说　明	示范图例
4	敷设专用工器具	电缆头制作工具	电缆头制作工具包括电缆剥切工具(电缆切刀、壁纸刀、钢锯、钢丝钳、扁口螺丝刀、绝缘剥切器等)、导体压接工具(压接钳、锉刀)、热缩操作工具(液化气罐和喷枪)	壁纸刀 压接钳 液化气罐和喷枪

(2)电缆敷设工器具的配合

常用电缆敷设工器具的组合模式为:在进行电缆敷设时,先用挖掘工具完成电缆通道的开挖,在电缆敷设起点布置好电缆盘放线架和千斤顶支承好电缆盘,牵引网套固定在电缆外护套上,根据牵引力的计算值选择合适的卷扬机型号,在电缆末端布置好卷扬机,将卷扬机钢丝绳连接防捻器,再与牵引网套相连,在电缆敷设通道上以电缆不拖地为原则设置若干个直线滑车,在转弯处保证电缆允许弯曲半径要求和侧压力要求设置转弯滑车,在陡坡两端设置环形滑车,然后即可进行电缆的牵引敷设。

如果需要均匀的输送力,不产生对电缆的侧压力,保证敷设时不易损伤电缆,就应在电缆敷设通道上设置若干输送机,用卷扬机与输送机联动工作进行电缆的牵引。

如果根据牵引力计算值,电缆的牵引网套不能满足敷设牵引力时,应选用牵引头进行固定。

2.2.5　电缆机械力计算

在电缆敷设过程中,作用在电缆上的机械力主要有牵引力、侧压力和扭转力。机械力超过电缆的允许值,就会损伤电缆,尤其是在敷设路径落差较大或弯曲较多的场所,机械敷设大截面高压电缆前,需要根据敷设方式的不同计算电缆的牵引力和侧压力,确定卷扬机械的容量，保证敷设机械力满足规程要求。电缆所受到牵引力和侧压力与电缆盘架设的位置、电缆牵引方向和电缆穿管材料的摩擦系数等因素有关。

(1) 牵引力

1) 牵引力的规定

《电气装置安装工程　电缆线路施工及验收标准》(GB 50168—2018)给出了用机械敷设电缆时的最大牵引强度要符合表 2.6 中的规定。同时，机械敷设电缆的速度不超过 15 m/min，在复杂路径上敷设时，其速度应适当放慢。采用牵引头牵引电缆是将牵引头安装在电缆线芯上，牵引力主要作用于电缆导体上，导体受力较大，因此，允许牵引强度较大。采用牵引网套时是电缆外护套受力，一般在电缆线路不长、电压等级不高、所需牵引力较小时使用。铅套抗拉强度低，但有强带加固，故允许牵引强度为 10 N/mm^2；铝护套的抗拉强度高，但为了防止波纹的变形，允许牵引强度一般取为 20 N/mm^2。

表 2.6　电缆最大牵引强度

牵引方式	牵引头/($N \cdot mm^{-2}$)		钢丝网套/($N \cdot mm^{-2}$)		
受力部位	铜芯	铝芯	铅套	铝套	塑料护套
允许牵引强度	70	40	10	40	7

2) 牵引力的计算

在电缆直埋、电缆沟、电缆隧道等通道敷设时，电缆放置在滚轮上施放，在电缆穿管敷设时，电缆在管道内施放，不同的材质有不同的摩擦系数，见表 2.6。电缆的质量使它和滚轮或管道的接触面之间产生了压力，这个压力乘以接触面的摩擦系数，所得的摩擦力就是牵引时所必须克服的阻力，即牵引力。电缆质量越大、摩擦系数越大，牵引力也越大，牵引力还会随电缆长度的增加而增大。电缆敷设时施加在电缆上的牵引力应不大于电缆允许的最大牵引力，要尽量减小牵引力的大小，防止损伤电缆。在进行电缆敷设前，要根据电缆的材质和敷设方式对电缆路径上施放牵引力进行计算，便于控制牵引力、选择电缆的敷设起点和分段敷设位置，以便合理安排牵引工具和人员。

电缆牵引力的计算公式表示为

$$T = \mu WL \tag{2.1}$$

式中　T——牵引力，N；

μ——摩擦系数，见表 2.7；

W——电缆每米质量，kg/m；

L——电缆长度，m。

机械敷设大截面电缆时，要先确定敷设方法、线盘架设位置、电缆牵引方向，后校核牵引力和侧压力，配备充足的敷设人员、机具和通信设备。首先要计算电缆从电缆盘上施放出来克服电缆盘轴孔和轴间的摩擦力，在孔和轴配合较好的情况下，摩擦力可折算成 15 m 长的电缆重力。然后将按照不同路径、敷设方式摩擦系数不同，将电缆分成不同的受力段，分别计算各段的牵引力值，电缆施放克服轴孔和轴间的摩擦力和各段牵引力相加得到路径上总的牵引力。

电缆线路各种情况下牵引力的计算公式见表2.8。

表2.7　各种牵引条件下的摩擦系数

牵引时条件	摩擦系数
钢管内	0.17~0.19
塑料管内	0.4
混凝土管,无润滑剂	0.5~0.7
混凝土管引,有润滑剂	0.3~0.4
混凝土管,有水	0.2~0.4
滚轮上牵引	0.1~0.2
沙中牵引	1.5~3.5

注:混凝土管包括石棉水泥管。

表2.8　各种情况下牵引力的计算公式

牵引部分		示意图	计算公式
水平直线		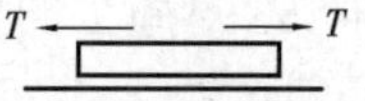	$T=9.8\mu WL$
倾斜直线		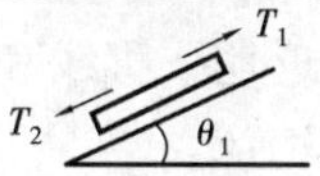	$T_1=9.8WL(\mu\cos\theta_1+\sin\theta_1)$ $T_2=9.8WL(\mu\cos\theta_1+\sin\theta_1)$
水平弯曲		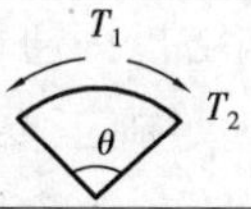	$T_2=T_1\mathrm{e}^{\mu\theta}$
垂直弯曲	凸曲面	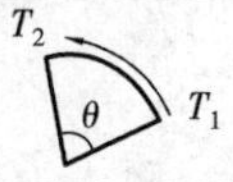	$T_2=\dfrac{9.8WR[(1-\mu^2)\sin\theta+2\mu(\mathrm{e}^{\mu\theta}-\cos\theta)]}{1+\mu^2}+T_1\mathrm{e}^{\mu\theta}$
		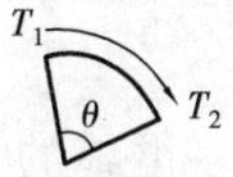	$T_2=\dfrac{9.8WR[2\mu\sin\theta+(1-\mu^2)(\mathrm{e}^{\mu\theta}-\cos\theta)]}{1+\mu^2}+T_1\mathrm{e}^{\mu\theta}$
	凹曲面		$T_2=T_1\mathrm{e}^{\mu\theta}-\dfrac{9.8WR[(1-\mu^2)\sin\theta+2\mu(\mathrm{e}^{\mu\theta}-\cos\theta)]}{1+\mu^2}$
		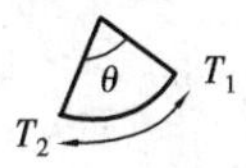	$T_2=T_1\mathrm{e}^{\mu\theta}-\dfrac{9.8WR[2\mu\sin\theta+(1+\mu^2)/\mu(\mathrm{e}^{\mu\theta}-\cos\theta)]}{1+\mu^2}$

注:T—牵引力,N;

μ—摩擦系数,见表2.7;

W—电缆每米质量,kg/m;

L—电缆长度,m;

θ_1—电缆作直线倾斜牵引时的倾斜角,rad;

θ—弯曲部分的圆心角,rad;

T_1—弯曲前牵引力,N;

T_2—弯曲后牵引力,N;

R—电缆弯曲时的半径,m。

(2)侧压力

电缆在转弯时,转弯部分的内侧会受到牵引力分力的反作用力而发生挤压,产生侧压力。侧压力过大,容易对电缆外护套造成机械损伤,影响绝缘性能。塑料电缆的最大允许侧压力为 3 kN/m。

一般情况下,侧压力等于牵引力和弯曲半径之比,即

$$P = \frac{T}{R} \tag{2.2}$$

式中 P——侧压力,N/m;

T——牵引力,N;

R——弯曲半径,m。

2.2.6 直埋电缆敷设前的其他工作

①完成现场查勘,熟悉施工图纸,根据开挖样洞的情况,对施工图作必要修改,确定电缆分段长度和接头位置。

②敷设电缆的通道无堵塞:查明电缆线路路径上邻近地下管线和土质情况,按电缆电压等级、品种结构和分盘长度等,制订详细的分段施工敷设方案。

③电缆保护管和防护盖板准备好并放置现场,临时联络指挥通信设施配备齐全。

④电缆敷设前对作业人员进行分工,确保敷设人员满足施工要求,设工作负责人 1 人;分组负责人两人;施工人员 6 人。施工前,应组织施工人员充分熟悉相关图纸及设计要求,用电缆线路的全长来定出每盘电缆的路径起始和终点的位置。

⑤施工图纸、技术资料、相应施工图集、规范、规程齐全;施工方案编制完毕并经审批,并进行技术交底。

⑥施工前,应对电缆详细检查,与设计资料核对无误。电缆的规格、型号、截面、电压等级、长度等均符合设计要求,外观无扭曲、损坏的现象。对电缆进行绝缘检测判断电缆有无受潮。

2.2.7 电缆构筑物的准备

电缆构筑物在电缆敷设前完成施工,电缆排管及工作井、电缆沟的土建工程要符合设计图纸要求。具体的操作步骤和工艺标准见表 2.9—表 2.11。

表 2.9　排管土建工艺标准

序号	步骤	工艺标准	图　例
1	基坑开挖	(1)根据相关部门批准的路径图确定排管的中心线及走向 (2)根据排管断面尺寸和施工面的要求,并综合考虑周围环境或障碍物的情况确定排管位置并进行开挖 (3)排管基坑底部施工面宽度为排管横断面设计宽度并两边各加 500 mm,便于支模及设置基坑支护等工作 (4)在场地条件、地质条件允许的情况下,可采用放坡开挖的形式,放坡角一般为 45°;也可根据排管埋深及地质条件作相应调整,但必须保证放坡开挖时基坑侧部土体的稳定及施工的安全 (5)基坑开挖不宜对排管埋深下的地基产生扰动;开挖至设计埋深后应进行地基处理,保证地基的平整和夯实度	 
2	排管基坑稳定及围护处理	(1)采取的相关措施应确保施工的正常进行和作业的安全 (2)基坑周围如有其他设施或障碍物,应根据实际情况进行相应的论证并采取相对应的保护措施 (3)若因为客观条件限制无法放坡开挖时,应在基坑开挖前及过程中根据相关规程、规范要求,设置基坑的围护或支护措施。一般情况下,开挖深度小于 3 m 的沟槽可采用横列板支护;开挖深度不小于 3 m 且不大于 5 m 的沟槽宜采用钢板桩支护 (4)若有地下水或流沙等不利地质条件,应采取必要的处理措施 (5)沟槽边沿 1.5 m 范围内严禁堆土或堆放设备、材料等,1.5 m 以外的堆载高度应不大于 1 m	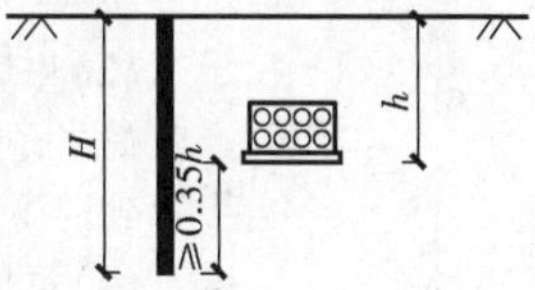
3	回填	(1)应采用自然土、黄沙或其他满足要求的回填料,回填料中不应含有建筑垃圾或其他对混凝土有破坏或腐蚀作用的物质 (2)回填时应分层夯实,回填料的夯实系数一般宜不小于 0.94	

续表

序号	步骤	工艺标准	图　例
4	垫层	(1)垫层材料宜采用混凝土;若采用其他材料,应根据工程实际情况合理选取并满足强度及工艺的相关要求 (2)应确保垫层下的地基稳定且已夯实、平整 (3)若有地下水应采取适当的处理措施,在垫层混凝土浇筑时应保证无水施工 (4)垫层混凝土应密实,上表面应平整 (5)垫层混凝土的强度等级应不低于 C10	
5	高强度管的铺设(混凝土不包封)	(1)应根据管材的具体长度,每间隔 4 ~ 6 m 沿管材方向浇筑 500 mm 混凝土或采取其他方式对管材进行固定 (2)管材接头应错开布置 (3)高强度管上部应采用自然土、黄沙或其他满足要求的回填料,回填料中不应含有建筑垃圾或其他对混凝土有破坏或腐蚀作用的物质 (4)管材铺设完毕后,应采用管道疏通器对管道进行检查 (5)回填时应分层夯实,回填料的夯实系数一般宜不小于 0.94	
6	保护衬管、垫块(排管托架)铺设	(1)衬管应满足电缆敷设及施工的相关要求 (2)垫块应根据施工图进行预制,垫块上衬管搁置圆弧的半径误差范围为 -5 ~ 0 mm;铺设的垫块应完好,并达到混凝土的强度要求 (3)每根管材下的垫块间距应根据管材的实际长度合理布置,一般不大于 1.2 m (4)管材必须分层铺设,管材的水平及竖向间距应满足管材铺设、混凝土振捣等相关要求。根据管材直径的不同,一般水平间距在 230 ~ 280 mm,竖向间距在 240 ~ 280 mm (5)管道孔位之间的允许偏差为:同排孔间距≤5 mm;排距≤20 mm (6)垫块与管材接头之间的距离不小于 300 mm (7)管材铺设完毕后,应采用管道疏通器对管道进行检查 (8)若采用排管托架,排管托架的强度及结构形式应满足相关强度及工艺要求	

续表

序号	步骤	工艺标准	图　例
7	排管支模及钢筋绑扎	(1)模板应平整、表面应清洁,并具有一定的强度,保证在支承或维护构件作用下不破损、不变形 (2)模板尺寸不应过小,应尽量减少模板的拼接 (3)支模中应确保模板的水平度和垂直度 (4)模板的拼接、支承应严密、可靠,确保振捣中不走模、不漏浆 (5)模板安装的允许误差:截面内部尺寸 -5~4 mm;表面平整度≤5 mm;相邻板高低差≤2 mm;相邻板缝隙≤3 mm	  
8	混凝土浇筑、养护	(1)混凝土的强度等级应不低于C25,宜采用商品混凝土 (2)混凝土浇筑后应平整表面并采取适当的养护措施,保证本体混凝土强度正常增长 (3)若处于严寒或寒冷地区,混凝土应满足相关抗冻要求 (4)排管混凝土结构的抗渗等级应不小于S6	 

表2.10　工作井土建工艺标准

序号	步骤	工艺标准	图　例
1	工作井基坑开挖	(1)根据相关部门批准的路径图,并综合考虑周围环境或障碍物的情况对工作井中心位轮廓进行定位、放样 (2)根据工作井的尺寸和施工面要求进行开挖 (3)工作井基坑底部施工面尺寸为工作井的设计长度(宽度),并两边各加500 mm,便于支模及设置基坑支护等工作	

续表

序号	步骤	工艺标准	图　例
1	工作井基坑开挖	(4)在场地条件、地质条件允许的情况下,可采用放坡开挖的形式,放坡角一般为45°;也可根据工作井埋深及地质条件作相应调整,但必须保证放坡开挖时基坑侧部土体的稳定及施工的安全 (5)开挖至工作井埋深后,应进行地基处理,保证地基的平整和夯实度	
2	工作井基坑稳定及围护处理	(1)采取的相关措施应确保施工的正常进行和作业的安全 (2)基坑周围如有其他设施或障碍物,应根据实际情况进行相应的论证并采取相对应的保护措施 (3)若因为客观条件限制无法采取放坡开挖时,应在基坑开挖前及过程中根据相关规程、规范要求,设置基坑的围护或支护措施。一般情况下,开挖深度小于3 m的基坑可采用横列板支护;开挖深度不小于3 m且不大于5 m的基坑宜采用钢板桩支护 (4)当基坑挖深大于5 m时,应编制深基坑开挖及施工方案,并进行专题论证 (5)若有地下水或流沙,应采用必要的措施 (6)基坑开挖不宜对工作井埋深下的地基产生扰动;开挖至设计埋深后应进行地基处理,保证地基的平整和夯实度 (7)基坑边沿1.5 m范围内严禁堆土或堆放设备、材料等,1.5 m以外的堆载高度应不大于1 m	人孔 H h $\geq 0.35h$
3	垫层	(1)应确保垫层下的地基稳定且已夯实、平整 (2)垫层材料宜采用混凝土;若采用其他材料,应根据工程实际情况合理选取并满足强度及工艺的相关要求 (3)若有地下水应采取适当的处理措施,在垫层混凝土浇筑时应保证无水施工 (4)垫层混凝土应密实,上表面应平整 (5)垫层混凝土的强度等级应不低于C10	

续表

序号	步骤	工艺标准	图　例
4	工作井支模及钢筋绑扎	(1)模板应平整、表面应清洁,并具有一定的强度,保证在支承或维护构件作用下不破损、不变形 (2)模板尺寸不应过小,应尽量减少模板的拼接 (3)支模中应确保模板的水平度和垂直度 (4)模板的拼接、支承应严密、可靠,确保振捣中不走模、不漏浆 (5)模板安装的允许误差:截面内部尺寸 -5 ~4 mm;表面平整度≤5 mm;相邻板高低差≤2 mm;相邻板缝隙≤3 mm (6)钢筋的绑扎应均匀、可靠,确保在混凝土振捣时钢筋不会松散、移位 (7)绑扎的铁丝不应露出混凝土本体 (8)受力钢筋的连接、钢筋的绑扎等工艺应符合相关规程、规范及技术标准的要求 (9)同一构件相邻纵向受力钢筋的绑扎搭接接头宜相互错开 (10)钢筋强度等级:纵向受力一般采用 HRB335;构造筋一般采用 HPB235 (11)预埋件应进行可靠固定;预埋件的材质一般应采用 Q235B (12)预埋件的允许安装偏差:中心线位移≤10 mm;埋入深度偏差≤5 mm;垂直度偏差≤5 mm	
5	工作井伸缩缝、施工缝设置及防水处理	(1)伸缩缝及竖向施工缝应根据工作井的长度、结构形式等情况进行设置。若条件许可,宜合并设置 (2)在地板上平面上方不小于 300 mm 处应设置水平施工缝 (3)在伸缩缝、施工缝处应采取适当的防水措施	

续表

序号	步骤	工艺标准	图 例
6	工作井混凝土的浇筑与养护	(1)混凝土的强度等级应不低于 C25,宜采用商品混凝土 (2)根据施工缝的设置要求,进行两次浇筑,浇筑时应振捣密实 (3)混凝土浇筑后应平整表面并采取适当的养护措施,保证本体混凝土强度正常增长 (4)顶板混凝土浇筑后应平整表面 (5)若处于严寒或寒冷地区,混凝土应满足相关抗冻要求 (6)工作井混凝土结构的抗渗等级应不小于 S6	
7	支架安装	(1)电缆支架的层间垂直距离,应保证电缆能方便地敷设和固定 (2)在同层支架敷设多根电缆时,应充分考虑更换或增设任意电缆的可能 (3)采用型钢制作的支架应无毛刺,并采用防腐处理,并与接地线良好连接 (4)支架若采用复合材料,应满足强度、安装及电缆敷设等的相关要求 (5)电缆支架应排列整齐,横平竖直	
8	集水坑及排水处理	(1)底板散水坡度应统一指向集水坑,散水坡度宜取 0.5%左右 (2)集水坑尺寸应能满足排水泵放置要求 (3)坑顶宜设置保护盖板,盖板上设置泄水孔 (4)集水坑应根据电缆沟的平面尺寸及外形合理设置,一般应位于投料口或人孔的正下方	
9	井盖安装	(1)井盖的强度应满足使用环境中可能出现的最大荷载要求,且应满足防水、防震、防跳、耐老化、耐磨、耐极端气温等使用要求;井盖的使用寿命宜不小于 30 年 (2)安装时保证密封性、防水性要求,与路面保持平整,高度一致 (3)应能满足防盗要求	 

表2.11　电缆沟土建工艺标准

序号	步骤	工艺标准	图 例
1	电缆沟基坑开挖	(1)根据相关部门批准的路径图,并综合考虑周围环境或障碍物的情况对电缆沟中心位置及外轮廓进行定位、放样 (2)根据电缆沟的尺寸和施工面要求进行开挖 (3)电缆沟基坑底部施工面尺寸宜为电缆沟的设计长度(宽度),并两边各加500 mm,便于支模及设置基坑支护等工作 (4)在场地条件、地质条件允许情况下,可采用放坡开挖的形式,放坡角一般为45°;也可根据电缆沟埋深及地质条件作相应调整,但必须保证放坡开挖时基坑侧部土体的稳定及施工的安全 (5)开挖至电缆沟埋深后,应进行地基处理,保证地基的平整和夯实度	 
2	电缆沟基坑稳定及围护处理	(1)采取的相关措施应确保施工的正常进行和作业的安全 (2)基坑周围如有其他设施或障碍物,应根据实际情况进行相应的论证并采取相对应的保护措施 (3)若因为客观条件限制无法采取放坡开挖时,应在基坑开挖前及过程中根据相关规程、规范要求,设置基坑的围护或支护措施。一般情况下,开挖深度小于3 m的基坑可采用横列板支护;开挖深度不小于3 m且不大于5 m的基坑宜采用钢板桩支护 (4)若有地下水或流沙等不利地质条件,应采取必要的处理措施 (5)基坑开挖不宜对电缆沟埋深下的地基产生扰动;开挖至设计埋深后应进行地基处理,保证地基的平整和夯实度 (6)基坑边沿1.5 m范围内严禁堆土或堆放设备、材料等;1.5 m以外的堆载高度应不大于1 m	
3	垫层	(1)应确保垫层下的地基稳定且已夯实、平整 (2)垫层材料宜采用混凝土;若采用其他材料,应根据工程实际情况合理选取并满足强度及工艺的相关要求 (3)若有地下水应采取适当的处理措施,在垫层混凝土浇筑时应保证无水施工 (4)垫层混凝土应密实,上表面应平整 (5)垫层混凝土的强度等级应不低于C10	

续表

序号	步骤	工艺标准	图 例
4	砖砌电缆沟砖砌与抹面	(1)砖的抗压强度等级应不低于 MU10 (2)砖应采用环保材料 (3)采用 MU7.5 的水泥砂浆进行抹面 (4)抹面厚度一般控制在 20 ~ 30 mm	 
5	电缆沟支模及钢筋绑扎	(1)模板应平整、表面应清洁,并具有一定的强度,保证在支承或维护构件作用下不破损、不变形 (2)模板尺寸不应过小,应尽量减少模板的拼接 (3)支模中应确保模板的水平度和垂直度 (4)模板的拼接、支承应严密、可靠,确保振捣中不走模、不漏浆 (5)模板安装的允许误差:截面内部尺寸 -5 ~ ±4 mm;表面平整度≤5 mm;相邻板高低差≤2 mm;相邻板缝隙≤3 mm (6)钢筋的绑扎应均匀、可靠,确保在混凝土振捣时钢筋不会松散、移位。绑扎的铁丝不应露出混凝土本体 (7)同一构件相邻纵向受力钢筋的绑扎搭接接头宜相互错开 (8)钢筋强度等级:纵向受力一般采用 HRB335;构造筋一般采用 HPB235 (9)预埋件应进行可靠固定;预埋件的材质一般应采用 Q235B (10)预埋件的允许安装偏差:中心线位移≤10 mm;埋入深度偏差≤5 mm;垂直度偏差≤5 mm	 
6	伸缩缝、施工缝设置及防水处理	(1)伸缩缝及竖向施工缝应根据电缆沟的长度、结构形式等情况进行设置;若条件许可,宜合并设置 (2)在底板平面上方不小于 300 mm 处应设置水平施工缝 (3)在伸缩缝、施工缝处应采取适当的防火措施 (4)浇筑伸缩缝用混凝土级别应高于原结构混凝土等级	

续表

序号	步骤	工艺标准	图　例
7	电缆沟混凝土浇筑及养护	(1)混凝土的强度等级应不低于C25 (2)根据施工缝的设置要求,进行两次浇筑,浇筑时应振捣密实 (3)混凝土浇筑后采取适当的养护措施,保证本体混凝土强度正常增长 (4)若处于严寒或寒冷地区,混凝土应满足相关抗冻要求 (5)电缆沟混凝土结构的抗渗等级应不小于S6 (6)电缆沟侧墙在盖板的搁置位置宜采取适当的保护支口措施,保证盖板搁置位置下的混凝土在盖板安装及正常使用中不开裂、不破损。电缆沟支口的允许标高偏差≤5 mm	 
8	电缆沟盖板制作	(1)盖板为钢筋混凝土预制件,其尺寸应严格配合电缆沟尺寸 (2)表面应平整,四周宜设置预埋的护口件 (3)一定数量的盖板上应设置供搬运、安装用的拉环 (4)拉环宜能伸缩 (5)电缆沟盖板间的缝隙应在5 mm左右	
9	支架安装	(1)电缆支架的层间垂直距离,应保证电缆能方便地敷设和固定 (2)在同层支架敷设多根电缆时,应充分考虑更换或增设任意电缆的可能 (3)采用型钢制作的支架应无毛刺,并采用防腐处理,并与接地线良好连接 (4)支架若采用复合材料,应满足强度、安装及电缆敷设等的相关要求 (5)电缆支架应排列整齐,横平竖直	
10	集水坑及排水处理	(1)底板散水坡度应统一指向集水坑,散水坡度宜取0.5%左右 (2)集水坑尺寸应能满足排水泵放置要求 (3)坑顶宜设置保护盖板,盖板上设置泄水孔 (4)集水坑应根据电缆沟的平面尺寸及外形合理设置	

【任务实施】

工作任务	配电电缆敷设前的准备			学时	4	成绩	
姓名		学号		班级		日期	

1. 计划

小组成员分工：

组别	岗位		
	工作负责人	专职监护人	作业人员

2. 决策

根据 10 kV 长远Ⅰ线的信息，试选择合适的电缆盘和卷扬机安放位置。电缆型号为 YJV22-8.7/15 kV-3×120，单位长度电缆质量 W 为 68.2 N/m。采用直埋敷设，电缆沟内设置滚轮，摩擦系数 μ 均取 0.2。用卷扬机钢丝绳牵引钢丝网套敷设。线路路径各段如图 2.1 所示。弯曲段侧压力 $P=T/R$，电缆盘起始拉力按 15 m 长度电缆质量力计。

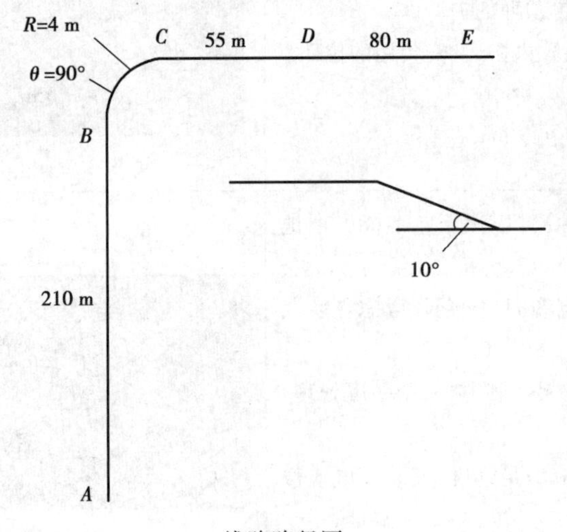

线路路径图

3. 实施

(1)各小组对电缆材料进行安装前的检查。

(2)各小组准备好直埋敷设所需工器具和材料。

4. 检查及评价

考评项目		自我评估 20%	组长评估 20%	教师评估 60%	小计 100%
素质考评(20分)	劳动纪律(5分)				
	积极主动(5分)				
	协作精神(5分)				
	贡献大小(5分)				
敷设计算(20分)					
实际操作(50分)(按技能考核标准考核)					
总结分析(10分)					
总　分					

【思考与练习】

1. 卷扬机和输送机牵引电缆时各有什么优缺点?
2. 进行不同电缆敷设时,如何选择电缆敷设机具组合?
3. 电缆及附件在储存时的注意事项有哪些?
4. 电缆在运输时的注意事项有哪些?

任务2.3　配电电缆敷设

工作负责人:

新建10 kV电缆线路:10 kV长远Ⅱ回长316武广桥分支箱320至# 005杆新敷设YJV22_3 * 240电力电缆600 m,敷设方式以直埋为主,为新建的经开区供电。电缆施工前准备工作已完毕,现要进行电缆的敷设。在敷设过程中,要遵守电缆工作相关规程达到施工标准,保证质量。

【任务目标】

1. 掌握电缆直埋敷设的施工方法和施工要求。
2. 掌握电缆其他敷设的施工方法和施工要求。
3. 能编制 10 kV 电缆直埋敷设电缆施工作业指导书,进行电缆直埋敷设施工。

【相关规程】

1. GB 50168—2018 电气装置安装工程 电缆线路施工及验收标准。
2. GB 50217—2018 电力工程电缆设计标准。
3. Q/GDW 10742—2016 配电网施工检修工艺规范。
4. DL/T1253—2013 电力电缆线路运行规程。
5. DL/T 5484—2013 电力电缆隧道设计规程。

微课 电缆直埋敷设(上)

【相关知识】

2.3.1 电缆直埋敷设

将电缆敷设于地下壕沟中,沿沟底和电缆上覆盖有软土层或沙,且设有保护板再埋齐地坪的敷设方式,称为电缆直埋敷设。

(1)电缆直埋敷设选择要求

①同一通道少于 6 根的 35 kV 及以下电力电缆,在厂区通往远距离辅助设施或城郊等不易经常性开挖的地段,宜采用直埋。

②在城镇人行道下较易翻修情况或道路边缘,也可采用直埋。

③厂区内地下管网较多的地段,可能有熔化金属、高温液体溢出的场所,待开发有较频繁开挖的地方,不宜采用直埋。

④在化学腐蚀或杂散电流腐蚀的土壤范围内,不得采用直埋。

(2)直埋敷设作业条件要求

①电缆线路安装工程应根据敷设施工设计图所选择的电缆路径、施工要求进行施工。

②与本次作业有关的建、构筑物的土建工程质量,应符合国家现行的建筑工程施工及质

量验收规范中的有关规定。

(3)直埋敷设的风险辨识及控制措施

直埋敷设的风险辨识及控制措施见表2.12。

表2.12　直埋敷设的风险辨识及控制措施

辨识项目	风险辨识	控制措施
电缆敷设	高处坠落	1. 直埋敷设作业中,起吊电缆上终端塔时如遇登高工作,要检查杆塔基础是否牢固,必要时加设拉线。在高度超过1.5 m的工作地点工作时,应系安全带,或采取其他可靠的措施 2. 登高作业安全带必须绑在牢固物件上,转移作业位置时不得失去安全带保护,并应有专人监护 3. 施工现场的所有孔洞应设可靠的围栏或盖板
	高空落物	1. 直埋敷设作业中起吊电缆遇到高处作业必须使用工具包防落物 2. 所用的工器具、材料等必须用绳索传递,不得乱扔,作业下方严禁有人 3. 现场人员应正确佩戴安全帽 4. 起吊电缆时,应避免上下交叉作业,上下交叉作业或多人一处作业时应相互照应、密切配合
	烫伤、烧伤	1. 封电缆端头等动用明火作业时,火焰应远离易燃易爆品,禁止在明火附近进行放气或点火 2. 作业人员能熟练使用喷枪,使用前确保喷枪无漏气或堵塞 3. 不使用时,喷枪应放置在安全地点,冷却后才能进行搬运
	机械损伤	在使用电锯锯电缆时,应使用合格的带有保护罩的电锯
	触电	1. 现场施工电源应采用绝缘导线,并在开关箱的首端处装设合格的漏电保护器 2. 现场使用的电动工具应按规定周期进行试验合格 3. 移动式电动设备或电动工具应使用软橡胶电缆,电缆不得破损、漏电
	挤伤、砸伤	1. 电缆盘运输、敷设过程中应设专人监护,防止电缆盘倾倒 2. 用滚轮敷设电缆时,不要在滚轮滚动时用手搬动滚轮,工作人员应站在滚轮前进方向
	钢丝绳断裂	钢丝绳要有足够的机械强度;工作人员应站在安全位置,不得站在钢丝绳内角侧等危险地段;卷扬机调试完好,配备保护罩;电缆盘转动时,应配有制动装置,应用工具控制转速
	任务不清	现场负责人要在作业前将工作人员的任务分工,危险点及控制措施予以明确地并交代清楚
	人员安排不当	1. 选派的工作负责人应有一定的工作经验、较强的责任心和安全意识,并熟练掌握所承担工作的检修项目和质量标准 2. 选派的工作班成员能安全、保质保量地完成所承担的工作任务 3. 工作人员精神状态和身体条件能够任本职工作

续表

辨识项目	风险辨识	控制措施
电缆敷设	单人留在作业现场	起吊电缆盘及起吊电缆上终端构架时，工作人员不得单独留在作业现场
	违反监护制度	1. 被监护人在作业过程中，工作监护人的视线不得离开被监护人 2. 专责监护人不得做其他工作
	违反现场作业纪律	1. 工作负责人应及时提醒和制止影响工作的安全行为 2. 工作负责人应注意观察工作班成员的精神和身体状态，必要时可对作业人员进行适当的调整 3. 工作中严禁喝酒、谈笑、打闹等
	擅自变更现场安全措施	1. 不得随意变更现场安全措施 2. 特殊情况下需要变更安全措施时，必须征得工作负责人同意，完成后及时恢复原安全措施
	穿越临时遮栏	1. 临时遮栏的装设需在保证作业人员不能误登带电设备的前提下，方便作业人员进出现场和实施作业 2. 严禁穿越和擅自移动临时遮栏
	工作不协调	1. 多人同时进行工作时，应互相呼应，协同作业 2. 多人同时进行工作，应设专人指挥，并明确指挥方式。使用通信工具应事先检查工具是否完好
	交通伤害	在交通路口、人口密集地段工作时应设安全围栏、挂标示牌

(4) 直埋敷设步骤

电缆直埋敷设的操作步骤和要求见表2.13。

表2.13 直埋敷设电缆操作步骤和要求

序号	步骤	内容和要求	图例
1	电缆沟开挖	(1) 直埋沟槽的定位 在地面划出设计图纸标示的电缆线路位置及走向 (2) 根据划出电缆线路位置及走向开挖电缆沟 1) 壕沟开挖。可人工或机械开挖电缆沟，沟底应平整夯实清洁，符合设计要求，宽度由电缆的外径和根数来确定，同沟并行敷设时，电缆与电缆相距净距不小于100 mm；电缆距沟壁的最小距离不小于150 mm 2) 电缆可直接敷设在电缆壕沟内，也可敷设在砖砌槽盒或预制槽盒中 砖砌槽盒前期完成土建施工，垫层可采用不低于C15的混凝土，槽壁采用不低于MU10的普通砖、不低于M10的水泥砂浆砌筑，防水符合相关要求。预制槽盒可采用不低于C20的细石混凝土预制，现场安装好	电缆沟开挖

续表

<table>
<tr><th>序号</th><th>步骤</th><th>内容和要求</th><th>图　例</th></tr>
<tr><td>1</td><td>电缆沟开挖</td><td>电缆壕沟和预制槽盒安装沟均为上长下短的倒梯形,砖砌槽盒为上下等长的方形
(3)电缆沟转弯处为圆弧形,满足电缆最小弯曲半径要求
(4)接头坑开挖
电缆接头坑应加宽和加深。接头坑应避免设置在道路交叉口、有车辆进出的建筑物门口、电缆线路转弯处及地下管线密集处。电缆接头坑位于电缆直线段,与导管口的距离应在3 m以上。接头坑大小便于安装电缆接头,深度同电缆沟深度,宽度为沟宽度的2~3倍,长满足接头和接头保护盒放置需要</td><td> 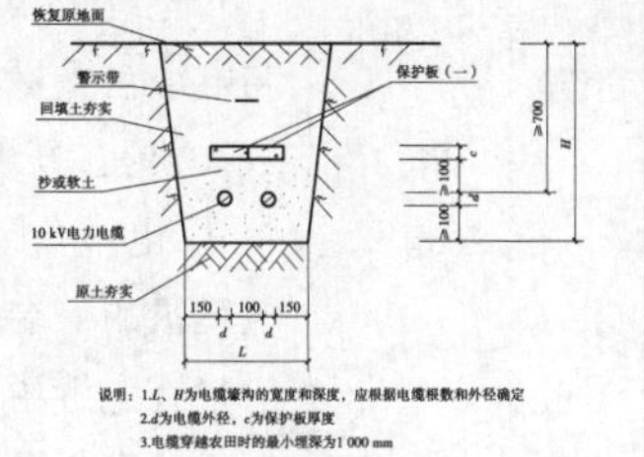电缆直埋敷设断面图 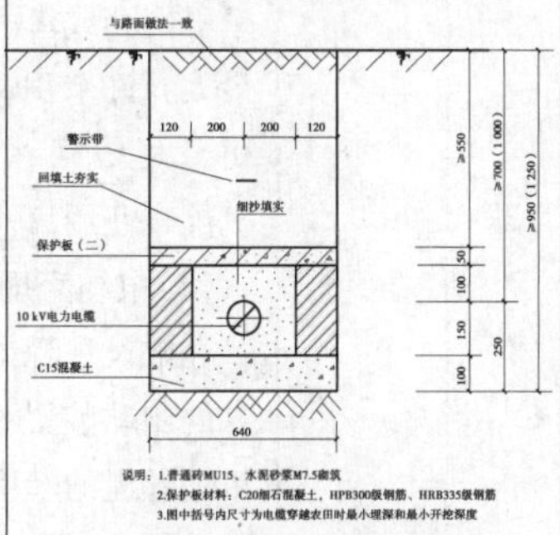
电缆砖砌槽盒直埋敷设 
电缆预制槽直埋敷设</td></tr>
<tr><td>2</td><td>电缆直埋敷设</td><td>本次电缆敷设采用机械牵引敷设
(1)电缆敷设工器具放置就位
1)敷设电缆的机具应检查并调试正常
2)沿沟底放置滑车,直线滑车的间距与电缆的质量、滚轮的高度有关,2.5~3 m 1个,以电缆通过滑车不下垂碰地为原则,避免与地面摩擦拖拉。在转弯处放置转弯滑车或滑车组组成适当圆弧进行保护,控制电缆的弯曲半径(要求见表)和侧压力,并设专人监护
电缆最小弯曲半径(D为电缆外径)
<table>
<tr><td rowspan="3">项目</td><td colspan="4">35 kV及以下的电缆</td></tr>
<tr><td colspan="2">单芯电缆</td><td colspan="2">3芯电缆</td></tr>
<tr><td>无铠装</td><td>有铠装</td><td>无铠装</td><td>有铠装</td></tr>
<tr><td>敷设时</td><td>20D</td><td>15D</td><td>15D</td><td>12D</td></tr>
<tr><td>运行时</td><td>15D</td><td>12D</td><td>12D</td><td>10D</td></tr>
</table></td><td>滑车就位
电缆盘就位</td></tr>
</table>

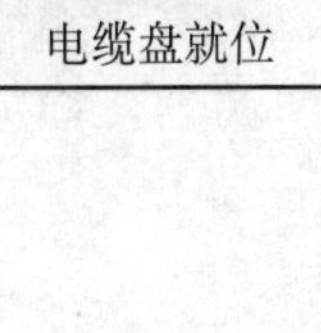

续表

序号	步骤	内容和要求	图 例
2	电缆直埋敷设	3)电缆放线架应放置平稳,钢轴的强度和长度应与电缆盘质量和宽度相配合。用吊车将电缆放置在放线架上,电缆的滚动方向要与电缆盘上箭头方向一致,电缆盘距地高度应为 50 ~ 100 mm。把电缆从电缆盘的上端引出,套上牵引网套或连接牵引头 4)在电缆敷设终点布置好卷扬机,将钢丝绳沿电缆沟拉至敷设起点,钢丝绳与防捻器相连,防捻器与牵引网套或牵引头连接。为控制电缆牵引力不超过最大允许牵引力,可安装张力计随时监控。如果牵引力太大,可在沟底间隔放置输送机,输送机和卷扬机配合使用,减少牵引力 (2)电缆直埋敷设 在敷设过程中,电缆盘的两侧应有人监护,设置可靠的制动装置控制电缆敷设的速度和制动,在卷扬机钢丝绳的牵引下,电缆通过滑车向前移动,应有专人进行电缆监护,电缆上不得有铠装压扁、电缆绞拧、外护套折裂等未消除的机械损伤 (3)填充软土或细沙 沿电缆全线的上下紧邻侧充填 0.1 m 的软土或细沙。也可把电缆放入预制钢筋混凝土槽盒内填满软土或细沙 如果是采用人工牵引敷设,则可人工扛着电缆在沟内向前移动,电缆盘处人工转动电缆盘施放电缆配合电缆前进,速度保持一致 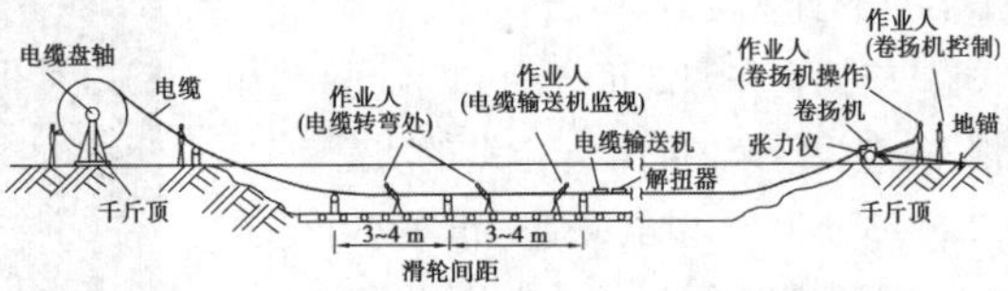 直埋敷设操作的纵向断面图	 卷扬机就位  连接牵引网套   电缆转弯处滑车  人工牵引敷设

续表

序号	步骤	内容和要求	图　例
3	加盖保护板	在软土或细沙层上加盖保护板。保护板可采用混凝土盖板或砖块,其覆盖宽度应超过电缆两侧各50 mm,保护板之间要靠近预制式槽盒加盖槽盒盖	加盖保护板
4	隐蔽工程验收	电缆敷设完毕进行回填前,应请项目业主、监理、项目部及质量监督部门作隐蔽工程验收,确保沙或软土层厚度、保护盖板等符合要求,作好记录、签字	电缆软土沙层尺寸检查
5	回填土	在保护板上回填原土,应分层夯实,保护盖板上应全新铺设警示带,覆盖土要高于地面0.15～0.2m,以防沉陷,将覆土略压平,把现场清理和打扫干净	铺设警示带
6	埋设标桩	沿电缆路径直线间隔50～100 m,拐弯处、电缆接头处、进入建筑物处,以及电缆线路敷设在道路两侧时应设置明显的方位标志或标桩,电缆桩埋在靠近路侧间距20 m处标志或标桩应有明确的设施说明	埋设标桩

(5)电缆直埋敷设的要求

微课 电缆直埋敷设(下)

在进行电缆直埋敷设时,一般选用铠装电缆,土壤中不得含有腐蚀电缆的物质。直埋敷设要注意土质、地下其他管线的位置,合理确定路径,保证安全运行。

1)直埋电缆周围需要采取的保护措施

土壤中存在腐蚀电缆的物质,电缆有可能受到化学作用;虫害鼠害可能损坏电缆;地下有电流流过可能对电缆产生电化腐蚀;周围环境振动,电缆容易遭受机械损伤,因此,要对直埋电缆进行保护。而电缆与其他产生热源的管线距离不能满足要求时,如果不能避开路径,也要对直埋电缆进行保护。一般采取的保护措施如下:

①加装保护管

a. 直埋电缆穿越城市街道、公路、铁路,要将电缆穿管敷设,保护范围应超出路基、街道路两边各 1 m,排水沟边 0.5 m 以上,埋设深度应不低于路基面下 1 m,保护管应有不低于 1% 的排水坡度。

b. 直埋电缆进入建筑物的墙角或地面载重较大的区域,进入地下电缆构筑物或从地下引出到地面(电杆、分接箱等设施)时,要将电缆穿管保护,并将管口和穿墙孔洞管封堵好防水防火,保护管应有足够的机械强度。

c. 在可能遭受地下电流或存在化学作用腐蚀环境敷设,应选用陶瓷管等不会受到腐蚀影响的保护管。对可能遭受虫害鼠害的电缆可采取穿管保护。

d. 电缆穿管可减小电缆之间、电缆与其他管道之间的最小平行、交叉净距,可根据实际需要进行选用。注意:当电缆穿管或者其他管道有保温层等防护措施时,净距应从管壁或防护设施的外壁算起。

②采取砖砌槽盒或预制槽盒敷设或换土处理

对可能遭受各类化学腐蚀、电流作用的情况,可采用砖砌槽盒或预制槽盒内敷设电缆的方式,也可采取铺沙或软土的做法,避免腐蚀影响。

③电缆隔离防护

a. 电缆隔板可减小电缆之间、电缆与其他管道之间的最小平行、交叉净距,可根据实际需要进行选用。

b. 电缆与热管道(沟)及热力设备平行、交叉时,如不能满足允许距离要求时,应在接近或交叉点前后做隔热处理,宽度为热力管(沟)宽度两边各 2m,使电缆周围土壤的温升不超过 10 ℃。电缆从隔热后的管(沟)下方穿过,不得将电缆平行敷设在热力沟的上下方。穿过热力沟部分的电缆除隔热层外,还应穿管保护。

2)电缆埋深应符合的规定

①电缆表面距地面的距离应不小于 0.7 m。穿越农田或在车行道下敷设时不小于 1 m,在引入建筑物、与地下建筑物交叉及绕过地下建筑物处可采用保护措施,然后浅埋,不得小于 0.3 m。

②电缆应埋设于冻土层以下。当受条件限制时,可埋设在土壤排水性好的干燥冻土层或回填土中,或采取其他防止电缆受损的措施。

3)直埋电缆的接头安装要求

①直埋电缆的中间接头应放置接头坑中,电缆接头应用保护盒进行保护,避免机械损伤。

②电缆接头两侧处留有余量,防止热机械力影响和便于检修。

③接头与邻近电缆的净距,不得小于 0.25 m;并列电缆的接头位置宜相互错开,且净距宜不小于 0.5 m。

④斜坡地形处的电缆接头的安装应呈水平状。

⑤重要回路的电缆接头附近宜留有备用量。

4)敷设位置

直埋敷设的电缆不得平行敷设于管道的正上方或正下方。高电压等级的电缆宜敷设在低电压等级电缆的下方。

5)允许最小距离

电缆与电缆、管道、道路、构筑物等之间的允许最小距离,应符合表2.14中的规定。

表2.14　电缆与电缆、管道、道路、构筑物等之间的允许最小距离

<table>
<tr><th colspan="2">电缆直埋敷设时的配置情况</th><th>平行/m</th><th>交叉/m</th><th>备　注</th></tr>
<tr><td rowspan="2">电力电缆之间或与控制电缆之间</td><td>10 kV及以下</td><td>0.1</td><td>0.5</td><td rowspan="3">1.当电缆穿管或用隔板隔开时,平行净距可为0.1 m
2.交叉点前后1 m范围内,电缆穿管或用隔板隔开时,交叉净距可为0.25 m</td></tr>
<tr><td>10 kV以上</td><td>0.25</td><td>0.5</td></tr>
<tr><td colspan="2">不同部门使用的电缆之间</td><td>0.5</td><td>0.5</td></tr>
<tr><td rowspan="3">电缆与地下管沟及设备</td><td>热管道(沟)及热力设备</td><td>2.0</td><td>0.5</td><td rowspan="3">1.交叉净距满足要求,交叉点前后1 m范围内采取保护措施,避免检修可能伤及电缆
2.交叉净距不满足要求,电缆穿管,净距可为0.25 m
电缆与热力管道平行
电缆与热力管道交叉</td></tr>
<tr><td>油管道(沟)及可燃气体、易燃液体管道</td><td>1.0</td><td>0.5</td></tr>
<tr><td>其他管道(沟)</td><td>0.5</td><td>0.5</td></tr>
<tr><td rowspan="2">电缆与铁路</td><td>铁路路轨、非直流电气化铁路路轨</td><td>3.0</td><td>1.0</td><td rowspan="2">直流电缆与电气化铁路路轨平行、交叉净距不能满足要求时,应采取防电化腐蚀措施。防止的措施主要有增加绝缘和增设保护电极</td></tr>
<tr><td>直流电气化铁路路轨</td><td>10.0</td><td>1.0</td></tr>
</table>

续表

电缆直埋敷设时的配置情况	平行/m	交叉/m	备　注
电缆建筑物基础(边线)	0.6	—	平行最小间距可按表中数据酌减,最多减半 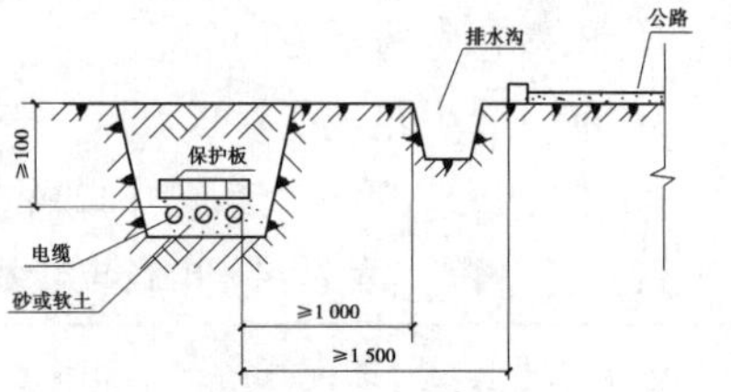 电缆与公路平行
电缆与公路边	1.0	—	
电缆与排水沟	1.0	0.5	
电缆与城市街道路面	1.0	—	
电缆与1 kV以下架空线电杆	1.0	—	
电缆与1 kV以上架空线杆塔基础	4.0	—	
			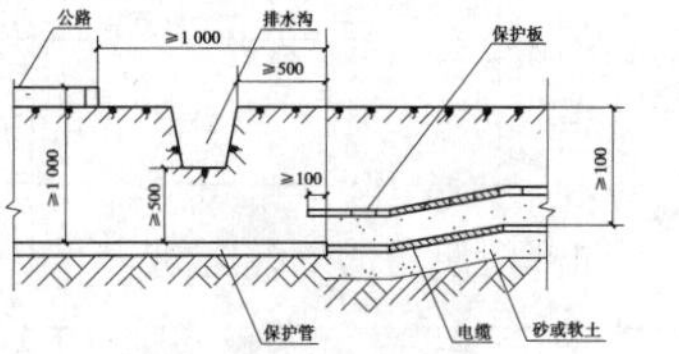 电缆与公路交叉
电缆与树木的主干	0.7	—	

(6)必要时的加热处理

交联聚乙烯电缆在敷设前24 h内的平均温度及敷设时温度应不低于0 ℃。若低于0 ℃,则必须加热。因此,冬季低温时如不能避开低温期则需要对电缆提前预热。提高加热棚内周围空气温度加热时,当温度为5～10 ℃时,需加热72 h;如温度为25 ℃,则需用24～36 h。经加热的电缆应尽快敷设,敷设前放置的时间一般不超过1 h,当温度降至0 ℃以下时,应加强监视。

2.3.2　电缆排管敷设

微课　电缆排管敷设

(1)排管敷设前的准备

①作好排管敷设的风险辨识及控制措施,可参考表2.11。

②敷设前,对电缆排管及工作井进行检查。

a.敷设前,完成排管和工作井的土建施工,并验收合格。具体的土建施工步骤和工艺标准见表2.8、表2.9。注意:排管的管材内壁光滑无毛刺,施工临时设施、模板和建筑废料等清理干净。管的内径宜不小于电缆外径或多根电缆包络外径的1.5倍,排管的管孔内径宜不小于150 mm。管孔端口采取了防电缆损伤的处理措施。工作井净宽满足安装在同一工作井内直径最大电缆接头和接头数量以及施工机具安置所需空间。排管内电缆与其他电缆、管道的最小允许距离要满足表2.13的要求。

b. 敷设前，要进行疏通清扫，清除杂物。排管和工作井内无积水、杂物，管道内不得有因漏浆形成的水泥结块及其他残留物造成的堵塞。衬管接头处应光滑，不得有尖突。在疏通检查时，发现排管内有可能损伤电缆护套的异物时必须及时清除，可用钢丝刷、铁链和疏通器来回牵拉，疏通排管应选用直径不小于0.85倍管孔内径、长度约600 mm的钢管来回疏通，再用与管孔等直径的钢丝刷清除管内杂物。如图2.1所示为试验棒疏通电缆导管示意图。必要时，用管道内窥镜探测检查，直至管道内异物清除、整条管道双向畅通。如图2.2所示为管道内窥镜。

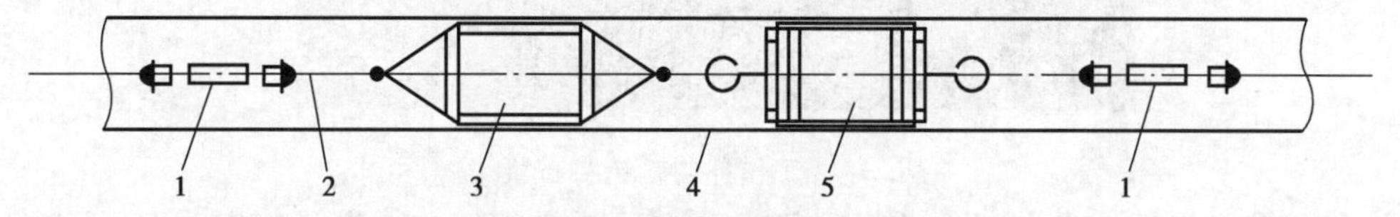

图2.1　试验棒疏通电缆导管示意图

1—防捻器；2—钢丝绳；3—试验棒；4—电缆导管；5—圆形钢丝刷

③敷设前，应按设计和实际路径核算每根电缆的长度，核对电缆中间接头位置，合理安排每盘电缆。

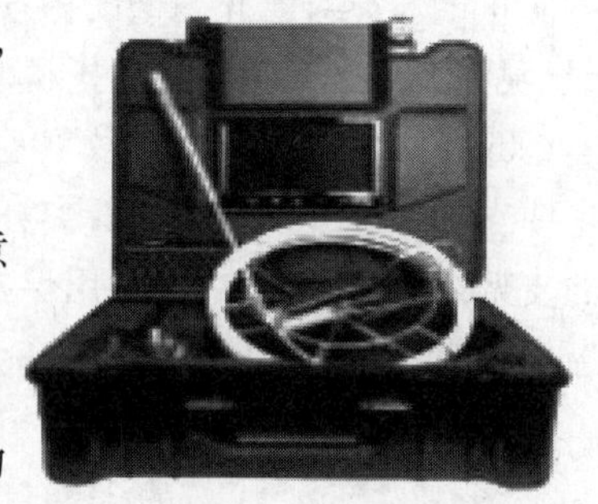

图2.2　管道内窥镜

(2) 排管敷设步骤

电缆排管敷设一般采用机械敷设。电缆排管敷设示意图如图2.3所示。

1) 排管敷设机具的布置

①拉管施工前应严格计算整段电缆在排管中的牵引力与侧压力，控制在电缆允许值范围内，从而确定分段电缆施工的位置，整段电缆在排管中的牵引力和侧压力不得超过电缆最大允许牵引力和侧压力。

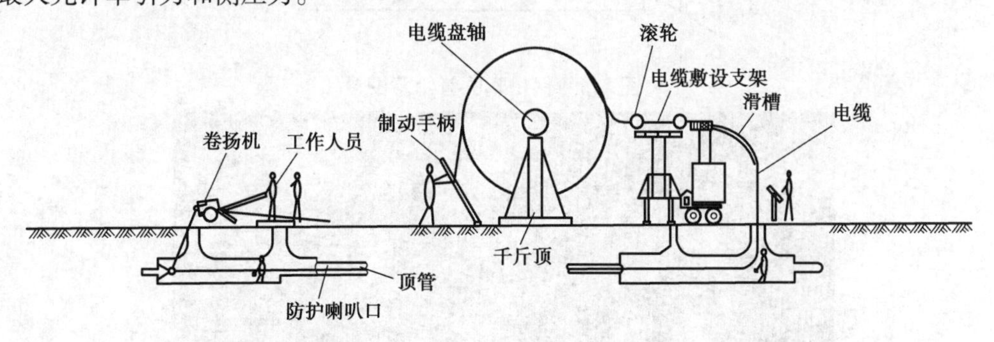

图2.3　电缆排管敷设示意图

②敷设电缆的机具应检查并调试正常。

③在开阔、交通便利的分段敷设起点布置好电缆盘。电缆盘放在工作井口，电缆放线架应放置平稳，钢轴的强度和长度应与电缆盘质量和宽度相配合。把电缆从电缆盘的上端引出，套上牵引网套或连接牵引头。

图 2.4　工作井内输送机布置

④在电缆分段敷设终点布置好卷扬机,将钢丝绳沿电缆管拉至敷设起点,钢丝绳与防捻器相连,防捻器与牵引网套或牵引头连接。为控制电缆牵引力不超过最大允许牵引力,可安装张力计随时监控。排管牵引用钢丝绳,进入管孔前应涂抹防锈油脂和润滑剂,减小牵引力和防止钢丝绳对管孔内壁的擦损。如果所需牵引力大,可在线路中间的工作井内安装输送机(见图 2.4),输送机与卷扬机配合进行电缆敷设,注意输送机和卷扬机要同步联动控制。

⑤在排管口应套以波纹聚乙烯或铝合金制成的光滑保护喇叭管(见图 2.5),用以保护电缆。如果电缆盘搁置位置离开工作井口有一段距离,则需在工作井外和工作井内安装滚轮支架组(见图 2.6),或采用保护套管,以确保电缆敷设牵引时的弯曲半径,减小牵引时的摩擦阻力,防止损伤电缆外护套。

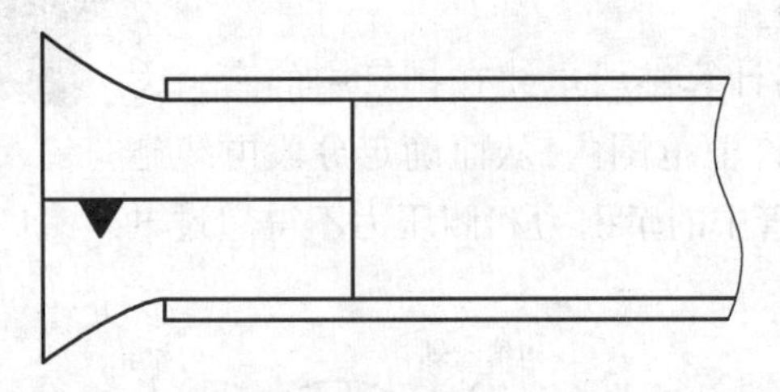

图 2.5　保护喇叭管示意图

图 2.6　滚轮支架组安装

2)电缆排管敷设

每根管宜只穿1根电缆。在敷设过程中,电缆盘的两侧应有人监护,设置可靠的制动装置控制电缆敷设的速度和制动。在电缆外护套表面可涂对护套不起化学作用的润滑剂,减少电缆和管壁间的摩擦阻力(采用输送机敷设,则不使用润滑剂)。在卷扬机钢丝绳的牵引下,电缆通过管道到另一个工作井。在电缆敷设过程中,如果张力过大,则应分析解决后再牵引。在敷设过程中,要保证电缆外护套无损伤。

长度100 m以内、每米质量不超过20 kg的电缆,可采用人工敷设,直接将电缆穿入管内敷设。稍长一些的管道或有直角弯时,可采用先穿入导引铁丝的方法牵引电缆。

电缆敷设后,将排管口到工作井支架的一段电缆,借助专用工具弯成两个相切的圆弧形状("伸缩弧",见图2.7),其弯曲半径应不小于电缆的允许弯曲半径。工作井内的电缆接头应用夹具固定,夹具可加橡胶衬垫,不得损伤电缆外护套。

电缆敷设后,电缆敷设完成后,所有管口(包括备用孔)应严密封堵。

工作井内的电缆应有防火措施,可涂防火漆、绕包防火带、填沙等。

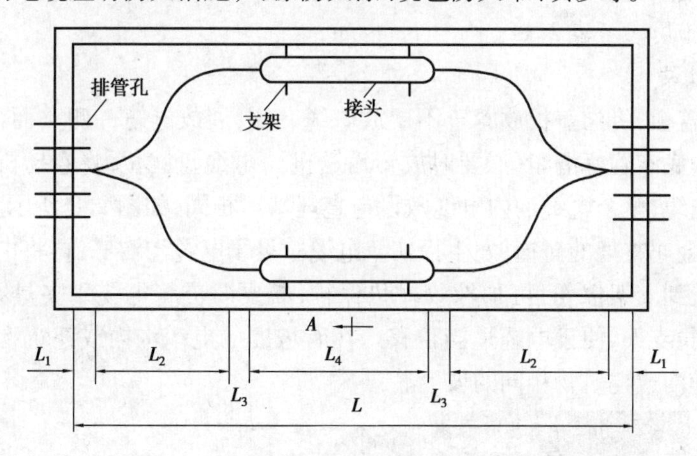

图2.7　伸缩弧示意图

(3)排管敷设的要求

1)地中埋设的保护管应满足埋深下的抗压和耐环境腐蚀性的要求

管枕配置跨距宜按管路底部未均匀夯实时满足抗弯矩条件确定;在通过不均匀沉降的回填土地段或地震活动频发地区时,管路纵向连接应采用可挠式管接头。

2)单根保护管使用的规定

①每根电缆保护管的弯头宜不超过3个,直角弯宜不超过2个。

②地下埋管距地面深度宜不小于0.5 m,距排水沟底宜不小于0.3 m,与铁路交叉处距路基宜不小于1.0 m。

③并列管相互间宜留有不小于20 mm的空隙。

3)使用排管时的规定

①管孔数量宜按发展预留适当备用。

②导体工作温度相差大的电缆宜分别配置于适当间距的不同排管组。

③管路顶部土壤覆盖厚度宜不小于0.5 m。

④管路应置于经整平夯实土层且有足以保持连续平直的垫块上,纵向排水坡度宜不小于0.2%。

⑤电缆管的埋设深度,自管子顶部至地面的距离,一般地区应不小于0.7 m,在人行道下应不小于0.5 m,室内宜不小于0.2 m。

⑥管路纵向连接处的弯曲度应符合牵引电缆时不致损伤的要求。

⑦管孔端口应采取防止损伤电缆的处理措施。

2.3.3 电缆沟敷设

(1)电缆沟敷设准备

电缆沟的土建设施要求见表2.10。在电缆敷设前,作好土建设施的验收合格。作业风险辨识及控制措施可参考表2.11。

(2)电缆沟敷设

打开电缆沟盖板,将沟盖板放置于不展放电缆一侧,展放电缆一侧路面清理干净,清除沟内外杂物,在沟底布置好滑车(必要时放置输送机),电缆盘就位,将卷扬机钢丝绳与电缆连接,然后牵引电缆,整个电缆沟内电缆敷设与直埋基本相同,如图2.8所示。敷设时,要防止电缆与沟边货金属支架的碰撞,发生损伤。电缆敷设于电缆沟沟底,再将电缆放置于支架上,为防止电缆受到支架擦伤,可加橡胶衬垫保护,必要时应将电缆用夹具在支架上固定。转弯电缆可用加长支架,便于电缆适当位移。在有坡度的电缆沟内或建筑物上安装的电缆支架,应有与电缆沟或建筑物相同的坡度。

图2.8 电缆沟内敷设电缆

电缆沟内应做好防火措施,包括适当的阻火分割封堵。如将电缆接头用防火槽盒封闭,电缆及电缆接头上包绕防火带等阻燃处理;或将电缆置于沟底再用黄沙将其覆盖;也可选用阻燃电缆等。

电缆敷设完后,拆除敷设用的工器具,清理沟内杂物,将盖板恢复。必要时,应将盖板缝隙密封,防水、防尘。

(3)电缆沟敷设的要求

1)电缆沟的尺寸要求

电缆沟的尺寸应按满足全部容纳电缆的允许最小弯曲半径、施工作业与维护空间要求确定,电缆的配置应无碍安全运行。电缆沟内通道的净宽尺寸见表2.15。

表2.15　电缆沟内通道的净宽尺寸/mm

电缆支架配置防水	具有下列沟深的电缆沟		
	<600	600~1 000	>1 000
两侧	300	500	700
单侧	300	450	600

2)电缆支架及相互间距要求

①电缆支架层间距离。电缆支架层间距离应满足能方便地敷设电缆及其固定、安置接头的要求,且在多根电缆同置于一层情况下,可更换或增设任一根电缆及其接头。6 kV以下的电缆支架间的距离不得小于120 mm,10 kV交联聚乙烯电缆的支架间距离不得小于200 mm,如果电缆敷设在槽盒内,则支架在槽盒外壳高度值以上80 mm。

②电缆支架最上层、最下层布置尺寸。最上层支架距盖板的净距允许最小值应满足电缆引接至上侧柜盘时的允许弯曲半径要求,同时满足支架层间距离要求;最下层支架、梯架或托盘距沟底垂直净距宜不小于100 mm。

3)电缆在支架上电缆排列的要求

①同侧多层支架上,电缆在支架上从上到下排列顺序一般为从高压到低压,从强电到弱电,从主回路到次要回路,从近处到远处。

②当支架层数受通道空间限制时,35 kV及以下的相邻电压等级电力电缆,可排列于同一层支架上;1 kV及以下电力电缆在采取防火分隔和有效抗干扰措施后,也可与强电控制和信号电缆配置在同一层支架上。

③同一重要回路的工作与备用电缆应配置在不同层或不同侧支架上,并实行防火分隔。

④同层支架上,同一层支(托)架电缆排列以少交叉为原则,一般为近处在两边,远处放中间,必须交叉时应尽量在始终端进行,对重要的同一回路多根电力电缆不宜重叠。

⑤电力电缆相互间应有1倍电缆外径的空隙。

4)电缆沟防水和排水规定

电缆沟要做好防水措施,保证排水畅通。

①电缆沟底部低于地下水位、电缆沟与工业水管沟并行邻近时,宜加强电缆沟防水处理以及电缆穿隔密封的防水构造措施。

②电缆沟与工业水管沟交叉时,电缆沟宜位于工业水管沟的上方。

③室内电缆沟盖板宜与地坪齐平,室外电缆沟的沟壁宜高出地坪 100 mm。考虑排水时,可在电缆沟上分区段设置现浇钢筋混凝土渡水槽,也可采取电缆沟盖板低于地坪 300 mm,上面铺以细土或沙。

④电缆沟的纵向排水坡度应不小于 0.5%,沿排水方向适当距离宜设置集水井及其泄水系统,必要时应实施机械排水。

5)做好金属件的防腐蚀措施

室外电缆沟内的金属构件均应采取镀锌防腐措施;室内外电缆沟,也可采用涂防锈漆的防腐措施。

6)做好接地装置

电缆沟内金属支架、电缆金属屏蔽层和铠装层全部和接地装置连接。电缆沟内全长应装设连续的接地线装置,接地线的规格应符合规范要求。电缆沟中应用扁钢组成接地网,接地电阻应小于 4 Ω。电缆沟中预埋铁件与接地网应以电焊连接。

2.3.4 电缆隧道敷设

电缆隧道为全封闭构筑物,可放置多回电缆线路,会配备照明、通风、排水、防火测温及消防等设备,进行智能化管理,保证电缆线路的安全运行,如图 2.9 所示。

图 2.9 电缆隧道

(1)电缆隧道敷设

电缆敷设前土建验收合格。电缆隧道、工作井的尺寸应按满足全部容纳电缆的允许最小弯曲半径、施工作业与维护空间要求确定,电缆的配置应无碍安全运行,并应符合下列规定:

①电缆隧道内通道的净高宜不小于 1.9 m;与其他管沟交叉的局部段,净高可降低,但应不小于 1.4 m。

②工作井可采用封闭式或可开启式;封闭式工作井的净高宜不小于 1.9 m;井底部应低于最底层电缆保护管管底 200 mm,顶面应加盖板,且应至少高出地坪 100 mm;设置在绿化带时,井口应高于绿化带地面 300 mm,底板应设有集水坑,向集水坑泄水坡度应不小于

0.3%。

③电缆隧道、封闭式工作井内通道的净宽尺寸见表2.16。

表2.16　电缆隧道、封闭式工作井内通道的净宽尺寸/mm

电缆支架配置方式	开挖式隧道	非开挖式隧道	封闭式工作井
两侧	1 000	800	1 000
单侧	900	800	900

隧道内电缆敷设可参考电缆沟敷设电缆方式。隧道电缆敷设示意图如图2.10所示。将电缆放置在支架上,或放入保护槽盒中。如果是在隧道底部或侧壁悬挂电缆,则把电缆用挂钩悬吊在侧壁或底部的钢索托架或挂钩上,并用夹具固定。对设计图纸要求蛇形布置的电缆,则应按要求进行。

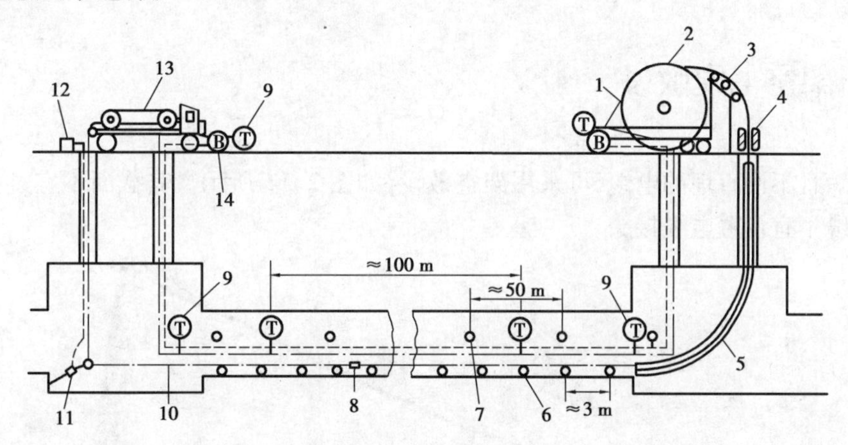

图2.10　隧道电缆敷设示意图

1—电缆盘制动装置;2—电缆盘;3—上弯曲滑轮组;4—履带牵引机;5—波纹保护管;
6—滑轮;7—紧急停机按钮;8—防捻器;9—电话;10—牵引钢丝绳;
11—张力感受器;12—张力自动记录仪;13—卷扬机;14—紧急停机报警器

(2)电缆隧道附属设施要求

1)电缆通风设施

电缆隧道内采用自然通风和机械通风,合理设置通风设备和通风竖井位置。电缆隧道内的通风要求以夏季不超过室外空气温度10 ℃为原则。

电缆隧道内要合理设置人孔。电缆进入和人员进出应分开。深度较浅的电缆隧道应有两个以上的人孔,长距离一般每隔100~200 m应设一个人孔。

2)电缆照明、动力装置

隧道低压配电系统采用专用变压器、双电源供电,每路电源能满足该供电范围内全部设备同时投入时用电的需要。隧道设置正常照明、应急照明和过渡照明,照明灯具采用节能、防潮型灯具,灯具外壳应带单独接地线,开关采用防水防尘型双控开关。隧道出入口设置检修用动力插座,满足安装、运维需要。

3)电缆隧道消防设置

隧道内电缆数量众多,一旦着火会造成很严重的事故。因此,隧道内防火非常重要。隧道内应选用阻燃或耐火电缆,防火措施包括:在电缆上涂防火涂料或阻火包带;采取防火分隔措施,如设置防火墙、防火隔板,孔洞要进行防火封堵;可采用防火槽盒、保护管、防爆接头盒放置电缆及附件;隧道内要设置火灾自动探测报警系统和自动灭火等专用消防装置;设置感温光纤监测电缆温度等。

4)电缆隧道监视与控制系统

隧道内配置各类监控系统,在线实时监控隧道环境温度,可燃气体、氧气、有害气体,积水水位,电缆井盖状态、视频监控和门禁子系统,风机状态等。控制系统能实现门禁、井盖、风机及灭火装置的远程开启。在发生火灾时,风机及辅助降温设施自动关闭。隧道内还设有通信系统。

2.3.5 架空电缆敷设

对较短且不便直埋的电缆,可采用架空敷设,如图 2.11 所示。其截面不宜过大。架空敷设的电缆不宜设置电缆接头。

图 2.11 架空敷设电缆

电缆悬吊点或固定的间距和架空电缆与公路、铁路、架空线路交叉跨越时,最小允许距离应符合 GB 50168 的规定。

支承电缆的钢绞线无锈蚀、断裂等缺陷,满足荷载要求,并全线有良好接地,在转弯处需打拉线或顶杆。在钢绞线上吊装滑车,一般每隔 2 ~3 m 直线距离安装一个。

架空电缆线路较短,放线时可在地面将电缆放开量好长度把电缆锯断,用钢丝绳加装防捻器,与电缆牵引网套相连,分段用挂钩托把电缆挂至吊线上,并固定牢固。

吊挂电缆时,要防止电缆弯曲半径过小。当地面障碍物较多无法采用此法时,可采用定滑轮法。放线时,防止挂住定滑轮或其他障碍物。

在电缆登杆处,凡露出地面部分的电缆,应套入具有一定机械强度的保护管加以保护。

【任务实施】

工作任务	10 kV 电缆直埋敷设			学时	8	成绩	
姓名		学号		班级		日期	

1. 计划

小组成员分工：

组别	岗位		
	工作负责人	专职监护人	作业人员

2. 决策

进行 10 kV 电缆直埋敷设的现场交底和安全教育。

3. 实施

各小组完成直埋敷设 10 kV 电缆。

4. 检查及评价

考评项目		自我评估 20%	组长评估 20%	教师评估 60%	小计 100%
素质考评（20 分）	劳动纪律(5 分)				
	积极主动(5 分)				
	协作精神(5 分)				
	贡献大小(5 分)				
标准化作业指导书(10 分)					
实际操作(60 分)(按技能考核标准考核)					
总结分析(5 分)					
工单考评(5 分)					
总　分					

【思考与练习】

1. 电缆直埋敷设对电缆有哪些保护措施?
2. 电缆直埋敷设的前期准备有哪些注意事项?
3. 在电缆直埋的路径上遇到哪些情况时,应采取保护措施?
4. 电缆排管敷设的特点是什么?
5. 电缆排管的埋设深度是多少?
6. 电缆排管敷设的基本要求有哪些?
7. 电缆沟敷设的特点是什么?
8. 电缆隧道敷设的特点是什么?
9. 电缆隧道敷设时,对接地有哪些要求?

任务 2.4　配电电缆附件安装

工作负责人:

新建 10 kV 电缆线路:10 kV 长远Ⅱ回长 316 武广桥电缆分支箱 320 至# 005 杆新敷设 YJV22_3 * 240 电力电缆 600 m,敷设方式以直埋为主。电缆敷设已到位,现要进行电缆的连接。本次工作需要在 10kV# 005 号杆安装一个电缆热缩户外终端头,在武广桥电缆分支箱 320 安装一个电缆热缩户内终端头(采用可分离式连接器),在距分支箱 300 m 处制作一个热缩中间接头。每项制作由两人配合完成,同时设工作负责人 1 人,工作小组负责人两人,保障人身安全。在制作过程中,要遵守电缆工作相关规程,达到工艺标准,保证质量。

【任务目标】

1. 掌握 10 kV 电缆热缩和冷缩附件的安装流程和工艺要求。
2. 掌握 1 kV 电缆热缩附件的安装流程。
3. 能按规程和工艺要求,完成 10 kV 电缆热缩和冷缩终端头和中间接头的安装。

【相关规程】

1. GB 50168—2018　电气装置安装工程　电缆线路施工及验收标准。

2. GB 50217—2018　电力工程电缆设计标准。

3. GB 12706.1—12706.4—2008　额定电压1 kV(Um=1.2 kV)至35 kV(Um=40.5 kV)挤包绝缘电力电缆及附件。

4. Q/GDW 10742—2016　配电网施工检修工艺规范。

【相关知识】

电缆终端和接头是电缆线路的重要组成部分,也是电缆线路中的薄弱环节。工艺质量不合格,在电场作用下容易绝缘击穿,影响电缆线路的安全运行。因此,施工中保证电缆头的质量非常重要。

2.4.1　电缆终端和接头的基本要求

电缆安装人员用工具将电缆一层层剥开,再一层层连接好,保证电缆头的寿命与电缆本体寿命一样长。

(1)导体连接良好

电缆导体必须和出现接梗、接线端子或连接管有良好的连接。连接点的接触电阻要求小而稳定。与相同长度、相同截面的电缆导体相比,连接点的电阻比值应不大于1,经运行后,其比值应不大于1.2。连接管的截面积原则上应等效于电缆导体的截面积。较大截面铜导体电缆,其连接管截面等效于电缆导体的截面积。较小截面铜导体电缆,考虑机械强度和安装要求,连接管截面应适当大一些,最大可等效于电缆导体截面的1.5倍。各种截面铝导体电缆,其连接管截面等效于电缆导体的截面积的1.5倍。

(2)绝缘可靠

电缆终端和接头的绝缘性能应不低于所连接电缆要求的绝缘性能。常用的绝缘材料有硅橡胶、三元乙丙橡胶绝缘。通过改变电场分布的措施对电缆附件中电场的突变完善处理,使绝缘能承受电场作用。

(3)密封良好

可靠的绝缘要有可靠的密封来保证。在进行电缆终端和接头制作时,要保证电缆的密封措施到位,防止电缆进水、受潮或受污秽影响。

(4)足够的机械强度

电缆终端和接头应能承受在各种运行条件下所产生的机械应力。

①对固定敷设的电力电缆,其连接点的抗拉强度应不低于电缆导体本身抗拉强度的60%。

②采用连接管连接时,连接管长度应相当于导体外径的4倍。

2.4.2 终端和中间接头的电场分布

(1)电缆端部的电场分布

3芯电缆采用分相屏蔽,每一相线芯外均有一接地的金属屏蔽层,这时导电线芯与屏蔽层之间是径向分布的电场,三相对称,电场分布均匀。

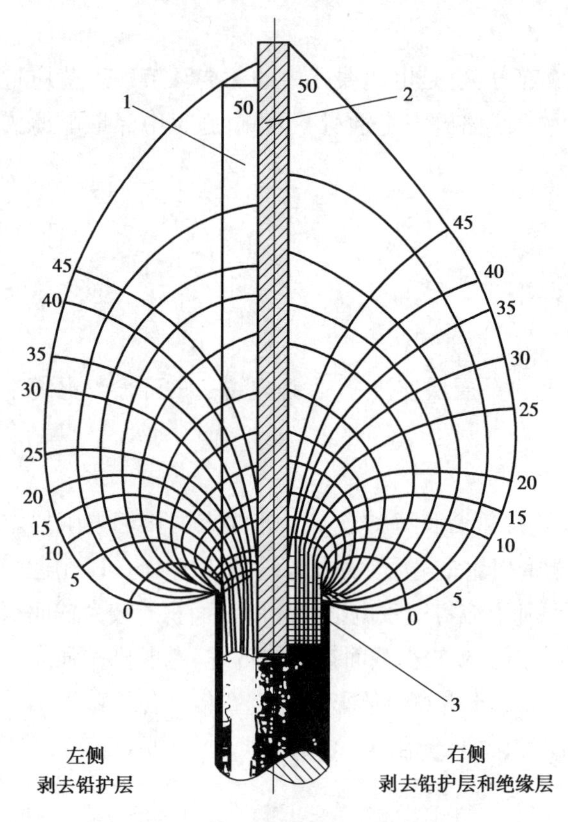

图2.12 电缆端部的电场分布
1—导体;2—绝缘层;3—金属护套

在进行电缆终端和中间接头制作时,会剥去部分金属屏蔽层和绝缘屏蔽,这样改变了电缆原有的电场分布,沿线芯轴向产生了对绝缘极为不利的电场,在靠近金属屏蔽层断开口电力线集中,在该处有纵向应力和轴向应力的存在,电场分布不均匀,电缆绝缘沿表面的击穿场强比垂直于表面的击穿场强要低得多,使绝缘较为薄弱的界面上承受较高场强,使屏蔽层断口处成为电缆容易击穿的部位。同时,电缆终端处电场分布畸变要比接头中的电缆畸变更严重。因此,电缆附件要通过物理或化学方法改变该处电场强度,使之能承受电缆长期运行的需要。如图2.12所示为电缆终端电场分布。

电缆终端处的电场分布可用等值电路加以说明。经推导,最大电场强度发生在靠近金属屏蔽层边缘处,当电缆剥切长度达到一定数值时,此处沿电缆长度方向绝缘界面的轴向场强E(kV/mm)表达式可简化为

$$E = U_0\sqrt{\frac{\varepsilon}{R_e\varepsilon_m k}} \tag{2.3}$$

式中　ε——电缆绝缘层材料的相对介电常数；

U_0——电缆线芯与金属护套间电压；

R_e——等效半径，$R_e = R \ln \dfrac{R}{r_e}$，其中 R 为绝缘层半径，r_e 为导体半径；

ε_m——周围媒质的相对介电常数；

k——与周围媒质和绝缘层表面有关的常数。

(2)改善金属护套边缘处电场分布的措施

由式(2.3)可知，改善金属护套边缘处电场分布的措施有：

1)增大等效半径 R_e

增大等效半径可采用应力锥，从电气的角度上来看是一种可靠有效的方法。应力锥是采用自金属护套边缘起绕包绝缘带或者套橡胶预制件的方法，将绝缘屏蔽的切断处进行延伸，使电缆绝缘屏蔽直径增加，使零电位形成喇叭状，改善了绝缘屏蔽的电场分布，降低了电晕产生的可能性，避免绝缘放电损伤。采用应力锥设计的电缆附件有绕包式终端、预制式终端和冷缩式终端。

如图2.13所示为无应力锥时和有应力锥时电场的分布情况示意图。可知，安装应力锥后，在锥面上绝缘厚度逐渐增加，绝缘表面的电场强度逐渐递减，确实起到了改善金属屏蔽处应力集中现象。一般可采用预制式应力锥(见图2.14)，避免现场操作工艺复杂产生缺陷，保证安装质量。

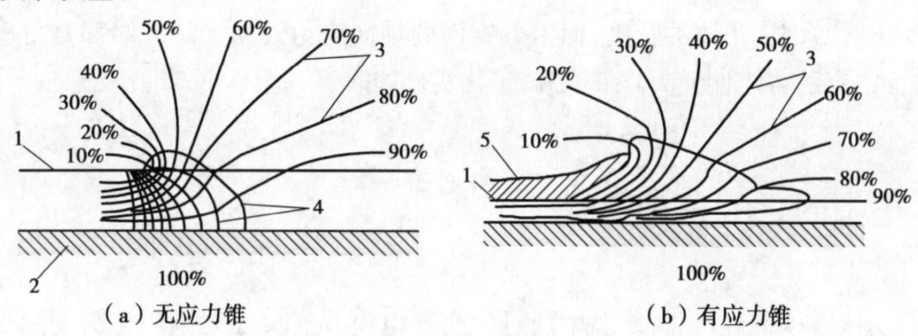

图2.13　应力锥对电场分布的影响

1—金属屏蔽;2—导体;3—等位线;4—电力线;5—应力锥

2)增大周围媒质的相对介电常数

10～35 kV交联聚乙烯电缆附件一般采用高介电常数材料(介电常数为20～30)、体积电阻率为 $10^8 \sim 10^{12}\ \Omega \cdot \mathrm{cm}$ 材料制作的电应力控制管(简称应力管，见图2.15)，套在电缆末端屏蔽切断处的绝缘表面上，以分散断口处的电场应力(电力线)，改变绝缘表面的电位分布，从而达到改善电场的目的。目前，应力控制材料的产品已有热缩应力管、冷缩应力管和应力控制带等。

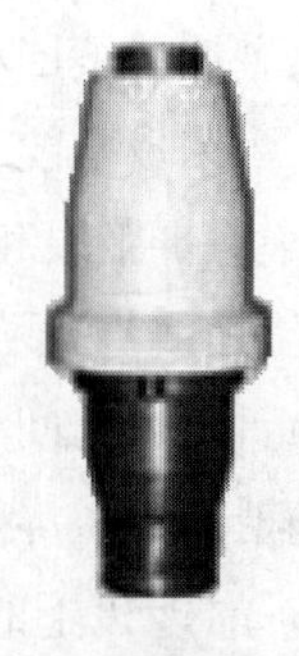

图2.14　预制应力锥实物

为尽量使电缆在屏蔽层断口处电场应力分散，应力管与金属屏蔽层搭接长度要求不小于 20 mm,短了会使应力管的接触面不足,应力管上的电力线会传导不足(因为应力管长度是一定的),长了会使电场分散区(段)减小,电场分散不足。一般在 20 ~ 25 mm。

3)减小电缆绝缘材料的相对介电常数

为了有效控制电缆本体绝缘末端的轴向场强,将绝缘末端削制成与应力锥曲面恰好反方向的锥形曲面,称为反应力锥。例如,10 kV 交联聚乙烯电缆热缩中间接头绝缘末端就制作成反应力锥(为简化施工工艺,可削成"铅笔头"形状,见图 2.16)。

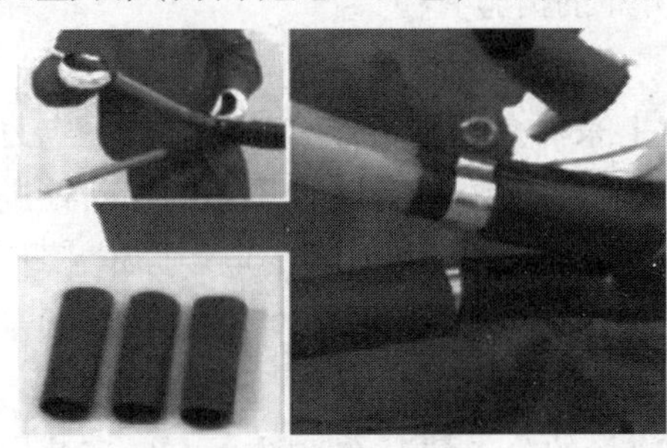

图 2.15　应力管

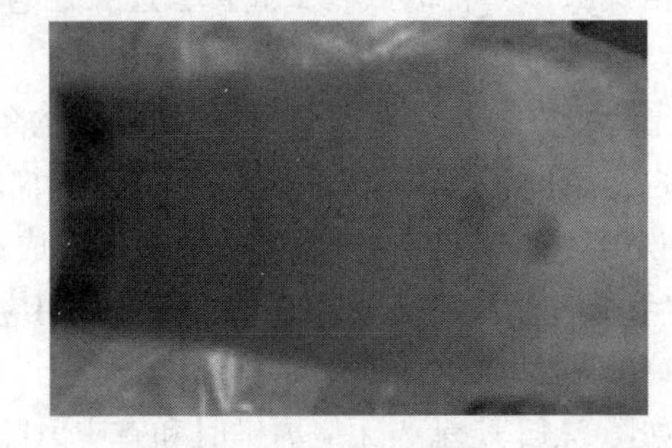

图 2.16　反应力锥

在电缆绝缘端部与导体连接管间需包绕密封带,这是电缆接头中的薄弱环节,将绝缘端部削成锥体,保证包绕的密封带与绝缘本体能较好地黏合,消除界面的缝隙。同时,锥面的长度远大于绝缘端部直角边的长度,而沿着锥面的轴向应力远小于绝缘端部直角边的轴向场强,沿锥面击穿的可能性大大降低,提高了接头性能。

2.4.3　电缆附件的接地方式

电缆在交流电压下运行时,线芯中通过的交变电流必然会在周围产生交变的磁场。磁场产生的磁链不仅和线芯相链,也与金属屏蔽层和铠装层相链,会在金属屏蔽层和铠装层上产生感应电动势。由于 3 芯电缆的金属屏蔽层为统包结构,因此,当三相电缆线芯流过平衡电流时,金属屏蔽层和铠装层上的感应电动势叠加为零。如果流过不平衡电流,则会出现感应电压,可采取电缆终端接地进行感应电压电动势的限制。对于 10 kV 3 芯电缆来说,电缆终端的金属屏蔽层和铠装层在电缆线路两端直接接地。电缆中间接头的金属屏蔽层和铠装层要用接地线将两端相连。当 3 芯电缆有内衬层时,金属屏蔽层和铠装层应分别引出接地线接地,且两者之间采取绝缘措施。

屏蔽接地线、屏蔽过桥线应采用镀锡编织铜线,铜芯截面积 400 mm^2 及以下和铝芯截面积 500 mm^2 及以下的屏蔽接地线和屏蔽过桥线截面积可为 25 mm^2,也可按与电缆金属屏蔽层截面积相一致的原则选取。当接头金属屏蔽层截面积大于电缆金属屏蔽层截面积时,不需要安装接头过桥线。铠装接地线、铠装过桥线截面积应不小于 16 mm^2。

2.4.4　电缆终端和中间接头制作前检查

制作电缆终端和中间接头前,应熟悉安装工艺资料,做好检查。施工中,要保证手、工具、材料的清洁。

(1)环境符合要求

施工现场温度、湿度与清洁度,应符合产品技术文件要求。在室外制作6 kV及以上电缆终端与接头时,其空气相对湿度宜为70%及以下,严禁在雾、雨或五级以上大风环境中施工;当湿度大时,应进行空气湿度调节,降低环境湿度;温度太低不便于操作时,可提高环境温度或加热电缆;户外现场要做好防雨、防尘措施,防止尘埃、杂物落入绝缘内;设置好围栏,悬挂好标识牌;有动火操作要准备好消防器材。

(2)电缆符合要求

电缆完整,外观无破损,无质量问题,绝缘状况应良好,无受潮,电缆内不得进水。可通过测量绝缘电阻检验有无受潮;10 kV电缆绝缘电阻值应不小于200 MΩ。如交联聚乙烯电缆受潮可采用干燥气体驱赶法(电缆的一端用干燥压缩气体介质强制灌入电缆绝缘线芯内,在电缆的另一端同时抽真空,让干燥气体吸收进入电缆的潮气后抽出)。

(3)电缆附件符合要求

对照图纸核对附件清单检查,附件规格应与电缆一致,型号符合设计要求;零部件应齐全无损伤;绝缘材料不得受潮;附件材料应在有效储存期内,不得失效。如图2.17、图2.18所示为10 kV热缩终端头、10 k热缩中间接头附件的材料,表2.17、表2.18为某厂10 kV XLPE电缆热缩终端头、热缩中间接头配套材料清单。

图2.17　10 kV电缆热缩终端头材料

图 2.18　10 kV 电缆热缩中间接头材料

表 2.17　某厂 10 kV XLPE 电缆热缩终端头配套材料清单

序号	配套材料名称	数量	电缆截面积配套规格 70 ~ 120 mm²	备注
1	分支手套	1 只	2#热缩三分支手套	
2	应力管	3 根	ϕ14/35 × 152	
3	绝缘管	3 根	2#	涂胶
4	密封相色管 （黄绿红三色，三根 1 组）	3 根	2#	涂胶
5	三孔雨裙	1 个	ϕ16/40	户内不配
6	单孔雨裙	6 个	ϕ16/35	户内不配
7	填充胶	1 包	210 g	
辅助材料				
8	铜编织带 1	1 根	1 m/根	较大截面
	铜编织带 2	1 根	1 m/根	较小截面 仅铠装电缆配套
9	硅脂	1 支	10 g/支	
10	清洁巾	2 包		
11	砂带	2 根	320# 2 根，600# 1 根	
12	抱箍	1 套		
13	连接端子	3 只	选配	

续表

序号	配套材料名称		数量	电缆截面积配套规格	备注
				70 ~ 120 mm^2	
14	焊锡丝配置	铜扎线	1.5 m	ϕ1.5 ~ ϕ2	根据要求选配其一
		焊锡丝	1 根	ϕ 4 × 200/根	
		焊锡膏	1 盒	10 g	
15	恒力弹簧配置	非铠装电缆	1 个	按电缆截面选配	
		铠装电缆	2 个	按电缆截面选配	

表 2.18 某厂 10 kV XLPE 电缆热缩中间接头配套材料清单

序号	配套材料名称	数量	电缆截面积配套规格	备注
			300 ~ 500 mm^2	
1	应力管	6 根	ϕ18/45 × 100	
2	护套管	2 根	ϕ 49/160 × 1 000	
3	半导电管	3 根	ϕ23/65 × 620	
4	内绝缘管	3 根	4#	
5	外绝缘管	3 根	4#	
6	外绝缘管	3 根	5#	
7	填充胶	1 包	280 g	
8	DB-20 半导电带	1 卷	3 m/卷	
辅助材料				
9	铜编织带 1	3 根	0.8 m/根	
	铜编织带 2(带绝缘护层)	1 根	1.65 m/根	仅铠装电缆配套
10	硅脂	2 支	10 g/支	
11	清洁巾	3 包		
12	砂带	3 根	320# 2 根,600# 3 根	
13	铜网	3 卷	0.8 m/卷	
14	连接管	3 只		
15	DJ-10 绝缘带	1 卷	3 m/卷 仅铠装电缆配套	

续表

序号	配套材料名称		数量	电缆截面积配套规格 300 ~ 500 mm^2	备注
16	焊锡丝配置	铜扎线	3 m	$\phi1.5 \sim \phi2$	根据要求选配其一
		焊锡丝	1 根	$\phi4 \times 200$/根	
		焊锡膏	1 盒	10 g	
17	恒力弹簧配置	非铠装电缆	6 个	按电缆截面选配	
		铠装电缆	8 个	按电缆截面选配	

(4)电缆附件制作工器具符合要求

10 kV 电缆终端和接头制作常用工器具如图 2.19 所示。工器具应齐全、清洁、完好,便于操作。

图 2.19　电缆头制作工器具摆放

(5)电缆终端和接头制作风险辨识和控制措施

10 kV 热缩附件制作的风险辨识和控制措施见表 2.19。

表 2.19　风险辨识和控制措施

辨识项目	风险辨识	控制措施
电缆头制作	高空坠落	1. 上下电缆井时,检查爬梯设置牢固,无脱焊、松动、严重锈蚀现象 2. 必要时系安全带
	机械伤害	1. 用刀或其他切割工具时,正确控制切割方向,严禁对着人体,压接导线接线端子或连接管时不要用力过猛 2. 工作人员必须佩戴保护眼镜,用电锯切割电缆时应可靠接地
	物体打击	1. 电缆井内外传递材料、工器具不能抛传 2. 开启电缆井井盖、电缆沟盖板时应使用专用工具,同时注意所立位置,以免滑脱后伤人 3. 电缆井口不能放置材料、工器具,防止跌落井内伤人

续表

辨识项目	风险辨识	控制措施
电缆头制作	火灾、灼伤	保持现场通风，准备消防设施到位，在风力超过5级时禁止露天加热作业
	人身触电	试验装置的金属外壳应可靠接地。测电缆绝缘电阻时，测完一相后，应将该相放电后方可进行下一相的测量工作。试验结束，应先断开试验电源，被试电缆应多次逐相放电，并将升压设备的高压部分短路接地

(6)做好剥切电缆的准备工作

量取合适电缆长度用电锯或钢锯切断电缆，断口处应齐整。将电缆校直，擦去外护套上的污渍。

2.4.5　10 kV 电缆热缩终端头制作

微课　10 kV 电缆线路交流耐压试验

10 kV 交联聚乙烯电缆户内终端头制作操作步骤及工艺要求见表2.20。制作时，各层结构的尺寸处理应按厂家工艺图纸的要求进行操作。剥切电缆时，不损失电缆的内层结构，仔细处理好电场分布不均匀问题，保证热缩操作的安全，满足电缆附件的质量。

表2.20　10 kV XLPE 电缆热缩终端头制作步骤及示范图例

操作工序	工序名称	操作步骤及质量标准	图　例
1	剥除外被层	(1)量取合适外护套长度	量取外被层尺寸
		(2)作好标记	作好标记
		(3)在标记处沿圆周用刀环切一深痕，要求断口齐整，不损伤铠装层	环切外被层

续表

操作工序	工序名称	操作步骤及质量标准	图 例
1	剥除外被层	(4)用刀顺切一深痕,剥除外护套,要求断口齐整,不损伤铠装层	顺切外被层
2	剥除铠装层	(1)去除外被层标记,打磨、清洁外护套断口处,做防潮处理	打磨外被层
		(2)量取合适钢铠长度	量取铠装层尺寸
		(3)用恒力弹簧沿钢铠缠紧方向作好标记,并包绕两圈固定钢铠	恒力弹簧固定铠装层
		(4)用钢锯沿恒力弹簧环锯一环形深痕,钢锯的切入深度为钢铠的2/3,要求不得锯断第二层钢铠,伤及内护套	环切铠装层
		(5)用螺丝刀撬起钢铠断开处(起口位置有双层钢带),用钳子夹住钢带,直接剥除铠装层(无法直接剥除的地方继续用钢锯锯断,不得伤及内护套),用锉刀去除锯断面的毛刺,使断口齐整	剥除铠装层

续表

操作工序	工序名称	操作步骤及质量标准	图　例
3	剥除内衬层	(1)量取合适内衬层长度	量取内衬层尺寸
		(2)作好标记	内衬层作好标记
		(3)在标记处沿圆周用刀环切一深痕,要求断口齐整,不损伤铜屏蔽层	环切内衬层
		(4)用刀顺切(顺切时切口应在两芯之间,沿填充物可切透,防止切伤铜屏蔽层),将内衬层剥除,要求断口齐整,不损伤铜屏蔽层	顺切内衬层
		(5)刀口朝内衬层方向去掉填充物	去除填料

续表

操作工序	工序名称	操作步骤及质量标准	图　例
3	剥除内衬层	(6)剥除内衬层后应立即将铜屏蔽层末端用PVC自黏带扎牢,防止松散 将3芯电缆分开,注意弯曲程度要满足电缆最小弯曲半径要求	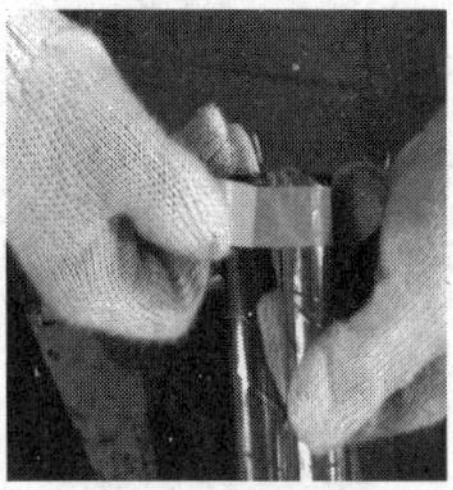 固定铜屏蔽层
4	连接地线,绕包填充胶	(1)打磨钢铠去除焊面氧化层,使焊面光亮	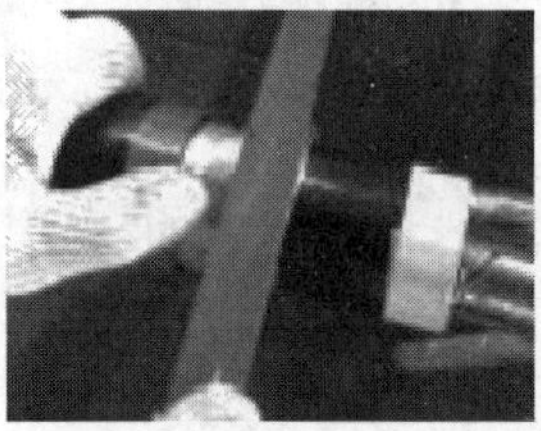 打磨铠装层
		(2)用恒力弹簧顺着钢铠缠紧方向,抱紧一根铜编织带在铠装上 (3)将另一根铜编织带末端插入3芯电缆分叉处,将铜编织带绕包3芯铜屏蔽一周后引出朝上,用恒力弹簧将其绕一圈后向下反折铜编织带,再用恒力弹簧继续绕紧	 接地线连接
		(接地线处理也可用焊锡丝焊牢方式)	 恒力弹簧固定接地线
		(4)在绕包填充胶前,在内衬层和钢铠上绕包电缆自黏式绝缘带,增强绝缘。然后用填充胶填充3芯分支处及铠装,使外形呈橄榄形状,通过填充胶将两根铜编织带分开绝缘,两根铜编织带引出位置应错开	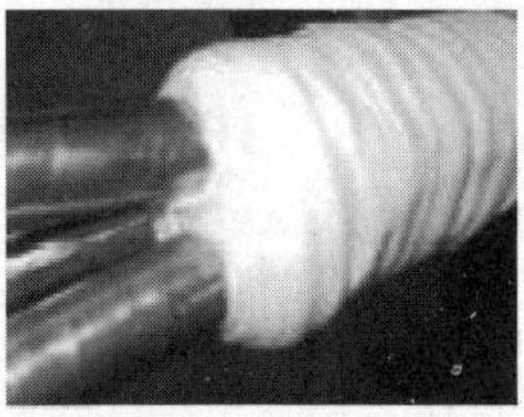 绕包填充胶

续表

操作工序	工序名称	操作步骤及质量标准	图　例
4	连接地线,绕包填充胶	(5)在离外护套断口约50 mm处,将铜编织带固定	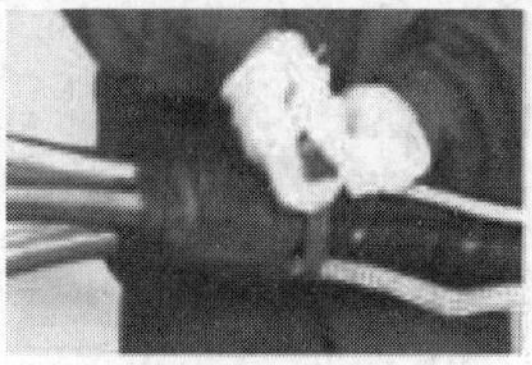 固定铜编织带
5	安装分支手套	(1)将3芯分支手套套入已包好填充胶的电缆根部,尽量往下压紧,再从分支手套指根部开始向两端加热收缩固定好,完全收缩后应有少量胶液挤出 (2)使用防水胶带对外被层的分支手套末端进行防水处理 喷枪使用要求:关闭喷枪开关,松开液化气罐阀门,检查各部件是否漏气;点火时,应先开气罐角阀,然后在喷嘴出口点火等待,稍微打开喷枪开关,喷出火焰后调整火焰大小;使用时,可将喷枪接管置于身后反握,保证安全;使用完毕,先调小火焰,关好液化气瓶阀门,待熄火后,再关闭喷枪开关,管内不得留有残余气体 热缩操作要求:喷枪不能对人,使用时离开液化气罐2 m以上,现场要配备灭火器。热缩操作要注意火焰方向,控制火焰与热收缩护套成45°夹角为宜,火焰温度不得太靠近热收缩管,应沿着圆周顺时针方向径向加热,确保径向收缩均匀后缓慢向前推进,并不断移动火焰,不得对准局部位置加热时间过长。热收缩管收缩后表面应光滑、平整、无烫伤痕迹,内部不夹有气泡	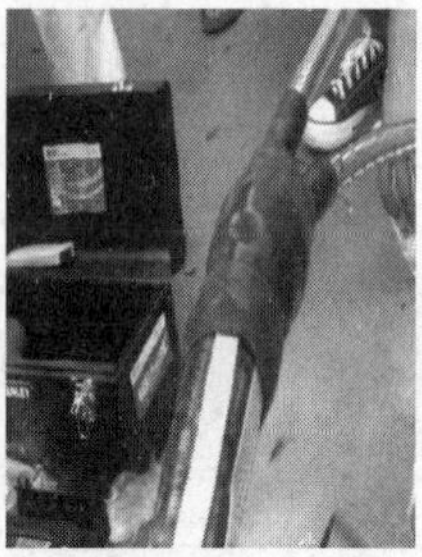 热缩分支手套
6	剥除铜屏蔽层	(1)从分支手套端部量取合适铜屏蔽层长度	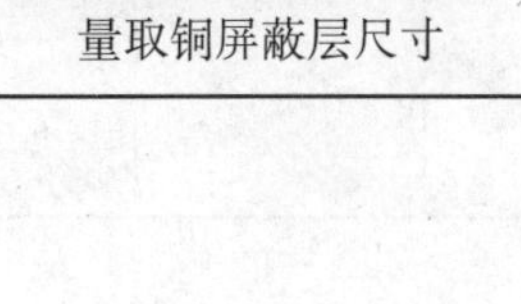 量取铜屏蔽层尺寸

续表

操作工序	工序名称	操作步骤及质量标准	图　例
6	剥除铜屏蔽层	(2)作好标记	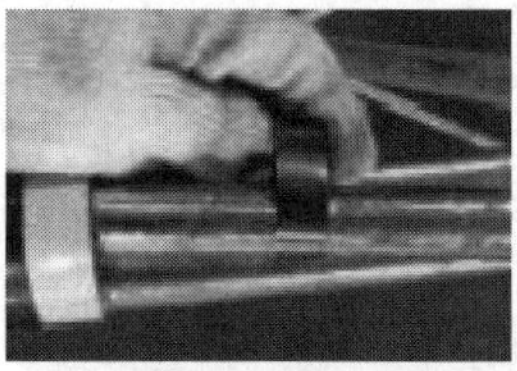 铜屏蔽层作好标记
		(3)顺铜屏蔽缠绕方向在标记处用刀环切一浅痕,慢慢将铜屏蔽带撕下,不得划伤外半导电层,切口应平齐	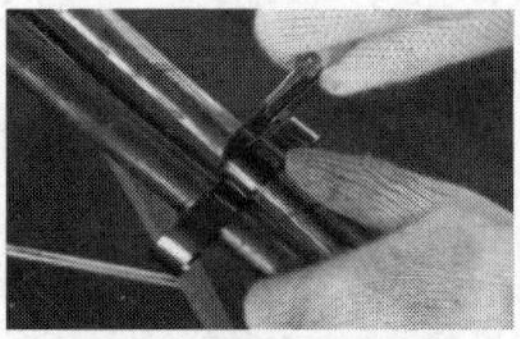 剥除铜屏蔽层
		(4)去除铜屏蔽层标记,用半导电带固定断口	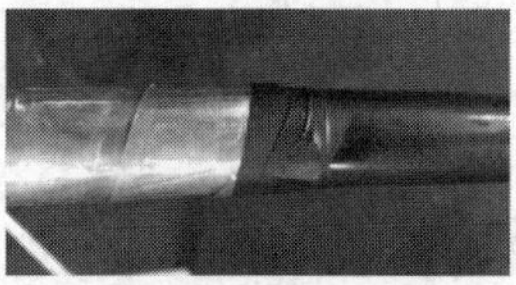 绕包半导电带
7	剥除外半导电层	(1)量取合适外半导电层长度	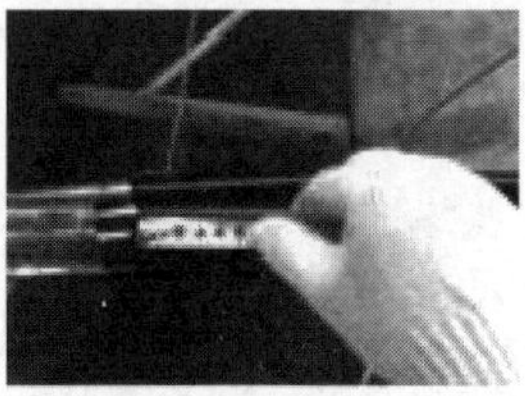 量取外半导电层尺寸
		(2)作好标记	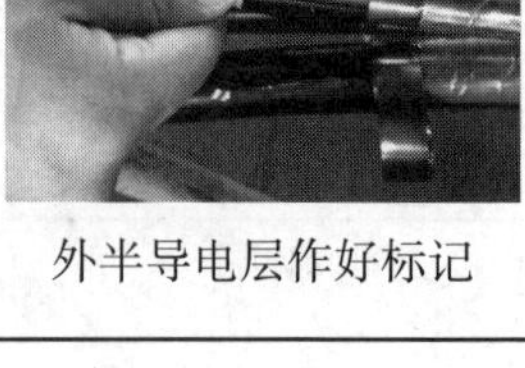 外半导电层作好标记

续表

操作工序	工序名称	操作步骤及质量标准	图　例
7	剥除外半导电层	(3)在标记处沿圆周用刀环切一浅痕,注意不得切透,不得伤及绝缘层	环切外半导电层
		(4)从环形痕向电缆末端划两条竖痕,注意不得切透,不得伤及绝缘层,到末端时可划一深痕切透绝缘层,便于后续起口	顺切外半导电层
		(5)用钢丝钳沿电缆末端一竖痕位置起口,使外半导电层掀起	掀起外半导电层
		(6)将掀起的外半导电层向环形痕方向撕下,撕到距环切口 5mm 时可缓慢用力,剥除外半导电层,断口应齐整	剥除外半导电层
		(7)用绝缘带保护与外半导电层相接的线芯绝缘	保护绝缘层

续表

操作工序	工序名称	操作步骤及质量标准	图　例
7	剥除外半导电层	(8)将与绝缘层相接的外半导电层处用细砂纸打磨,不可将半导电粉末打磨到绝缘层上	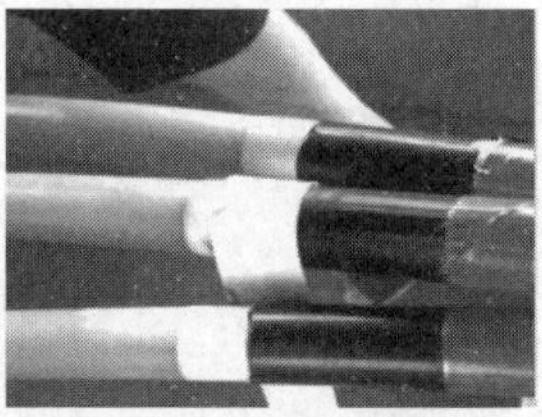 打磨外半导电层小斜坡
		(9) 将外半导电层断口台阶处理成光滑的小斜坡,拆除 PVC 自黏带。断口应齐整,与主绝缘过渡平滑,不允许有凹坑、台阶、刀痕	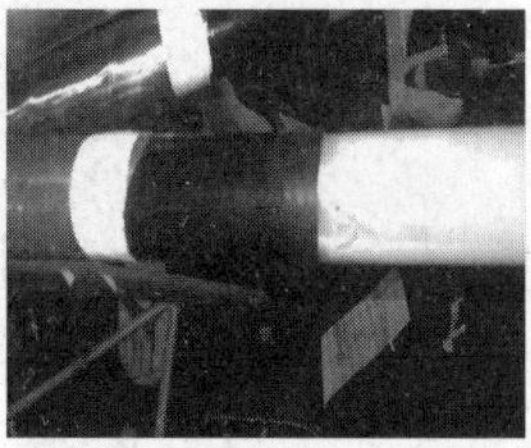 小斜坡要求
8	剥除绝缘层	(1)量取电缆接线端子孔深加 5 mm 长度的线芯绝缘	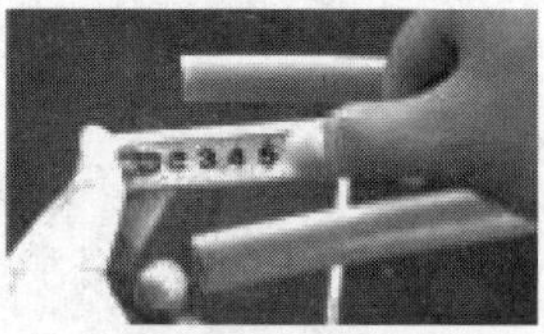 量取绝缘层尺寸
		(2)作好标记	 绝缘层作好标记
		(3)在标记处沿圆周用切刀环切一深痕至内半导电层,不得损伤导体	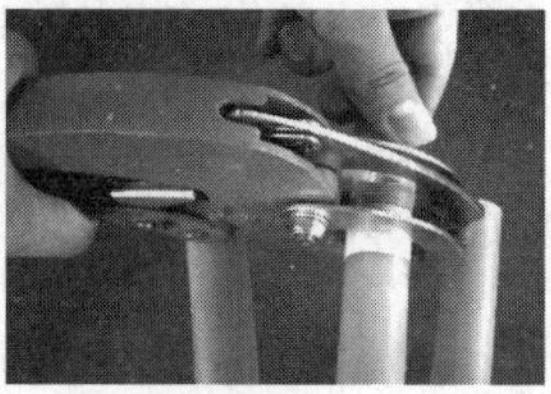 环切绝缘层

续表

操作工序	工序名称	操作步骤及质量标准	图　例
8	剥除绝缘层	(4)从环形痕向电缆末端划用刀划两条竖痕，剥除绝缘层(内半导电层与绝缘层一同剥除)。剥除绝缘不得损伤导体，主绝缘切口齐整，无尖角毛刺	顺切绝缘层
		(5)用 PVC 自黏带将外半导电层端口加以保护，用砂纸打磨线芯绝缘，绝缘表面不得有划痕、半导电残留。拆除 PVC 自黏带	打磨绝缘层
		(6)将线芯绝缘端口处进行倒角处理，并用细砂纸打磨光滑	处理倒角
		(7)用清洁纸对绝缘表面进行清洁，清洁从绝缘层端部向外半导电层单方向，不得来回擦拭，擦过的清洁纸不能重复使用，绝缘表面不得有半导电残留	清洁绝缘层

续表

操作工序	工序名称	操作步骤及质量标准	图　例
9	固定应力管	(1)把硅脂膏均匀涂抹在绝缘层表面	 绝缘层涂抹硅脂
		(2)将应力管套入到位,与铜屏蔽层搭接规定长度,加热收缩固定	 热缩应力管
10	固定绝缘管	将绝缘管套至分支手套指部(有密封胶的一端先套入),并与之搭接 30 mm,从下往上加热收缩绝缘管,并切除多余的绝缘管,使其上端与倒角平齐	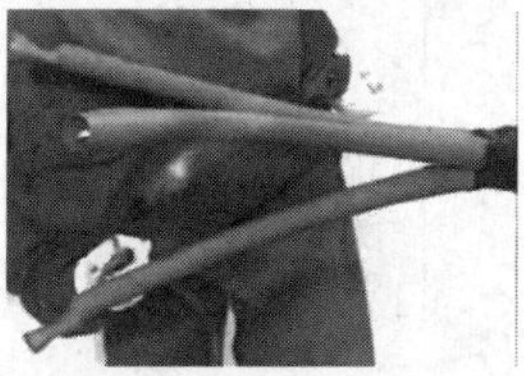 热缩绝缘管
11	压接接线端子	(1)去除线芯上的临时保护,用砂纸打磨线芯表面去除氧化层 (2)在导体上套入接线端子,选用压模和导体截面相符的压接钳压接,一般要压接 2 ~ 3 道,注意 3 个端子孔朝向一致 (3)压接后用锉刀将端子上毛刺打光,清洁端子表面	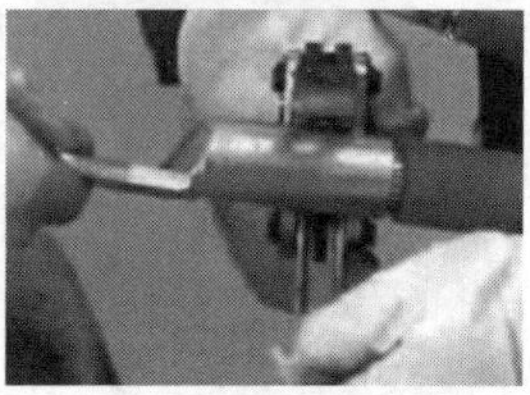 压接接线端子
		(4)在端子与线芯绝缘末端之间绕包用填充胶,填充胶与主绝缘及接线端子各搭接 5 ~ 10 mm,形成平滑过渡	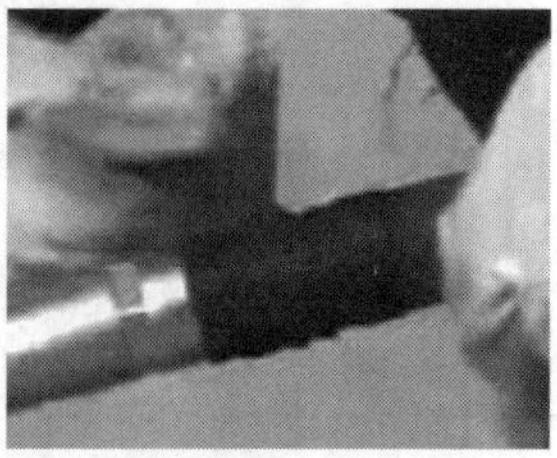 绕包填充胶

续表

操作工序	工序名称	操作步骤及质量标准	图　例
12	固定密封相色管	按相色标记在端子部位套入密封相色管,加热收缩固定	热缩相色管
13	户外雨裙安装(户内无)	如果是户外终端,则先套入三孔雨裙,颈部加热收缩固定,然后分相在绝缘管上分别套入2~3个单孔雨裙,颈部加热收缩固定,雨裙位置见说明书	热缩雨裙
14	电缆试验绝缘电阻测量和核对电缆相序	(1)将接地铜编织带与接地网连接好 (2)完成电缆终端和接头安装,在整条电缆线路送电之前,进行核相、电缆绝缘电阻测试和交流耐压试验,两端相位一致,绝缘电阻满足要求,耐压试验合格。送电核相,相位与系统的相位一致	核相和测量绝缘电阻

注:根据电压等级、终端头及中间接头的不同,有各自的标记尺寸。

2.4.6　10 kV 电缆热缩中间接头制作

10 kV XLPE 热缩电缆中间接头操作步骤及示范图例见表2.21。

表 2.21　10 kV XLPE 电缆热缩中间接头制作步骤及示范图例

操作工序	工序名称	操作步骤及质量标准	图　例
1	剥除外被层	两根电缆长端 1 100 mm,短端 500 mm,自电缆末端按尺寸剥除电缆外被层,要求断口齐整	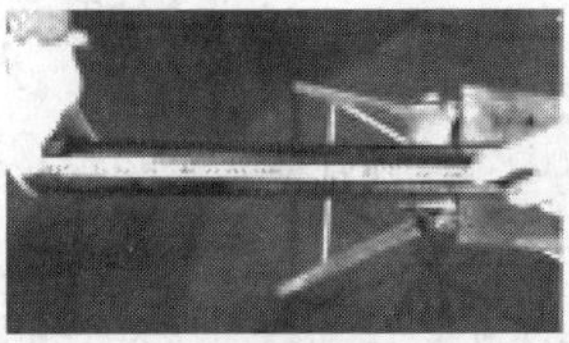 (1)量取外被层尺寸  (2)外被层作好标记 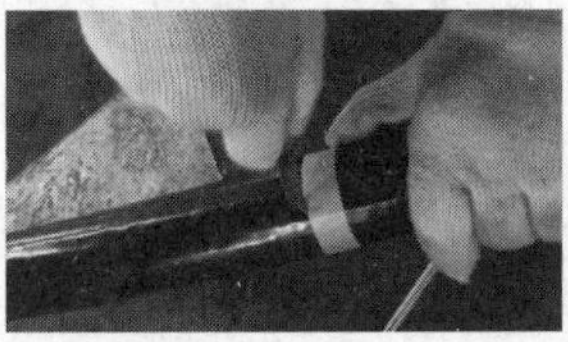 (3)环切外被层 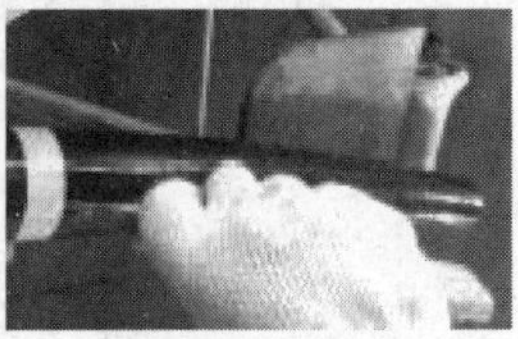 (4)顺切外被层
2	剥除铠装层	(1)去除外被层标记,打磨、清洁外被层断口处,做防潮处理 (2)量取 30 mm 铠装层,先按钢铠缠绕方向恒力弹簧固定钢铠 (3)保留 30 mm 铠装层其余剥除。用钢锯锯钢铠时,注意不得损伤电缆内护层,一般可顺钢铠缠紧方向沿绑扎处圆周锯一环形深痕,钢锯的切入深度为钢铠的 2/3(不能锯断第二层钢铠),然后用一字起撬起钢铠断开处,用钳子拉下并转松钢铠,去除钢带	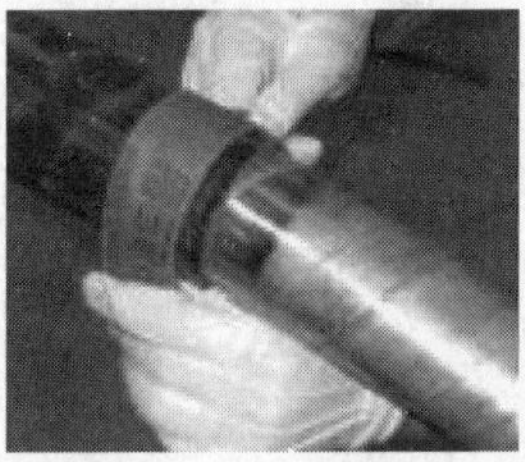 (1)打磨外被层 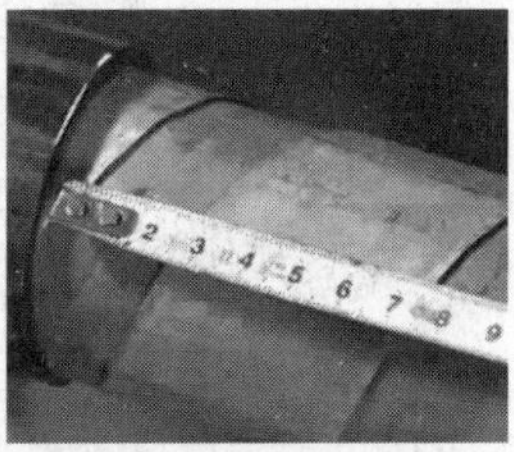 (2)量取铠装层尺寸  (3)铠装层作好标记 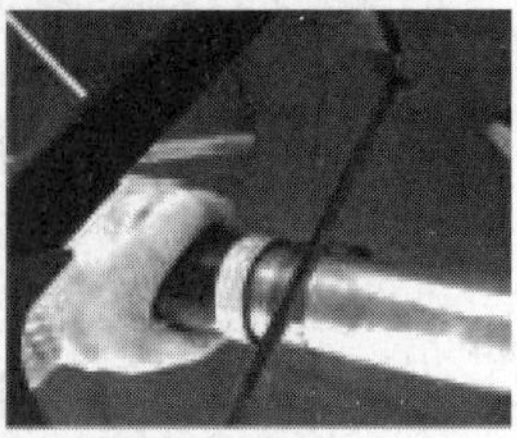 (4)环锯铠装层 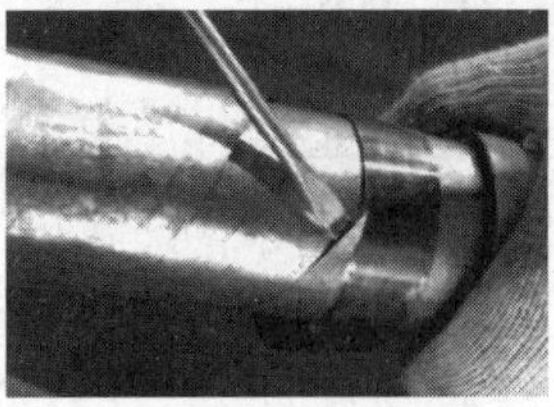 (5)剥除铠装层

续表

操作工序	工序名称	操作步骤及质量标准	图　例
3	剥除内衬层	(1)保留50 mm内衬层其余剥除。注意顺切时切口应在两芯之间,沿填充物可切透,防止切伤铜屏蔽层 (2)去掉线芯间的填充物 (3)将3芯电缆分开,弯曲各相使各相呈对接状,三相空间距离约50 mm (4)剥除内衬层后应将铜屏蔽层末端用PVC带扎牢,防止松散	(1)量取内衬层尺寸　(2)内衬层作好标记 (3)环切内衬层　(4) 顺切内衬层 (5)剥除填料　(6)固定铜屏蔽层 (7)分别处理两边电缆
4	剥除铜屏蔽层	从电缆的端头向下剥去300 mm长铜屏蔽层,用半导电带将铜屏蔽层断口缠绕紧,不得划伤外半导电层,切口应平齐	(1)量取铜屏蔽层尺寸　(2)铜屏蔽层作好标记 (3)剥除铜屏蔽层　(4)绕包半导电带

续表

操作工序	工序名称	操作步骤及质量标准	图 例
5	剥除外半导电层	(1)保留50 mm外半导电层,其余剥去,断口应齐整,注意不得切透伤及绝缘 (2)用绝缘带保护与外半导电层相接的线芯绝缘,将线芯绝缘层与外半导电层相接处用细砂纸打磨,处理成小斜坡使之平滑过渡,不允许有凹坑、台阶、刀痕,不可将半导电粉末打磨到绝缘层上	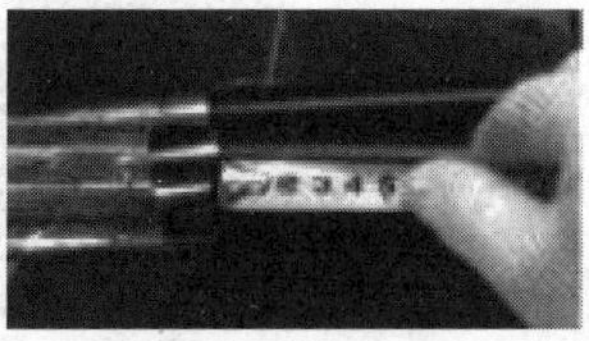 (1)量取外半导电层尺寸 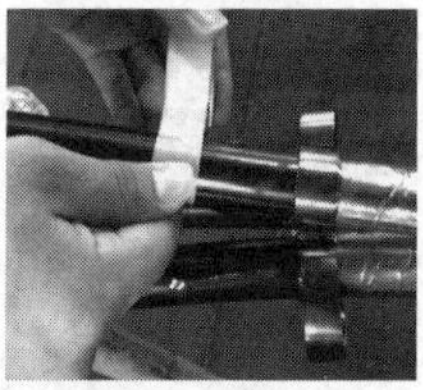 (2)外半导电层作好标记 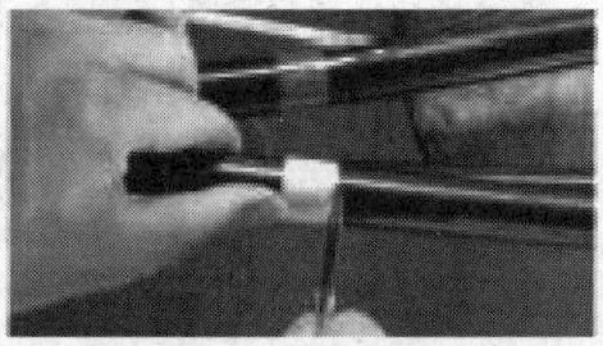 (3)环切外半导电层  (4)顺切外半导电层 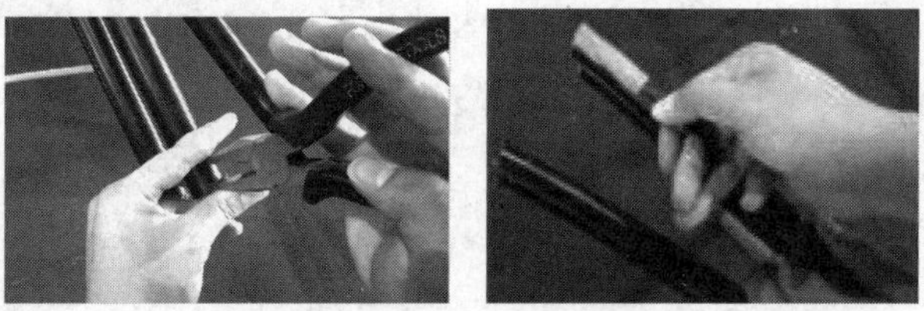 (5)剥除外半导电层 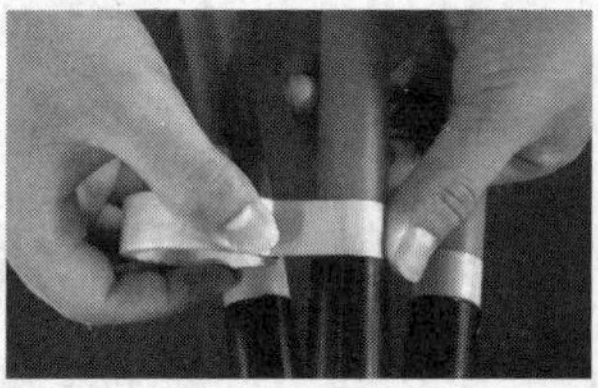 (6)保护绝缘层  (7)打磨外半导电层小斜坡  (8)小斜坡要求

续表

操作工序	工序名称	操作步骤及质量标准	图例
6	剥除绝缘层	(1)用刀分别剥除电缆每相末端端子孔深加5 mm长度的线芯绝缘(内半导电层与绝缘层一同剥除)。剥切绝缘不得损伤导体,主绝缘切口齐整,无尖角毛刺 (2)用PVC带将导体加以保护,下量5 mm保留内半导电层,然后量取35 mm长绝缘层切削呈锥体("铅笔头"),并用细砂纸打磨光滑 (3)用细砂纸打磨线芯绝缘,用清洁纸对绝缘表面进行清洁,绝缘表面不得有划痕、半导电残留 (4)清洁半导电层和铜屏蔽表面	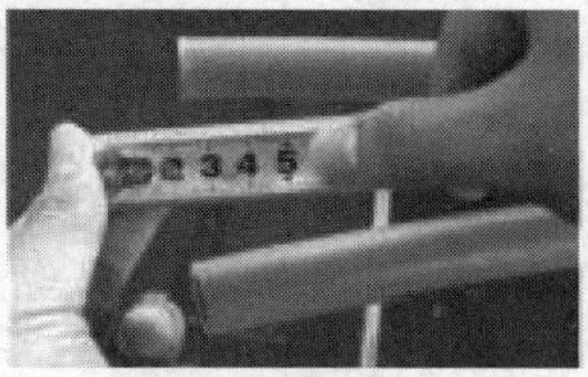 (1)量取绝缘层尺寸 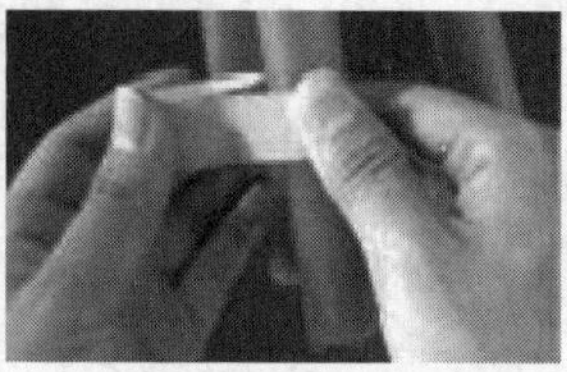 (2)绝缘层作好标记 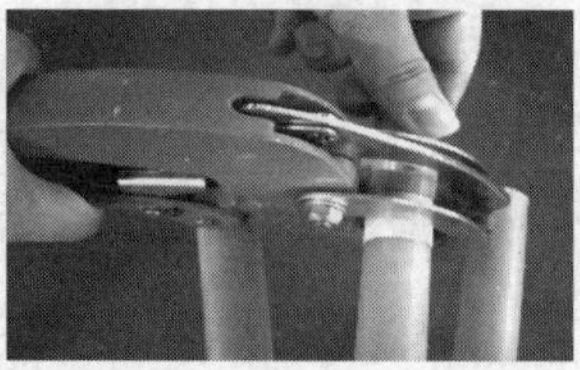 (3)环切绝缘层 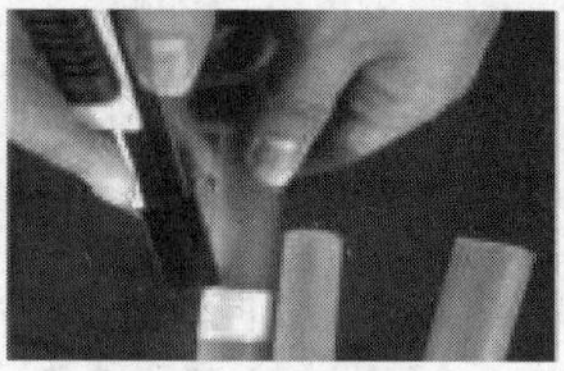 (4)顺切绝缘层 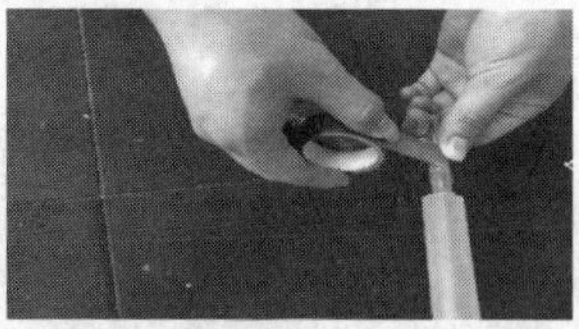 (5)保护导体 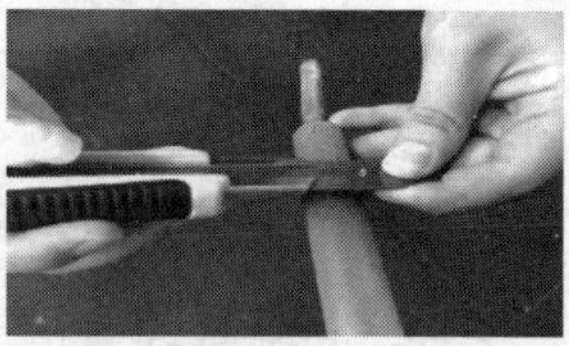 (6)制作反应力锥  (7)打磨反应力锥 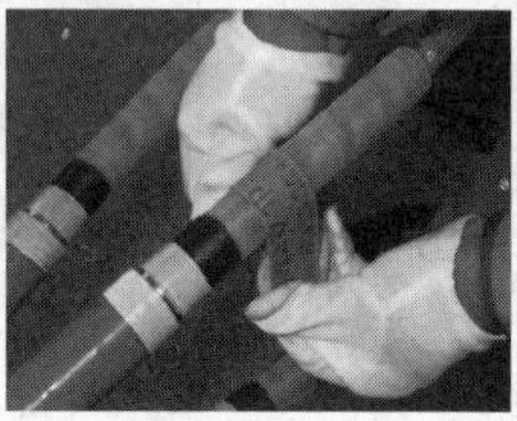 (8)打磨绝缘层 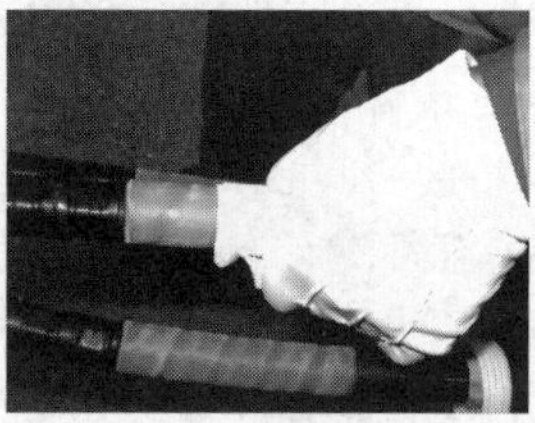 (9)清洁绝缘层  (10)清洁导体

续表

操作工序	工序名称	操作步骤及质量标准	图例
7	固定应力管	在待连接的两根电缆各相外半导电层断口以上100 mm长范围内均匀涂抹一层硅脂，将应力管套入到位，与外半导电层搭接30 mm，加热收缩固定	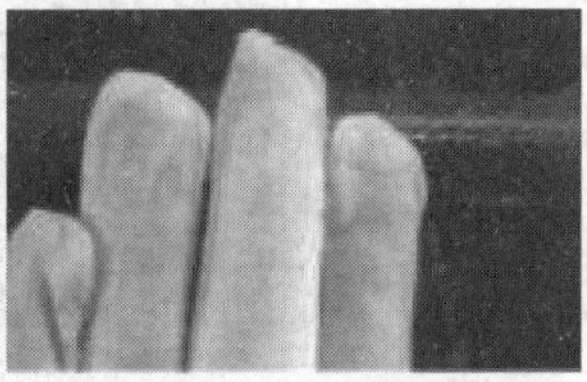 (1)绝缘层涂抹硅脂 　(2)热缩应力管
8	套入管材	将两根护套管套入一根电缆后，在电缆长端每相分别套入一组内绝缘管、外绝缘管、半导电管，在短端每相套入一段铜网套	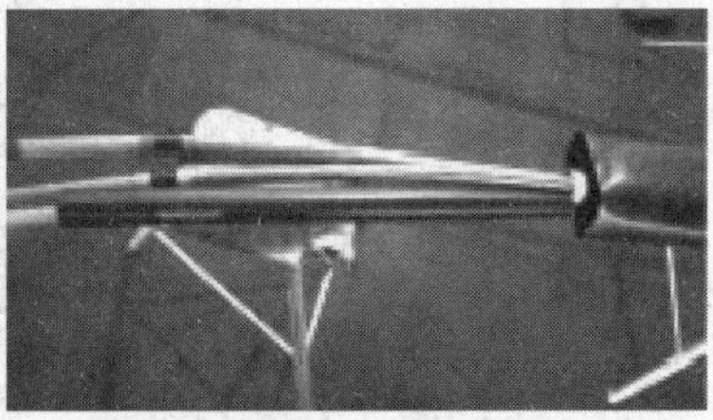 套入各种管材
9	压接中间连接管	(1)去除线芯上的临时保护，用砂纸打磨线芯表面去除氧化层 (2)套入连接管压接好，一般要压接4道 (3)压接后将端子上毛刺打光，清洁连接管表面 铜铝压接要求： (1)铜铝连接应压接铜铝过渡连接管或镀锡铜连接管 (2)异型接头压接：不同截面铜导体连接应压紧异型铜连接管或焊锡开口或有浇注孔的铜连接管，不同截面铝导体连接应压接异型铝连接管，不同截面铜导体和铝导体连接应压接型铜铝过渡连接管或镀锡铜连接管	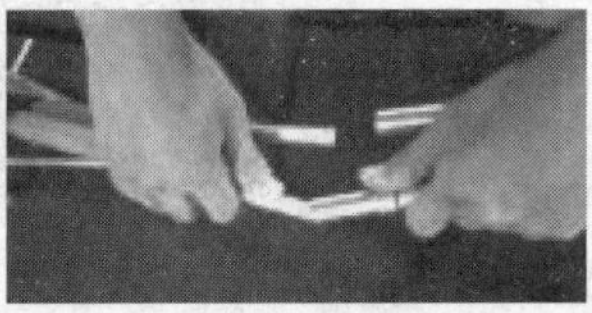 (1)安装连接管 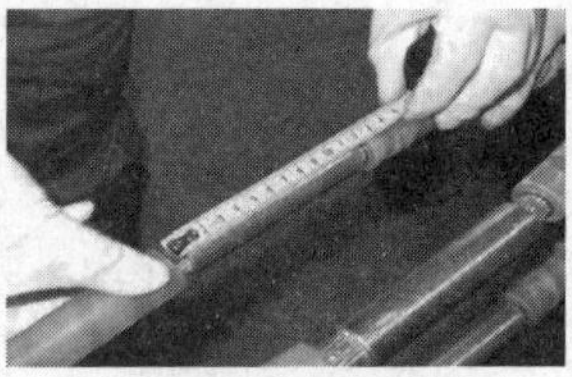　(2) 确定连接管位置  (3)压接连接管 　(4)打磨连接管 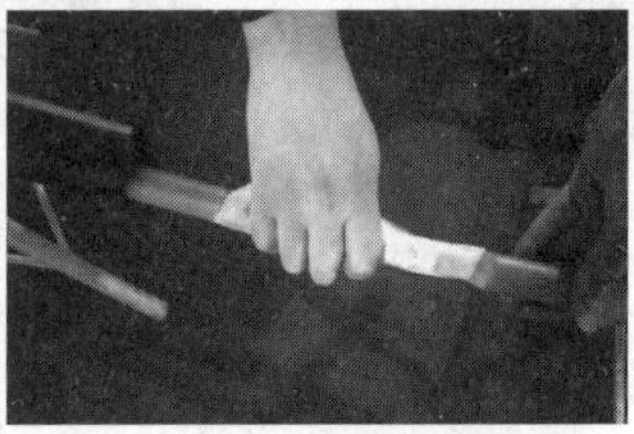 (5)清洁连接管

续表

操作工序	工序名称	操作步骤及质量标准	图　例
10	绕包半导电带	在连接管上包绕1~2层半导电带,并与两端内半导电层搭接	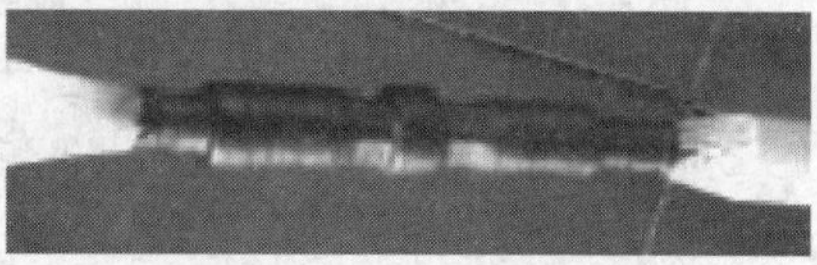 连接管上绕包半导电带
11	绕包填充胶	在半导电带外绕包填充胶将两绝缘端间的凹坑填平,其外径高出线芯绝缘1~2 mm,填充胶厚度不能小于5 mm,在填充胶表面均匀涂抹一层硅脂	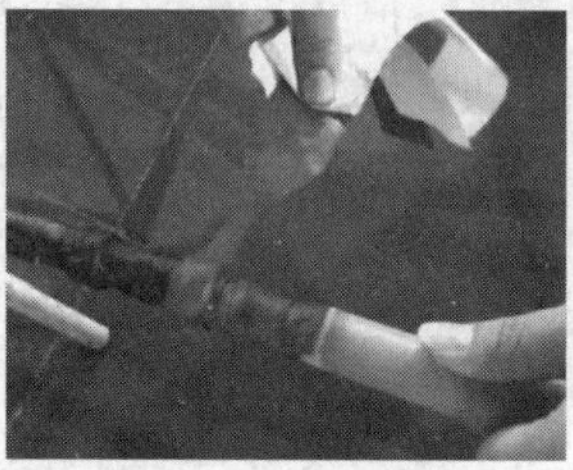 (1)半导电上绕包填充胶 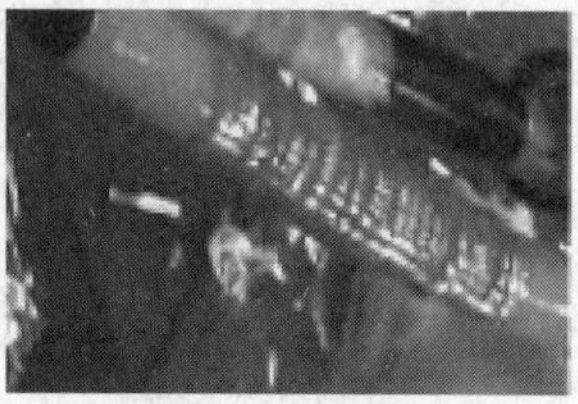　(2)填充胶上涂抹硅脂
12	固定内绝缘管、外绝缘管、半导电管	(1)将3根内绝缘管移至接头中心位置,两端对称,从中心向两端加热收缩 (2)将3根外绝缘管移至接头中心位置,加热收缩 (3)用填充胶填平绝缘管与电缆之间的台阶 (4)将半导电管移至中心位置加热收缩	 (1)热缩绝缘管 　(2)热缩半导电管
13	安装铜网套	将预先套入的铜网拉至接头上,与电缆铜屏蔽层搭接,每相线芯再平敷一条铜编织带在铜网里,使其两端分别绑扎在两端的铜屏蔽上并焊牢	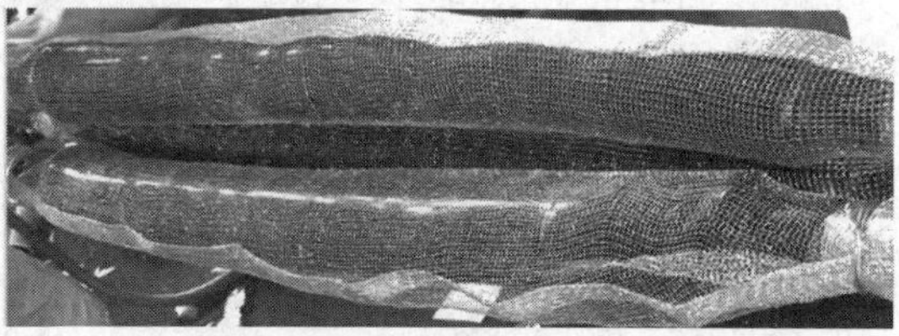 安装铜网屏蔽

续表

操作工序	工序名称	操作步骤及质量标准	图例
14	连接钢铠地线	(1)将三相电缆用PVC带扎紧 (2)将一根有绝缘护层的铜编织带用铜线分别绑紧在电缆两端钢铠上并焊牢 (3)在绑扎部位缠绕填充胶,将铜编织带金属裸露部分及铠装层完全覆盖,不能有尖角和毛刺外露	 (1)打磨铠装层 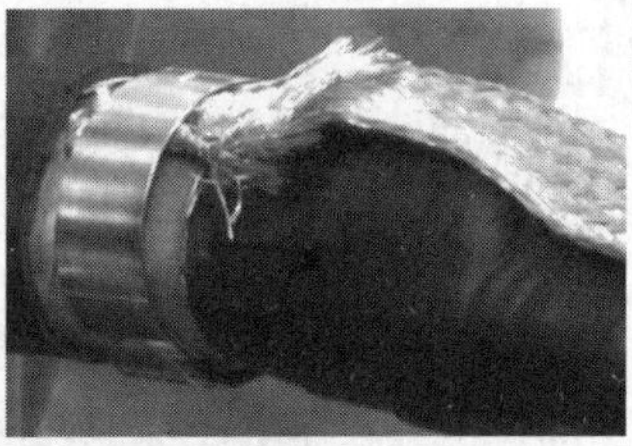 (2)固定接地线 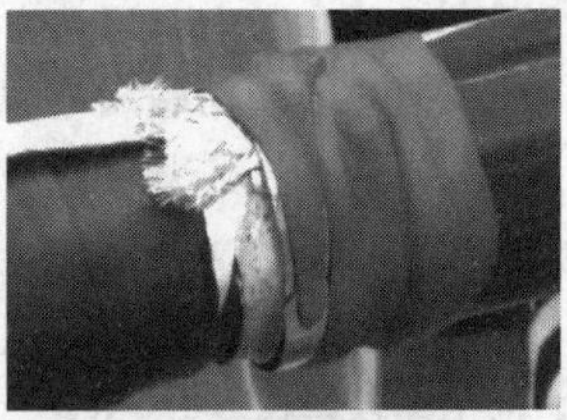 (3)绕包填充胶  (4)搭接两端铠装层的接地线
15	热缩外护套	(1)将一根外护套管移至与一电缆外护套搭接100 mm的位置,从中间向两边加热收缩 (2)将另一根外护套管搭接另一端外护套100 mm,加热收缩,两根热缩管在中间位置自然搭接	 (1)热缩外护套  (2)热缩中间接头成品

注:根据电压等级、终端头及中间接头的不同,有各自的标记尺寸。

2.4.7　10 kV 冷缩终端头和中间接头制作

冷缩式与热缩式电缆头比较，因绝缘方式不一样，故电缆头各剥切部分恢复处理方式也不一样。下面对 10 kV 冷缩式电缆头安装操作步骤进行说明。其中，剥除电缆外被层、铠装层、内衬层、铜屏蔽层、外半导电层、绝缘层和导体连接的操作与热缩头制作相同，尺寸要求详见各厂家说明书。

(1)10 kV 冷缩终端头制作步骤和要求

①剥除外被层、铠装层和内衬层。

②焊接地线。打毛铠装表面，用恒力弹簧将两根铜编织带分别抱紧在铠装铜屏蔽层上。

③安装冷缩分支手套，确定安装尺寸。将冷缩分支手套套至三叉口的根部。沿逆时针方向均匀抽掉衬管条，首先抽掉尾管部分，然后再分别抽掉指套部分，使冷缩分支手套收缩。缩后在手套下端包绕 4 层绝缘带，再加绕两层 PVC 带，加强密封。

④安装冷缩绝缘管。将冷缩绝缘管分别套入三相电缆（衬管条伸出的一端后入电缆），端部搭盖分支手套 20 mm，沿逆时针方向均匀抽掉衬管条，让冷缩绝缘管自然收缩在电缆的铜屏蔽上。按说明书要求用相色带作好标记，去掉标记以上冷缩绝缘管。

⑤剥铜屏蔽层、外半导电层。在剥完铜屏蔽层和外半导电层后，用半导电带把铜屏蔽层和外半导电层之间的台阶盖住。注意：不要绕包到外半导电层端口上。

⑥剥线芯绝缘。量取接线端子孔深 5 mm 长度并剥除该段绝缘。

⑦安装冷缩终端。将冷缩终端套入电缆指定位置，衬管条伸出的一端后入电缆，沿逆时针方向均匀抽掉衬管条使终端收缩。

⑧压接接线端子。将接线端子套入并压接到位，去除端子上毛刺。

⑨安装冷缩密封管。在各相套入冷缩密封管，按尺寸密封管与终端主体搭接。衬管条伸出的一端后入电缆，抽出衬管条使密封管自然收缩。

⑩连接地线。将接地铜编织带与地网连接好。

⑪缠绕相色带。如果冷缩密封管有相色划分，则不用缠绕相色带。

制作好的电缆冷缩终端头如图 2.20 所示。

(2)10 kV 冷缩中间接头制作步骤和要求

1)重叠对应尺寸

两根要连接制作中间接头的电缆从端口重叠对应尺寸。

2)剥切外被层

按尺寸分别剥除两段电缆的外被层并清洁断口电缆外被层。

3)剥切铠装层

将两端自外被层切口处各保留 30 mm 铠装层，并用扎线将钢带牢固绑扎，其余的剥除，然后用 PVC 胶带将钢带切口的锐边包覆住。

4)剥切内衬层及填充物

将两端自铠装切口处按尺寸分别留出内衬层,其余及其填充物剥除。核定尺寸,最终切断电缆。将电缆线芯分开,核实各相中心位置,锯断各相多余电缆线芯。

5)剥切铜屏蔽层

按尺寸剥除两端电缆的铜屏蔽层。

6)剥切外半导电层

按尺寸剥除外半导电层。

7)剥切主绝缘

在电缆两端分别按 1/2 连接管长 +5 mm 的长度,剥除主绝缘。冷缩中间接头不要将绝缘端部削成“铅笔头”。

8)套入接头绝缘主体

将铜网套套入电缆每相短端,将接头绝缘主体套入电缆每相长端,衬管条伸出的一端要先套入。

9)压接连接管

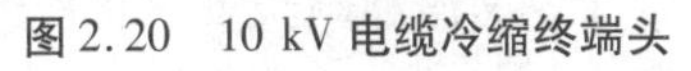

图 2.20　10 kV 电缆冷缩终端头

套入连接管将电缆对正后压接连接管,两端各压两道。

10)清洁绝缘层表面

用配备的清洁剂清洗电缆绝缘层表面。

11)涂抹硅脂

待绝缘表面干燥后,按要求将硅脂均匀抹在主绝缘表面上。

12)确定校验点

测量绝缘之间尺寸,按 1/2 尺寸在接管上确定实际中心点,然后按中心点到电缆一边铜屏蔽带要求尺寸位置确定一个校验点。

13)确定定位点

根据定位尺寸要求,在外半导电层上距离屏蔽层端口对应位置用 PVC 胶带作一标记,此处为接头收缩定位点。

14)安装冷缩管

按安装工艺尺寸在电缆短端的外半导电层上作绝缘主体的定位标记。将冷缩绝缘主体移至中心处,沿逆时针方向均匀抽掉衬管条使接头主体绝缘收缩,在接头完全收缩后 5 min 内,校验冷缩接头主体上的中心标记到校验点的距离是否符合要求。如有偏差,尽快左右抽动接头以进行调整,注意收缩后的中间接头一端要与定位标记齐平。注意:因冷缩接头为整体预制式结构,故中心定位应做到准确无误。

收缩后的绝缘主体两端与外半导电层搭接,用填充胶缠绕至中间接头端面平齐,呈斜坡状,在其上绕包半导电带,覆盖外半导电体与铜屏蔽层表面搭接。

15)安装屏蔽铜网

沿接头方向拉伸收紧铜网,使其紧贴在冷缩管上至电缆接头两端的铜屏蔽层上,将三相线芯接头主体并拢,用填充物进行填充,中间用 PVC 胶带固定 3 处,使用恒力弹簧将铜编织带固定在两端的铜屏蔽层上。

16)绕包 PVC 胶带

用 PVC 胶带半叠绕两层将固定屏蔽铜网的恒力弹簧包覆住。

17)绑扎电缆

用 PVC 胶带将电缆 3 芯紧密地绑扎在一起。

18)绕包防水带

从电缆一段内衬层上开始绕包密封防水带,胶面朝下,半搭盖绕包至另一端内衬层上。

19)安装铠装接地编织线

将编织线两端各展开 80 mm,贴附在电缆接头两端的防水带、钢带上,并与电缆护套搭接对应尺寸。然后用恒力弹簧编制线固定在电缆钢带上。使用恒力弹簧将铜编织带固定在两端的钢铠上,并用 PVC 带在恒力弹簧外包绕两层,用 PVC 胶带半叠绕两层将电缆两端的铠装层和固定编织线的恒力弹簧包覆住。

20)绕包防水带

在整个接头处半搭盖绕防水带做防水保护,并与两端外被层搭接对应尺寸。为保证防水性能,应把配备的防水带全部包完。

21)绕包装甲带

带上乳胶手套,将水倒入铠装带包装中盖住装甲带,轻压几下并浸泡一会,取出后迅速开始绕包,从电缆一端外被层半搭盖绕包至电缆另一端外被层,覆盖全部防水带,多绕包几层,为保证机械性能,将配备的装甲带全部包完。装甲带尾部用 PVC 带固定。完成后静置 30 min 后方可移动电缆。

制作好的电缆冷缩中间接头如图 2.21 所示。

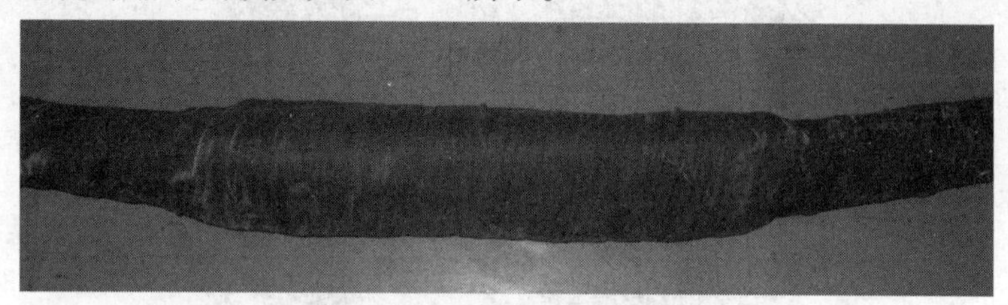

图 2.21　10 kV 电缆冷缩中间接头

2.4.8　低压电缆热缩终端制作

图 2.22 列出了低压电缆热缩终端制作的流程。如图 2.23 所示为低压电缆热缩终端头的成品。

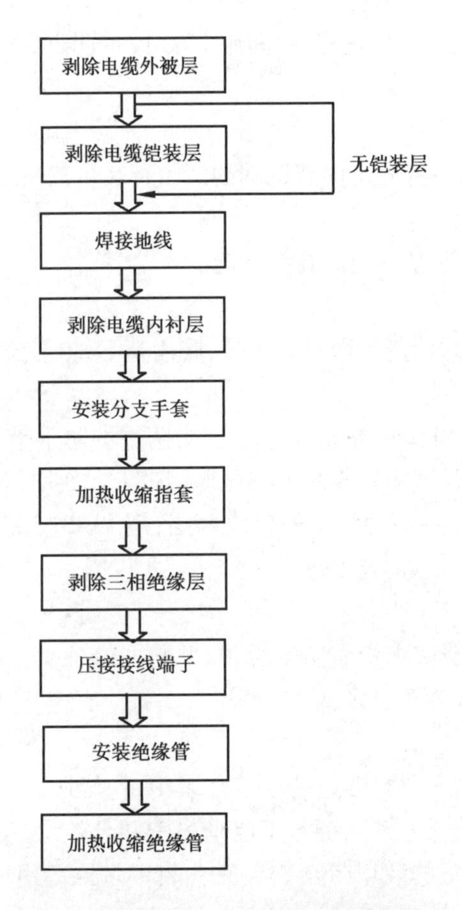

图 2.22　低压电缆热缩终端制作流程

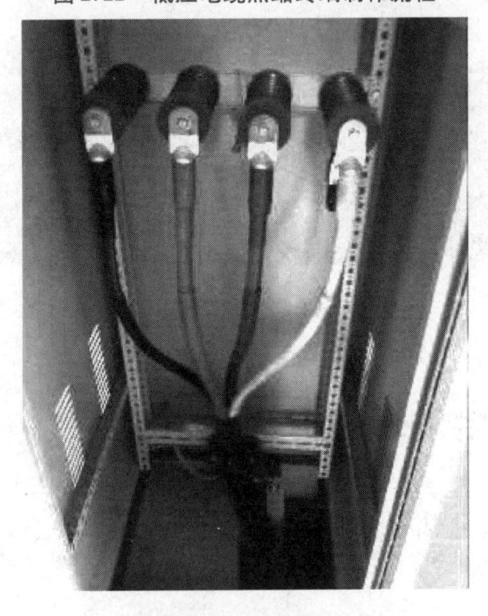

图 2.23　低压电缆热缩终端头

2.4.9　电缆终端头固定

(1)固定电缆保护管

从电缆槽引至电杆距地面高度2 m以内应安装保护管,保护管的内径不得小于电缆外径的1.5倍,露出地面的保护管总长应不小于2.5 m,保护管根部应深入地面以下0.1 m,且埋地部分应满足弯曲半径的要求。电缆保护管上端口应用封堵胶泥(或热缩管)封堵密实。

(2)电缆终端头固定

①电缆上杆垂直敷设,应在电缆保护管上下端和电缆中间适当位置处(垂直敷设支点距离1.5 m)刚性固定,在固定处加装符合规范要求的衬垫,如图2.24所示。

图2.24　电缆终端头固定

②户外电缆终端头上杆应采用引流线过渡连接方式。

③户内电缆固定点应设在3芯电缆的电缆终端下部。

④电缆终端应可靠接地。铠装层和金属屏蔽层均应采取两端接地的方式;电缆通过零序电流互感器时,电缆金属屏蔽层和接地线应对地绝缘,电缆接地点在互感器以下时,接地线应直接接地;接地点在互感器以上时,接地线应穿过互感器接地。

⑤电缆固定后应悬挂电缆标识牌,电缆终端头标识牌在电杆下线时应绑扎(粘贴)在电缆保护管顶端,箱体内电缆终端标识牌绑扎在电缆终端头处,标识牌尺寸规格统一,如图2.25所示。

⑥电缆终端头导体裸露部分距离地面:10 kV不得小于4.5 m,1 kV及以下不得小于3.5 m。

电缆终端头标识牌	
线路名称______	产品型号______
施工单位______	运维单位______
生产厂家______	投运时间______

图 2.25　电缆终端头标识牌表示

2.4.10　电缆可分离式连接器安装

10 kV 电缆可分离式连接器安装步骤包括：

①剥除电缆外被层、铠装层、内衬层，连接地线、绕包填充胶，安装分支手套，剥除铜屏蔽层、外半导电层、绝缘层，固定绝缘管，压接接线端子，制作方法同普通热缩终端头。

②安装肘形头本体。清洁并润滑电缆绝缘层表面和肘型头本体内侧，将肘形头推入电缆，直到肘型头端部可看到接线端子的螺孔，尾部与外半导电层连接，并清洁多余硅脂。

③安装灭弧导电杆。将灭弧导电杆插入接线端子的螺孔，用配套的专业扳手将导电杆拧紧。用绝缘带绕包肘形头与电缆绝缘管的接合部，固定密封管。

④对准设备套管将肘形头推入套管上，保证安装到位。

⑤用接地线将肘形头的接地孔与系统接地点连接起来。

安装后的电缆可分离连接器如图 2.26 所示。

图 2.26　电缆可分离连接器

【任务实施】

工作任务	10 kV 热缩户外终端头制作			学时	6	成绩	
姓名		学号		班级		日期	

1. 计划

（1）小组成员分工：

组别	岗　位		
	工作负责人	专职监护人	作业人员

（2）现场勘察，分析危险点和控制措施。

2. 决策

准备场地，布置安全措施，准备制作所需工器具。

3. 实施

各小组完成 10 kV 电缆户外终端头的制作。

4. 检查及评价

考评项目		自我评估 20%	组长评估 20%	教师评估 60%	小计 100%
素质考评（20 分）	劳动纪律（5 分）				
	积极主动（5 分）				
	协作精神（5 分）				
	贡献大小（5 分）				
实际操作（70 分）（按技能考核标准考核）					
总结分析（5 分）					
工单考评（5 分）					
总　分					

【思考与练习】

1. 对电缆接头制作的基本要求是什么?
2. 电缆如何处理电场分布不均的问题?
3. 电缆附件采用应力控制材料改善电场,这种方法为什么只能用于中压电缆线路?
4. 如何保证电缆附件的密封?
5. 怎样进行热收缩护套管的热缩操作?
6. 为什么两根铜编织带接地线要分开连接? 连接时有哪些注意事项?
7. 分析进行电缆头制作时的危险点,并给出相应的预控措施。
8. 要进行电缆冷缩户外终端头制作需要的工器具有哪些?

任务 2.5 配电电缆竣工验收

工作负责人:

新建 10 kV 电缆线路:10 kV 长远Ⅱ回长 316 武广桥电缆分支箱 320 至# 005 杆新敷设 YJV22_3 * 240 电力电缆 600 m,敷设方式以直埋为主。电缆工程已施工完毕,现要进行整个电缆线路的竣工验收,由两人配合完成。在验收过程中,要遵守电缆工作相关规程,并保证验收到位,保证质量。

【任务目标】

1. 熟悉电缆验收制度和验收报告内容。
2. 掌握电缆验收内容和要求。
3. 掌握电缆竣工试验项目和要求。
4. 能正确进行电缆的竣工验收工作。

【相关规程】

1. GB 50168—2018 电气装置安装工程 电缆线路施工及验收标准。

2. GB 50217—2018　电力工程电缆设计标准。

3. GB 50150—2006　电气装置安装工程　电气设备交接试验标准。

【相关知识】

配电电缆工程验收是指新扩建、改造、检修、客户接入工程以及客户设备移交中由运行单位组织进行的设备投运前验收工作,包括设备到货验收、隐蔽工程中间验收、竣工验收、资料验收及交接试验。

2.5.1　验收基本要求

微课　电缆构筑物工程验收

电缆线路工程属于隐蔽工程,为保证电缆线路工程质量,运行部门必须严格按照验收标准对新建电缆线路进行全过程监控和投运前竣工验收。电缆线路工程验收运行部门主要包括中间验收和竣工验收两个阶段。每个阶段都必须填写验收记录单,并作好整改记录。

(1)电缆到货验收要求及检查

①产品的技术文件应齐全。

②电缆型号、规格、长度应符合订货要求,附件应齐全;电缆外观不应受损。

③电缆封端应严密。当外观检查有怀疑时,应进行受潮判断或试验。

(2)中间验收

中间验收是指在电缆线路施工工程中对土建项目、电缆附件安装等隐蔽工程进行的过程验收。施工单位的质量管理部门和运行部门要根据工程施工情况列出检查项目,由验收人员根据验收标准在施工过程中逐项进行验收,填写工程验收单并签字确认。

(3)竣工验收

①施工部门在工程开工前应将施工设计书、工程进度计划交质监站和运行部门,以便对工程进行了过程验收。工程完工后,施工部门应书面通知质监、运行部门进行竣工验收。同时,施工部门应在工程竣工后1个月内将有关技术资料、工艺文件、施工安装记录(含工井、排管、电缆沟、电缆桥等土建资料)等一并移交运行部门整理归档。对资料不齐全的工程,运行部门可不予接收。

②竣工验收由施工单位的上级工程质量监督站组织进行,并填写工程竣工验收签证书,对工程质量予以等级评定。在验收中个别不完善项目必须限期整改,由施工单位质量管理部门负责复验并作好记录。

2.5.2 配电电缆工程验收内容

配电电缆线路工程主要进行电缆敷设、电缆终端和接头、电缆通道设施的验收。表2.22给出了相关的验收的内容。

表2.22 电缆验收内容

序号	验收项目	验收内容	图 例
1	电缆敷设	(1)电缆规格应符合规定;排列整齐,无机械损伤 (2)电缆的固定、弯曲半径、有关距离、相序排列等应符合要求 (3)电缆通道路径走向和通道断面与设计一致 (4)电缆标识牌安装符合要求,字迹清晰不易脱落。标识牌应悬挂在电缆终端头、中间接头、转弯处、所有工井或电缆通道内,采用塑料扎带、捆绳等非导磁金属材料每隔5~30 m牢固固定,要求在电缆敷设或电缆头安装到位后立即安装。工井内电缆标示牌应在电缆工井进出口分别绑扎。爬杆电缆应绑扎在电缆保护管封堵口上方同时并在距离地面2.5 m处安装设备名牌,名称牌要安装在明显位置,便于巡视人员、行人易发现	 电缆排列  地面标识  接头标识

续表

序号	验收项目	验收内容	图　例
2	电缆终端和接头	属于隐蔽工程,在完成安装后立即验收 (1)终端和接头制作符合工艺要求 (2)终端和接头固定牢固,接地良好 (3)终端接线端子与所接设备端子应接触良好 (4)终端相色正确,标识牌齐全、清晰	 电缆终端
3	电缆直埋	(1)直埋地段路径指示标识齐全,应与实际路径相符,标识应清晰、牢固 (2)直埋地段地面无影响开挖设施	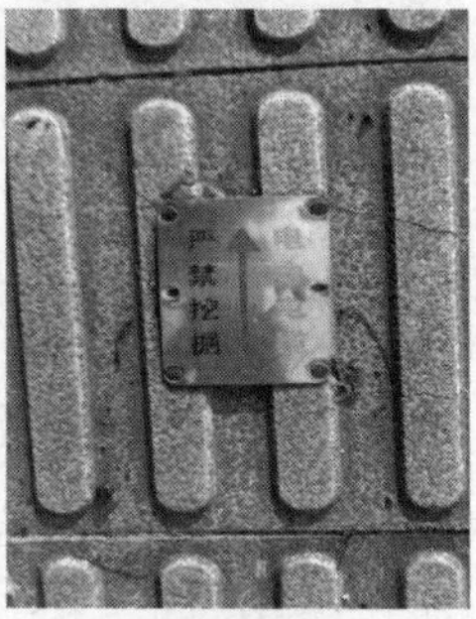 路径标识  警示桩
4	电缆排管	(1)电缆土建工程属于隐蔽工程,要进行土石方、混凝土工程、砖砌工程验收合格 (2)排管的孔径、孔数、间距符合设计要求 (3)排管衬管机械强度足够,接头光滑无尖突,管道内壁光滑无毛刺 (4)管孔畅通,管口严密封堵,封堵可靠 (5)排管的平面应尽可能保持平直,管道径向段无明显沉降、开裂 (6)工作井尺寸符合设计要求,满足电缆敷设时弯曲半径的要求,井内无杂物、积水 (7)工作井内有集水坑,泄水坡度不小于0.5%	 管口封堵

续表

序号	验收项目	验收内容	图 例
4	电缆排管	(8)工作井内金属支架和预埋铁件要可靠接地,接地方式、接地电阻值满足设计要求 (9)工作井盖板完好、标识清楚 (10)地面有明显的警示标识	 工井盖板  工井
5	电缆沟、隧道	(1)电缆土建工程属于隐蔽工程,要进行土石方、混凝土工程、砖砌工程验收合格 (2)电缆沟槽、隧道通道畅通、无杂物、积水,盖板齐全 (3)电缆沟槽、隧道尺寸,电缆支架规格、尺寸、各层间距离及距顶板、沟底最小净距应符合设计要求 (4)支架安装牢固,排列整齐,金属构件镀锌、无毛刺,接地良好,接地电阻合格 (5)井盖、爬梯尺寸符合设计要求,井盖防水、防盗、防坠落,爬梯安装牢固 (6)电缆沟槽、隧道内照明、通风、排水、通信、监测和自动报警等设备应符合设计要求 (7)防火措施应符合设计要求,且施工质量合格	 盖板  支架

续表

序号	验收项目	验收内容	图　例
5	电缆沟、隧道		  附属设施

对电缆线路按要求进行验收，做好验收记录。

2.5.3　资料移交内容及要求

(1)施工资料

①施工中的有关协议及文件。

②设计图纸。

③设计变更的证明文件(有变更时)。

④竣工图。

⑤施工过程技术记录(包括电缆敷设、隐蔽工程、质量检验及评定记录)。

⑥电缆清册。

⑦电缆线路的敷设位置图。

⑧电缆、终端和接头的型号、数量及安装日期等原始资料。

⑨交叉跨越记录。

(2)设备资料

①电缆及其附件的技术说明书、安装手册、接线图。

②电缆出厂合格证、检验报告。

③电缆图纸(需要时)。

④备品备件、专用工器具。

(3)试验资料

①出厂试验报告。

②相关验收单位需要的试验报告。

2.5.4 电缆交接试验

在交接验收时,根据《电气装置安装工程　电气设备交接试验标准》(GB 50150—2016)中的规定,对电缆要进行交接试验,检验绝缘在施工中有无损伤、缺陷,具体的试验项目标准见表2.23。

表2.23　电缆交接试验项目和要求

<table>
<tr><th>序号</th><th>交接试验项目</th><th>要　求</th><th>说　明</th></tr>
<tr><td>1</td><td>主绝缘的绝缘电阻测试</td><td>相间比较应无明显变比</td><td>采用2 500 V或5 000 V兆欧表</td></tr>
<tr><td>2</td><td>交流耐压</td><td>(1)试验频率:30~300 Hz
(2)试验电压:$2U_0$
(3)加压时间:5 min</td><td rowspan="2">用双臂电桥测量</td></tr>
<tr><td>3</td><td>测量金属屏蔽层电阻和导体电阻比</td><td>测量在相同温度下的金属屏蔽层和导体的直流电阻</td></tr>
<tr><td>4</td><td>检查电缆线路两端的相位</td><td>电缆两端相位应一致,并与电网相位相符合</td><td></td></tr>
<tr><td>5</td><td>电阻测试</td><td>每公里绝缘电阻值不低于0.5 MΩ</td><td>采用500 V兆欧表</td></tr>
<tr><td>6</td><td>电缆内衬层绝缘电阻测试</td><td>每公里绝缘电阻值不低于0.5 MΩ</td><td>用500 V兆欧表</td></tr>
</table>

【任务实施】

工作任务	配电电缆竣工验收			学时	4	成绩	
姓名		学号		班级		日期	

1. 计划

小组成员分工：

组别	岗位		
	工作负责人	专职监护人	作业人员

2. 决策

根据设计和施工资料,现场勘查,确定验收内容和验收要点。

3. 实施

进行电缆线路现场验收并记录。

4. 检查及评价

考评项目		自我评估20%	组长评估20%	教师评估60%	小计100%
素质考评（20分）	劳动纪律(5分)				
	积极主动(5分)				
	协作精神(5分)				
	贡献大小(5分)				
验收信息确定(10分)					
实际操作(50分)(按技能考核标准考核)					
验收记录及验收报告(20分)					
总　分					

【思考与练习】

1. 电缆工程验收人员构成有哪些?
2. 如何进行电缆构筑物工程的验收?
3. 如何进行电缆隐蔽工程的验收?
4. 电缆工程资料的内容有哪些?

项目3　配电电缆线路运行维护

【项目描述】

本项目主要培养学生配电电缆运维的能力。学生熟悉配电电缆运维人员的日常工作，掌握电缆线路巡视的内容和要求，掌握电缆线路运行管理的内容和要求，了解状态评价和状态检修策略的内容，掌握电缆线路防护的对象和要求，掌握电缆故障抢修的流程与要求；学生能严格遵守电缆相关职业标准、技术规范和工艺要求，能完成电缆的各类巡视，做好电缆防护的相关措施，按照电缆故障抢修流程及时处理电缆故障。

【项目目标】

1. 能完成配电电缆巡视工作。
2. 能完成配电电缆缺陷分类和评价工作。
3. 能进行配电电缆线路的防护措施制订。
4. 能完成配电电缆故障抢修工作。
5. 能在学习中学会自我学习，围绕主题讨论并准确表达观点，培养分析和解决问题的能力，具有责任意识、安全意识和质量意识，精益求精，严格遵守标准规程完成任务。

【教学环境】

电缆实训场、电缆仓库、多媒体课件、电缆巡视、事故预防等教学视频、巡视工器具、电缆线路相关图纸。

任务3.1　配电电缆巡视

工作负责人：

对10 kV长远Ⅱ回长316武广桥电缆分支箱320至#005杆电缆段线路进行正常巡视。巡视任务由两人进行，1人工作，1人监护，与带电部位保持安全距离。在巡视中，要遵守电缆工作相关规程，认真细致，保障人身安全，保证质量。

【任务目标】

1. 掌握配电电缆线路巡视的周期、分类、方法和项目。
2. 掌握配电电缆线路巡视的流程和要求。
3. 能填写巡视卡，正确完成配电电缆线路巡视工作。

【相关规程】

1. GB 50217—2018　电力工程电缆设计标准。
2. DL/T 1253—2013　电力电缆线路运行规程。
3. DL/T 1148—2009　电力电缆线路巡检系统。

【相关知识】

微课　电力电缆巡视

3.1.1　电缆线路巡视目的

电缆线路由电缆、附件、附属设备及构筑物组成。运行单位制订巡视检查计划，运维人员根据巡视检查计划对整条电缆线路进行巡视检查，了解电缆线路的运行情况，及时发现电缆缺陷和隐患并消除，保证电缆线路安全运行。

3.1.2　电缆线路巡视分类及周期

电缆线路巡视分为定期巡视、故障巡视和特殊巡视。巡视检查结果记录在相应的巡视记录簿中。

(1)定期巡视

运维人员日常要根据规定的巡视周期对电缆线路进行定期的巡视检查。定期巡视的项目包括电缆本体、附件、附属设备及构筑物等。电缆线路的巡视周期见表3.1。

表3.1　电缆线路定期巡视周期

序号	巡视项目	巡视周期
1	35 kV及以下电缆线路通道路面及户外终端	1个月
2	发电厂和变电站内的电缆线路	3个月
3	电缆竖井	6个月
4	电力电缆线路	3个月
5	35 kV及以下开关柜、分支箱、环网柜内电缆终端	结合停电,2~3年
6	电缆构筑物	3个月
7	电缆附属设备	结合地区实际情况制订

(2)故障巡视

电缆故障有接地故障、短路故障、断线故障。其原因包括机械损伤、龟裂、胀裂,户外终端头爆炸及电缆中间接头爆炸。在发生故障时造成保护装置跳闸,需要进行故障查线。

对电缆线路,在出现故障时,应首先了解电缆的敷设情况和电缆走向,然后了解电缆走向上是否有施工或其他特殊情况发生,了解自动保护装置的动作情况,易于尽早确定故障范围,查出故障点。

发生电缆构筑物内电缆故障,在进入构筑物时应检查氧气含量。有明火时,戴上防雾面具或正压呼吸器,使用灭火器灭火。必要时,停用同一构筑物内电缆电源,防止对人身造成伤害。

(3)特殊巡视

①在电缆保护区范围或周边区域有施工项目时,要进行特巡,应每日对铺设电缆的区域进行检查。检查构筑物设施是否有缺失、受损、地面沉降、渗水、变形或有其他杂物,地埋电缆是否被挖出或受损,防止外力破坏损伤电缆线路。对开挖暴露的电缆线路,要缩短巡视周期,确保电缆安全。

②地面振动后,电缆易发生扭曲变形,电缆构筑物变形坍塌,电缆接头变形,损坏电缆。在有地面严重受振动时或地震后,应对电缆进行特巡。

③电缆线路基本不受气候影响，但埋于地下电缆在水中长期浸泡后易发生受潮，绝缘能力降低，导致击穿事故发生。在遇有暴雨时，应对电缆进行特巡。雨后直埋电缆应检查走向区内是否排水畅通，塌陷或地表温度升高。必要时，挖掘检查。在恶劣自然条件，如雷雨、大风和大雪，要进行异常天气条件下的特巡。

④在有重要保电任务、电网用电负荷异常、电缆故障造成单电源供电运行方式状态、特殊运行方式等特定情况下，要进行电网保电特巡，保证特殊条件下的电网安全运行。

(4)监测巡视

管理人员组织检查、指导巡视工作，进行监察巡视。对重要线路和故障多发线路，监察巡视每年至少1次。

3.1.3 电缆线路巡视的方法

巡视人员一般采用“看”“听”“测”三步进行检查。

(1)“看”

看电缆保护区域有无挖掘、破坏痕迹，有无堆物；构筑物通道有无渗水、积水、破坏痕迹，构件有无开裂、锈蚀、松动、脱落，电缆有无变形、裂纹、位置变化；电缆附属设备是否完好、工作正常。

(2)“听”

听终端、接头连接点有无放电声音，有无塑料焦煳味等异常气味。

(3)“测”

测电缆设备连接点的温度是否满足电缆长期允许运行温度要求，负荷是否异常。

3.1.4 电缆线路巡视的风险辨识及控制措施

巡视电缆线路时，防止人身、设备事故的危险点预控分析和控制措施见表3.2。

表3.2 电缆线路巡视现场作业风险辨识和控制措施

辨识项目	风险辨识	控制措施
电缆巡视	电缆井、电缆通道内有毒气体或通风不良	1.电缆盖板打开后，应自然通风一段时间 2.进入电缆井、电缆通道前，应先用气体检测仪检查井内或通道内的易燃易爆及有毒气体的含量是否超标，并做好记录
	通道内无照明或照明亮度不足、在不平整的通道滑倒或摔倒、高温中暑、交通事故	1.巡视时经过较滑、不平整的通道时应慢行，带好亮度合格且电量充足的照明用具 2.高温时，巡视应带好防暑降温用品 3.巡视中经过交通道路时要遵守交通规则

续表

辨识项目	风险辨识	控制措施
电缆巡视	巡视时距离不足误入带电间隔导致触电	1. 严禁不符合巡视人员要求者进行巡视 2. 严禁人员身体状况不适时巡视 3. 巡视时,应与带电设备保持足够的安全距离(10 kV 应大于 0.7 m) 4. 严禁误碰、误动、误登运行设备 5. 巡视检查时,不得进行其他工作,不得移开或越过遮拦(或安全警示带) 6. 严禁随意动用设备闭锁万能钥匙 7. 不得擅自打开设备柜门,不得擅自改变安全措施
	摔伤或碰砸伤人	1. 巡视时,注意行走安全。上下台阶、跨越沟道或配电室门口防鼠挡板时,防止摔伤、碰伤 2. 巡视中需要搬动电缆沟盖板时,应防止砸伤和碰伤人 3. 在电缆井、电缆隧道、电缆竖井内巡视中,应及时清理杂物,保持通道畅通,上下扶梯及行走时,防止绊倒摔伤
	设备异常伤人	1. 电缆本体受到外力机械损伤或地面下陷倾斜等异常可能对人身安全构成威胁时,巡视人员远离现场,防止发生意外伤人 2. 电缆终端设备放电或异常可能对人身安全构成威胁时,巡视人员应远离现场

3.1.5　电缆巡视的内容

电缆巡视的项目及要求见表3.3。

表 3.3　电缆巡视的项目及要求

巡视项目		巡视要求	图例
电缆本体		1. 检查电缆是否变形，表面有无损伤、放电痕迹、裂纹，排列是否整齐规范 2. 检查电缆线路标识、编号是否齐全、清晰 3. 防火措施是否完备	 电缆本体检查
电缆通道	架空敷设	1. 检查电缆外表有无锈蚀、损伤，沿线挂钩或支架有无脱落，线路上及附近有无堆放易燃易爆及强腐蚀性物质 2. 电缆标牌完整、清晰，相序涂抹符合要求	 架空电缆检查
	直埋敷设	1. 直埋敷设电缆与电缆线路交叉、并行电气机车路轨的电缆连接线是否良好。电缆线路与铁路、公路及排水沟交叉处有无缺陷 2. 对敷设于地下的每一条电缆线路，应查看路面是否正常，有无开挖痕迹、堆物，或线路标桩是否完整无缺等 3. 电缆标识完整、清晰，有明确的走向标志 4. 检查电缆线路路有无化学腐蚀、蚁害鼠害影响	 直埋电缆检查
	其他电缆通道	1. 检查通道路径周边有无挖掘、打桩、拉管、顶管等施工迹象，检查路径沿线各种标识标志是否齐全，做好防外力破坏的措施 2. 检查电缆通道上方有无违章建筑物，是否堆置可燃物、杂物、重物、腐蚀物等 3. 检查盖板、爬梯、支架、接地等设施是否丢失、破损，金属构件是否锈烂 4. 检查通道进出口设施是否完好，巡视和检修通道是否畅通，沿线通风口是否完好，井体有无沉降及有无裂缝，电缆及接头位置是否固定正常，电缆及接头上的防火涂料或防火带是否完好 5. 检查电缆的位置是否正常，温度是否正常，排水、照明、消防等设施是否完善，雨后应检查沟内排水情况 6. 检查排管，对备用排管应用专用工具进行疏通，检查其有无断裂现象	 电缆通道检查  电缆沟内部检查

续表

巡视项目	巡视要求	图例
电缆终端和接头	1. 检查终端和接头有无明显损伤、变形,密封是否良好 2. 检查终端及引出线接点有无发热或放电现象 3. 检查交联电缆终端热缩、冷缩或预制件有无损伤,有无开裂、积灰 4. 检查电缆铭牌是否完好,标识是否清晰,相色是否正确 5. 检查接地线有无脱焊 6. 检查电缆终端相间、对地和其他设施的距离是否满足安全要求 7. 检查户外靠近地面一段的电缆保护管是否完好,是否被车碰撞	电缆终端检查
电缆分支箱	1. 检查分支箱铭牌、箱内电缆进出线标识是否齐全、清晰、正确,与对侧端标识是否对应 2. 检查周围地面环境有无异常,如有无基础损坏、土壤挖掘痕迹、地面沉降、螺栓松动 3. 检查电缆洞封口是否严密,通风是否良好,箱内有无进水、杂物 4. 检查外壳油漆是否脱落、是否锈蚀,螺栓是否松动,门锁是否完好 5. 分支箱内电缆终端的检查内容与户内终端相同	分支箱检查
电缆温度检测	1. 在夏季或电缆负荷最大时,用红外测温设备进行电缆温度测量 2. 多条并联运行的电缆及电缆线路靠近热力管或其他热源、电缆排列密集处,应进行土壤温度和电缆表面温度监视测量,防止电缆过热 3. 直埋电缆测量同地段土壤温度。电缆周围土壤温度任何时候应不超过本地段其他地方同样深度土壤温度10 ℃	红外测温

3.1.6　电缆线路巡视的流程

①安排巡视任务。

②做好巡视人员安排。巡视人员情绪稳定,精神饱满,身体状况良好,着装整齐,个人工具和劳保用品佩戴齐全。

③做好巡视工器具准备。根据巡视性质和内容的不同，电缆巡视准备工器具包括：个人电工工具、红外测温设备、电缆沟、井盖板开启专用工具，电缆巡视需要的钥匙，氧浓度检测仪、手电筒或应急灯，以及通信工具、防毒面具等。

④明确巡视风险，制订预控措施。

⑤进行电缆线路巡视。电缆线路巡视要遵守相关规程标准，做到不漏巡、错巡，不断提高电缆线路巡视质量。允许单独巡视高压电缆线路设备的人员名单应经安监部门审核批准，新进人员和实习人员不得单独巡视电缆高压设备。巡视电缆线路户内设备时，应随手关门，不得将食物带入室内，电站内禁止烟火，巡视高压电缆设备时，应戴安全帽并按规定着装，应按规定的路线、时间进行。

⑥做好巡视记录，见表3.4、表3.5。同时，进行汇报并存档，对发现的缺陷进行缺陷闭环管理。

表3.4　巡视范围

巡视日期	巡视区段	巡视内容	巡视人签名

表3.5　巡视记录

<table>
<tr><td colspan="2">巡视内容</td><td colspan="2">巡视标准</td></tr>
<tr><td colspan="2"></td><td colspan="2">参考表3.3</td></tr>
<tr><td>巡视日期</td><td>缺陷内容</td><td>缺陷类别</td><td>巡视人签名</td></tr>
<tr><td>年　月　日</td><td></td><td></td><td></td></tr>
<tr><td>年　月　日</td><td></td><td></td><td></td></tr>
</table>

【任务实施】

<table>
<tr><td>工作任务</td><td colspan="2">10 kV配电电缆巡视</td><td>学时</td><td>4</td><td>成绩</td><td></td></tr>
<tr><td>姓名</td><td></td><td>学号</td><td>班级</td><td></td><td>日期</td><td></td></tr>
<tr><td colspan="7">1.计划
(1)小组成员分工：</td></tr>
</table>

<table>
<tr><td rowspan="2">组别</td><td colspan="3">岗　位</td></tr>
<tr><td>工作负责人</td><td>专职监护人</td><td>作业人员</td></tr>
<tr><td></td><td></td><td></td><td></td></tr>
</table>

续表

(2)熟悉巡视电缆线路的运行资料。

(3)准备巡视工器具。

2. 决策

根据《电力电缆线路运行规程》(DL/T 1253—2013)核对各组任务工单,给出巡视方案,分析危险点,制订控制措施,确定巡视路线和内容。

3. 实施

各小组完成10 kV电缆线路巡视工作。

4. 检查及评价

考评项目		自我评估20%	组长评估20%	教师评估60%	小计100%
素质考评(20分)	劳动纪律(5分)				
	积极主动(5分)				
	协作精神(5分)				
	贡献大小(5分)				
巡视准备工作(10分)					
实际操作(60分)(按技能考核标准考核)					
总结分析(5分)					
工单考评(5分)					
总　分					

【思考与练习】

1. 电缆线路巡视的基本目的是什么?
2. 电缆线路故障巡视如何进行?
3. 阐述电缆线路巡视的种类、周期及巡视内容。
4. 对电缆线路巡视结果,应如何判定并给出相应状态评价?

任务3.2 配电电缆运行管理

工作负责人：

电缆巡视人员易某于2018年9月9日上午10:44:05，对10 kV长远Ⅱ回至#005杆交联聚乙烯绝缘电缆户外终端进行巡视，在巡视中使用PM695红外热像仪拍摄图像。现场环境温度为30 ℃，发现A，B两相电缆终端与架空线连接处温度在22 ℃左右，而C相电缆终端与架空线连接处温度在32 ℃，C相温度超过A，B两相10 ℃，说明有发热缺陷。请按照电缆线路运行缺陷管理流程执行整个过程，1人操作，1人监护。在运行过程中，要遵守电缆工作相关规程，保障人身安全。

【任务目标】

1. 掌握配电电缆运行管理资料的内容。
2. 掌握配电电缆线路台账的内容和录入电缆缺陷的分类、处理流程和状态评价的方法。
3. 能进行配电电缆缺陷分类、定级。

【相关规程】

1. DL/T 1253—2013 电力电缆线路运行规程。
2. Q/GDW 645—2011 配网设备状态评价导则。
3. Q/GDW 644—2011 配网设备状态检修导则。

【相关知识】

3.2.1 电缆运行资料管理

(1)电缆线路运行资料

需要维护的电缆线路运行管理基础资料包括设备台账、实物档案、生产管理资料及运行资料。

1）设备台账

主要需收集的电缆线路设备台账包括电缆设备台账、通道设备台账和备品备件清册等，见表3.6。

表3.6　电缆线路设备台账收集表

<table>
<tr><td rowspan="18">设备台账</td><td rowspan="8">电缆设备台账</td><td colspan="2">包括电缆的起止点、电缆型号规格、附件形式、生产厂家、长度、敷设方式、投运日期等信息</td></tr>
<tr><td rowspan="7">衍生台账</td><td>10 kV 电缆台账</td></tr>
<tr><td>35 kV 电缆台账</td></tr>
<tr><td>站内电缆台账</td></tr>
<tr><td>电缆附件台账</td></tr>
<tr><td>电缆终端杆地理位置台账</td></tr>
<tr><td>纯电缆线路台账</td></tr>
<tr><td>环网柜分支箱地理位置台账</td></tr>
<tr><td rowspan="8">通道设备台账</td><td colspan="2">包括电缆通道地理位置、长度、断面图等信息</td></tr>
<tr><td rowspan="7">衍生台账</td><td>电缆主通道台账</td></tr>
<tr><td>电缆分支通道台账</td></tr>
<tr><td>老旧户表小区通道台账</td></tr>
<tr><td>新建户表小区台账</td></tr>
<tr><td>电缆桁架台账</td></tr>
<tr><td>电缆顶管台账</td></tr>
<tr><td>电缆密集区台账</td></tr>
<tr><td colspan="3">备品备件清册</td></tr>
</table>

2）实物档案

①特殊型号电缆的截面图和实物样本

电缆截面和实物样本如图3.1（a）所示。截面图应注明详细的结构和尺寸，实物样本应标明线路名称、规格型号、生产厂家及出厂日期等。

②电缆及附件典型故障样本

电缆及附件典型故障样本如图3.1（b）所示。要注明线路名称、故障性质和故障日期等。

3）生产管理资料

在电缆运行管理中，需要维护相关生产管理资料，见表3.7。

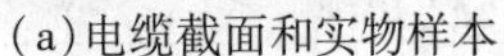

(a)电缆截面和实物样本

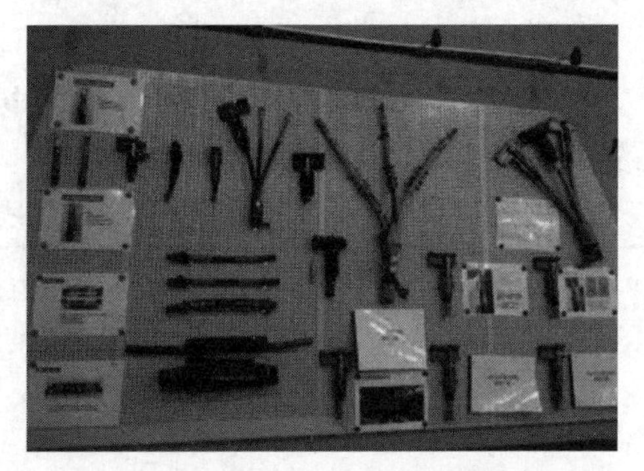

(b)电缆及附件典型故障样本

图 3.1 实物档案管理图

表 3.7 电缆生产管理资料表

<table>
<tr><td colspan="3">1. 年度技改、大修计划及完成情况统计表</td></tr>
<tr><td colspan="3">2. 状态检修、试验计划及完成情况统计表</td></tr>
<tr><td colspan="3">3. 反事故措施计划</td></tr>
<tr><td rowspan="4">4. 状态评价资料</td><td>投运前信息</td><td>主要包括设备台账、招标技术规范、出厂试验报告、交接试验报告、安装验收记录、新(扩)建工程有关图纸等纸质和电子版资料</td></tr>
<tr><td>运行信息</td><td>主要包括设备巡视、维护、单相接地、故障跳闸、缺陷记录,在线监测和带电监测数据,以及不良工况信息等</td></tr>
<tr><td>检修试验信息</td><td>主要包括例行试验报告、诊断性试验报告、专业化巡检记录、缺陷消除记录及检修报告等</td></tr>
<tr><td>家族缺陷信息</td><td>经公司或各省(区、市)公司认定的同厂家、同型号、同批次设备(含主要元器件)因设计、材质、工艺等共性因素导致缺陷的信息</td></tr>
<tr><td colspan="3">5. 运行维护设备分界点协议</td></tr>
<tr><td colspan="3">6. 故障统计报表、分析报告</td></tr>
<tr><td colspan="3">7. 年度运行工作总结</td></tr>
</table>

4)运行资料

①巡视检查记录。

②外力破坏防护记录。

③隐患排查治理及缺陷处理记录。

④温度测量(电缆本体、附件、连接点等)记录。

⑤相关带电检测记录。

⑥电缆通道可燃、有害气体监测记录。

(2)资料管理的一般要求

资料管理包括资料收集、整理、完善、录入、保管、备份、借用及销毁等工作。

电缆及通道资料应有专人管理,建立图纸、资料清册,做到目录齐全、分类清晰、一线一档、检索方便。

根据电缆及通道的变动情况,及时动态更新相关技术资料,确保与线路实际情况相符。

运维单位应积极应用各类信息化手段,确保配电电缆运维资料及试验报告的及时性、准确性、完整性、唯一性,减轻维护工作量,力求无纸化。

(3)国网设备(资产)运维精益管理系统(PMS)电缆信息录入

国网设备(资产)运维精益管理系统(PMS)是国家电网公司“十一五”信息发展规划的重点信息建设项目,是“SG186”工程八大业务应用中重要应用之一。通过生产管理系统的建设,实现省公司、地市公司生产管理部室、工区(县供电公司)班组生产业务网络化管理。

国网设备(资产)运维精益管理系统(PMS)中,电缆的资产性质、资产单位、设备名称、主站名称、所属地市、运维单位、维护班组、电压等级、敷设方式、长度、投运日期、是否代维、是否农网、地区特征、专业分类、型号、生产厂家、出厂日期、额定电压、线芯材料及设备编码为必填项。

一段新投入运行的10 kV 3芯铜芯交联聚乙烯直埋(穿管)电缆,型号为YJV22-3 * 300,长度为454.080 m。相关信息录入国网设备(资产)运维精益管理系统(PMS)系统,如图3.2所示。

基本信息　设备资料　设备履历

修改　保存　撤销　图形定位　复制　设备更换　设备合并　退役　打印　导出

资产参数

字段	值	字段	值
!资产性质	省(直辖市、自治区)公司	!资产单位	国网湖南省电力公司
资产编号	160100280642	实物ID	

运行参数

字段	值	字段	值
!设备名称	正农线#030+1-缇香美岸H06环网柜310	!主线名称	玉潭变336正农线
!所属地市	国网长沙供电公司	所属电缆	正农线#030+1-缇香美岸H06环网柜310
所属线路		!运维单位	国网宁乡市供电公司
!维护班组	配电运检班	!电压等级	交流10kV
起点位置	正农线#030+1	终点位置	缇香美岸H06环网柜310
!敷设方式	直埋(穿管)	!长度(m)	454.080
附加长度(m)		!投运日期	2016-12-23
设备状态	在运	图纸编号	
施工单位	长沙市腾飞线路安装工程有限公司	!是否代维	否
!是否农网	否	!地区特征	县城区
!专业分类	配电	设备主人	邓华
重要程度	一般	所属大馈线	玉潭变336正农线
所属大馈线支线	玉潭变336正龙线	供电区域	D
参考长度(m)	454.080		

物理参数

字段	值	字段	值
!型号	YJV22-3*300	!生产厂家	湖南湘潭电缆厂
!出厂日期	2016-07-23	!额定电压(kV)	10
绝缘类型	交联聚乙烯	芯数	三芯
截面积(mm2)	300.000	载流量(A)	423.00
!线芯材料	铜芯		

其它参数

字段	值	字段	值
电缆段ID	SBID0000005A2AFD94DF284C1ABF45AA1CB7813BE4		
!设备编码	16M00000100280667	登记时间	2016-12-23
发布状态	发布		
备注			

图3.2　某直埋电缆投运生产管理系统信息录入

3.2.2 电缆备品管理

电缆运维单位要制订备品管理制度,规范电缆备品的购置、储存和使用工作。

①要根据运行各电压等级电缆线路的情况,提前做好购置计划,准备所有类型、规格的电缆、附件和相关附属设备设施的事故备品,备品数量可结合运行情况确定,既能满足一次事故内替换损坏电缆和附件的需要,又不造成浪费。

②电缆及附件备品经现场验收合格,入库储存。储存场地要清洁、干燥、通风,交通方便,易于存取,电缆盘放置在坚实地面,不许平放,盘下应放置枕垫。电缆备品应按不同型号与规格分别放置,便于取用。

③电缆的入库、领用和补充按备品管理的要求进行。

3.2.3 电缆缺陷管理

电缆发现缺陷后,实施缺陷上报、定性、处理及验收等环节的闭环管理。

(1)电缆缺陷性质分类

1)电缆缺陷定义

运行中或备用的电缆线路(电缆本体、电缆附件、电缆附属设备及电缆构筑物)出现影响或威胁电力系统安全运行、危及人身和其他安全的异常情况,称为电缆线路缺陷。

缺陷管理的目的是掌握运行设备存在的问题,以便根据轻重缓急消除缺陷,保证电缆线路的安全运行。同时,对缺陷进行分析总结,找出规律,为编制大修和改造计划提高依据。

2)缺陷性质判断

根据缺陷性质,可分为一般、严重和紧急 3 种类型。其判断标准如下:

①一般缺陷

情况轻微,近期对电力系统安全运行影响不大的电缆设备缺陷,可判定为一般缺陷。

②严重缺陷

情况严重,虽可继续运行,但在短期内将影响电力系统正常运行的电缆设备缺陷,可判定为严重缺陷。

③紧急缺陷

情况危急,危及人身安全或造成电力系统设备故障甚至损毁电缆设备的缺陷,可判定为紧急缺陷。

(2)电缆缺陷管理范围

对已投入运行或备用的各电压等级的电缆线路及附属设备有威胁安全运行的异常现象,必须进行处理。电缆线路及附属设备缺陷设计范围包括电缆本体、电缆接头、接地设备,电缆线路附属设备以及电缆线路上构筑物。

1)电缆本体、电缆接头、接地设备

这部分具体包括电缆本体、电缆连接头和电缆终端、接地装置和接地线(包括终端支架)。

2)电缆线路附属设备

①电缆保护管、电缆分支箱、环网柜、隔离开关、避雷器等。

②电缆构筑物内电源和照明系统、排水系统、通风系统、防火系统及电缆支架等各种装置设备。

(3)建立完善管理制度

1)制订处理权限细则

对电缆线路异常运行的电缆设备缺陷的处理,必须制订各级运行管理人员的权限和职责。

运行电缆缺陷处理批准权限,各地可结合本地区管理体制,制订相适应的电缆缺陷管理细则。

2)规范电缆缺陷管理

在巡查电缆线路中,巡线人员发现电缆线路有紧急缺陷,应立即报告运行管理人员,管理人员接到报告后根据巡线人员对缺陷描述,应采取对策立即消除缺陷。

在巡查电缆线路中,巡线人员发现电缆线路有严重缺陷,应迅速报告运行管理人员,并做好记录,填写严重缺陷通知单,运行管理人员接到报告后,应采取措施及时消除缺陷。

在巡查电缆线路中,巡线人员发现电缆线路有一般缺陷,应记入缺陷记录簿内,据以编订月度、季度维护检修计划消除缺陷,或据以编制年度大修计划消除缺陷。

(4)制订电缆消缺流程

①建立电缆缺陷处理闭环管理系统,明确运行各个部门的职责。

②采用计算机消除缺陷流程信息管理,填写缺陷单,流转登录审核和检修消除缺陷。

③进行电缆巡查对发现的缺陷汇报消除实现闭环,缺陷单应归档留存等规范化管理。

④运行部门每月进行一次汇总和分析,作出处理安排。

(5)规范电缆缺陷闭环操作

规范电缆缺陷闭环操作,如图3.3所示。

(6)确定检修策略

将电缆线路缺陷进行分类后,再进行电缆线路的状态评价,确定检修策略,开展消缺工作。

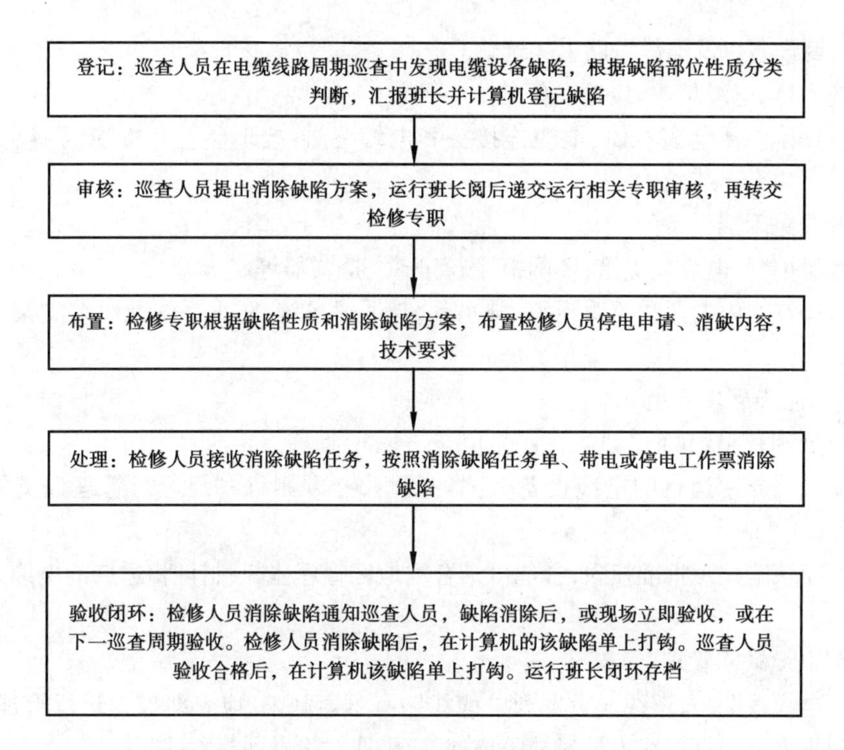

图 3.3　电缆缺陷闭环操作流程

3.2.4　电缆线路状态管理

微课　电缆线路缺陷情况登记卡

依据电缆线路巡视检查、状态检测和状态检修试验结果、缺陷消除记录及运行历史资料开展电缆线路状态评价。根据状态评价结果，针对电缆线路运行状况，实施状态管理工作。

(1)电缆线路状态评价

1)状态量分析

状态是指对设备当前各种技术性能进行综合评价的结果。设备状态分为正常状态、注意状态、异常状态及严重状态 4 种类型。正常状态是指设备运行数据稳定，所有状态量符合标准；注意状态是指设备的几个状态量不符合标准，但不影响设备运行；异常状态是指设备的几个状态量明显异常，已影响设备的性能指标或可能发展成严重状态，但仍能继续运行；严重状态是指设备状态量严重超过标准或严重异常，设备只能短周期运行或立即停役。

电缆线路的状态评价以每条电缆为单元，包括电缆本体、电缆终端、电缆中间接头、接地系统、电缆通道及辅助设施等部件。电缆线路各部件的状态量见表 3.8，电缆线路各部件得分权重见表 3.9，电缆线路状态量和最大扣分值的关系见表 3.10。

表 3.8　电缆线路各部件的状态量

部件	代号	状态量
电缆本体	P1	电气性能(线路负荷、绝缘电阻)、防火阻燃、设备环境(埋深)、外观(破损变形)
电缆终端	P2	电气性能(连接点温度)、防火阻燃、外观(污秽、破损)
电缆中间接头	P3	电气性能(温度)、运行环境、外观(破损)、防火阻燃
接地系统	P4	外观(接地引下线外观)、电气性能(接地电阻)
电缆通道	P5	防火阻燃、设备环境(电缆井环境、电缆管沟环境)、外观(电缆线路保护区运行环境)
辅助设施	P6	机械性能(牢固)、外观(标识齐全、锈蚀)

表 3.9　电缆线路各部件得分权重

部件	电缆本体	电缆终端	电缆中间接头	接地系统	电缆通道	辅助设施
代号	P1	P2	P3	P4	P5	P6
权重 K_P	K_1	K_2	K_3	K_4	K_5	K_6
权重得分值	0.2	0.2	0.2	0.1	0.15	0.15

表 3.10　电缆线路状态量和最大扣分值的关系

序号	状态量名称	代号	最大扣分值	序号	状态量名称	代号	最大扣分值
1	线路负荷	P1	40	10	接地引下线外观	P4	40
2	绝缘电阻	P1	40	11	接地电阻	P4	30
3	电缆变形	P1	40	12	电缆井	P5	40
4	埋深	P1	30	13	电缆管沟环境	P5	40
5	防火阻燃	P1/P2/P3/P5	40	14	电缆线路保护区运行环境	P5	40
6	污秽	P2	40	15	牢固	P6	30
7	破损	P2/P3	40	16	标识齐全	P6	30
8	温度	P2/P2	40	17	锈蚀	P6	30
9	运行环境	P3	40				

2)评价结果

①部件得分

a.某一部件的最后得分为

$$M_P = m_P K_F K_T \qquad (P = 1,\cdots,6)$$

b. 某一部件的基础得分为

$$m_P = 100 - 相应部件状态量中的最大扣分值 \qquad (P = 1, \cdots, 6)$$

对存在家族缺陷的部件，取家族缺陷系数 $K_F = 0.95$；对无家族缺陷的部件，取家族缺陷系数 $K_F = 1$。寿命系数为 $K_T = (100 - 运行年数 \times 0.5)/100$。

②某类部件得分

某类部件在正常状态，得分取算数平均值；有一个及以上部件得分在正常状态以下时，该类部件得分与最低的部件一致。进行量化打分，电缆线路部件评价分值与状态的关系见表3.11。

表 3.11　电缆线路部件评价分值与状态的关系

部件	代号	85～100	75～85(含)	60～75(含)	60(含)以下
电缆本体	P1	正常状态	注意状态	异常状态	严重状态
电缆终端	P2	正常状态	注意状态	异常状态	严重状态
电缆中间接头	P3	正常状态	注意状态	异常状态	严重状态
接地系统	P4	正常状态	注意状态	异常状态	严重状态
电缆通道	P5	正常状态	注意状态	异常状态	严重状态
辅助设施	P6	正常状态	注意状态	异常状态	严重状态

③整体评价

a. 所有类部件的得分都在正常状态，则电缆线路单元为正常状态，得分为 $\sum K_P M_P (P = 1, \cdots, 6)$。

b. 有一类及以上部件得分在正常状态以下，该电缆线路单元为最差类部件的状态，得分为 $\min K_P M_P (P = 1, \cdots, 6)$。

3）处理原则

对“正常状态”设备，可按规定周期的上限进行检修或适当延长检修周期；对“注意状态”设备，应加强跟踪，适时安排处理；对“异常状态”设备，应针对缺陷和故障情况及时安排处理；对“严重状态”设备，应立即停电处理。

(2) 电缆状态信息管理

配网系统完善配网线路及设备的信息，建立基于设备主人的配网状态检修信息管理模检修式。积极拓展设备状态检测技术，及时、有效地收集设备运行信息。建立“以日常运检信息为基础，配网 PMS 为核心，各种监测系统为辅助”比较完善的配网状态检修信息管理体系，如图 3.4 所示。按照“分级管理、动态考核”“统一数据规范、统一报告模板”的要求，落实责任，明确电缆线路设备信息收集的主要内容，规定投运前信息、运行信息、检修试验信息、家族缺陷信息四大类信息的收集形式、责任人员和时间，所有信息录入 PMS 生产信息管理系统。

(3) 电缆状态检修策略

电缆状态检修分为 A 类检修、B 类检修、C 类检修及 D 类检修。配电电缆线路的状态检修分类及检修项目见表3.12。

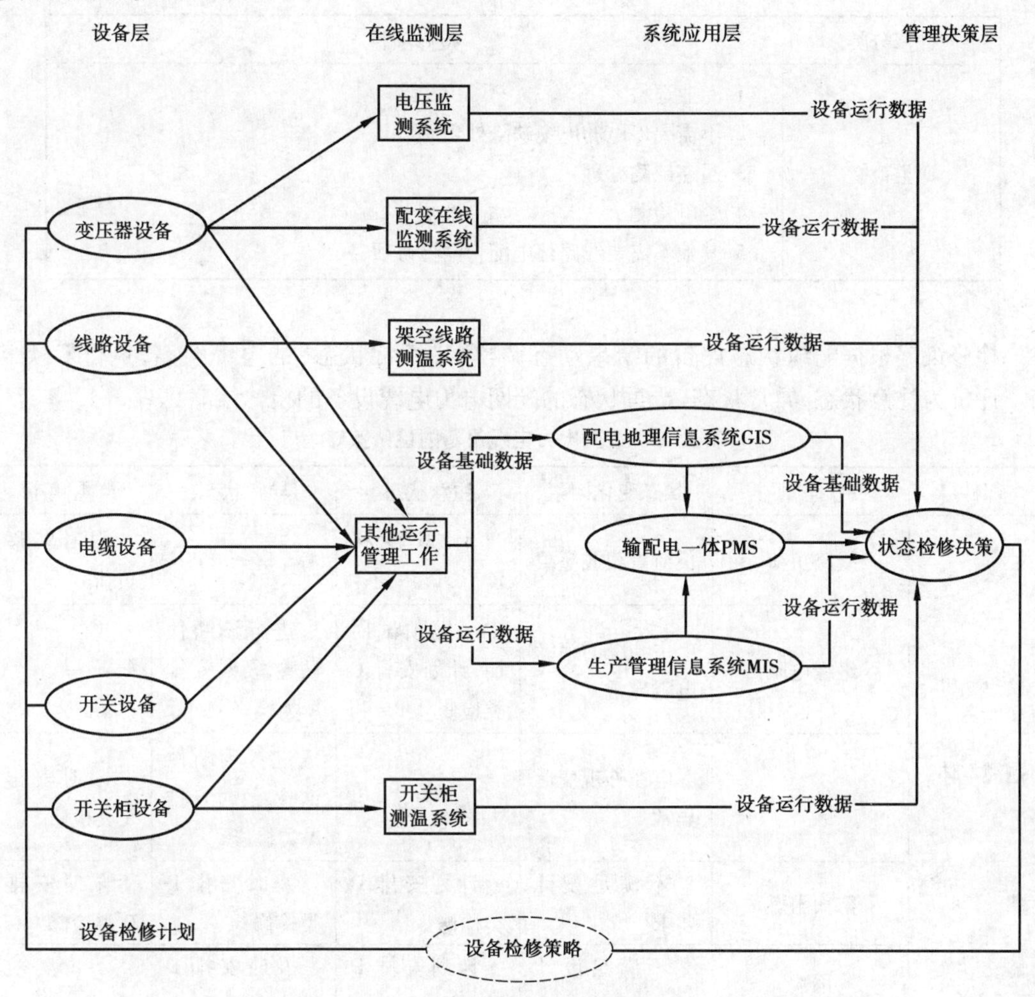

图3.4　配网状态检修信息管理体系图

表3.12　配电电缆线路的状态检修分类和检修项目

检修分类	检修项目
A类检修	1.电缆更换 2.电缆附件更换
B类检修	1.更换少量电缆或更换部分电缆附件 2.更换或修复电缆线路附属设备、附属设施 3.诊断性试验
C类检修	1.外观检查 2.周期性维护 3.例行试验 4.其他需要线路停电配合的检修项目

续表

检修分类	检修项目
D 类检修	1. 专业巡检 2. 不需要停电的电缆缺陷处理 3. 通道缺陷处理 4. 带电检测 5. 其他不需要线路停电配合的检修项目

检修策略根据电缆状态评价的结果动态调整。“正常状态”的电缆线路，执行 C 类检修。评价为注意状态、异常状态、严重状态的配网电力电缆设备的检修策略见表 3.13。

表 3.13　配网电力电缆设备的检修策略

部件	状态量	状态变化因素	注意状态	异常状态	严重状态
电缆本体	线路负荷	负荷重载或超载	计划转移负荷	—	限时转移负荷
	绝缘电阻	主绝缘的绝缘电阻异常	缩短预试周期，计划安排 C 类检修	进行诊断性试验，及时安排 A 类检修	—
	外观	电缆外观变形异常	—	进行诊断性试验，及时安排 A 类检修	限时安排 A 类检修
	防火阻燃	不满足设计要求	计划安排 D 类检修	及时安排 D 类检修	限时安排 D 类检修
	埋深	不满足设计要求	计划安排 D 类检修	及时安排 D 类检修	—
电缆终端	污秽	终端头严重积污	计划安排 C 类检修	及时安排 B 类或 C 类检修	限时安排 B 类检修或 C 类检修
	外观	终端头破损	计划安排 C 类检修	必要时安排 B 类检修	限时安排 B 类检修
	防火阻燃	不满足设计要求	计划安排 D 类或 C 类检修	—	限时安排 D 类或 C 类检修
	温度	接线端子温度异常	计划安排 E 类或 C 类、B 类检修	及时安排 E 类或 C 类、B 类检修	限时安排 E 类或 C 类、B 类检修

续表

部件	状态量	状态变化因素	注意状态	异常状态	严重状态
电缆中间接头	运行环境	水泡、杂物堆积	计划安排D类检修	及时安排D类检修	—
	温度	导电连接点温度、温差异常	计划安排B类检修	及时安排B类检修	限时安排B类检修
	防火阻燃	不满足设计要求	计划安排D类检修	—	限时安排D类检修
	破损	中间接头破损	缩短巡视周期,计划安排B类检修	及时安排B类检修	限时安排B类检修
接地系统	接地引下线外观	接地体连接不良,埋深不足	计划安排D类检修	及时安排D类检修	限时安排D类检修
	接地电阻	接地电阻异常	—	及时安排D类检修	—
电缆通道	电缆井环境	工作井积水、杂物;基础破损、下沉,盖板破损、缺失或不平整	计划安排D类检修	及时安排D类检修	限时安排D类检修
	电缆管沟环境	电缆沟、排管井积水,基础破损、下沉	计划安排D类检修	及时安排D类检修	限时安排D类检修
	防火阻燃	不满足设计要求	计划安排D类检修	及时安排D类检修	限时安排D类检修
	保护区运行环境	违章施工、违章建筑及堆积物	计划安排D类检修	及时安排D类检修	限时安排D类检修
	明敷电缆与管道之间距离	不满足设计要求	计划安排A或D类检修	及时安排A或D类检修	限时安排A或D类检修
	直埋电缆与电缆、管道、道路、构筑物等之间距离	不满足设计要求	计划安排A或D类检修	及时安排A或D类检修	限时安排A或D类检修

续表

部件	状态量	状态变化因素	注意状态	异常状态	严重状态
辅助设施	锈蚀	锈蚀	计划安排D类检修	及时安排D类检修	—
	牢固、齐全	各辅助设施松动、部件缺失	计划安排D类检修	及时安排D类检修	—
	标识齐全	设备标识和警示标识不全，模糊、错误	计划安排D类检修	1. 理解挂设临时标识牌 2. 及时安排D类检修	—

【任务实施】

工作任务	10 kV 电缆线路缺陷管理			学时	2	成绩	
姓名		学号		班级		日期	

1. 计划

小组成员分工如下：

组别	岗 位		
	工作负责人	专职监护人	作业人员

2. 决策

根据《电力电缆线路运行规程》核对各组任务工单，进行设备台账的录入，国网设备（资产）运维精益管理系统（PMS）系统信息录入表如下：

某电缆投运生产管理系统信息录入表

资产参数			
资产性质		资产单位	
资产编号		实物 ID	
运行参数			
设备名称		主线名称	
所属地市		所属电缆	
所属线路		运维单位	

续表

维护班组		电压等级	
起点位置		终点位置	
敷设方式		长度/m	
附加长度/m		投运日期	
设备状态		图纸标号	
施工单位		是否代维	
是否农网		地区特征	
专业分类		设备主人	
重要程度		所属大馈线	
所属大馈线支线		供电区域	
参考长度/m			
物理参数			
型号		生产厂家	
出厂日期		额定电压/kV	
绝缘类型		芯数	
截面积		载流量	
线芯材料			

3. 实施

各小组根据巡视结果完成10 kV电缆线路缺陷分析,给出状态评价结果,制订检修策略。

4. 检查及评价

考评项目		自我评估20%	组长评估20%	教师评估60%	小计100%
素质考评（20分）	劳动纪律(5分)				
	积极主动(5分)				
	协作精神(5分)				
	贡献大小(5分)				
设备台账录入(30分)					
缺陷管理(40分)					
总结分析(5分)					
工单考证(5分)					
总　分					

【思考与练习】

1. 电缆线路缺陷管理范围有哪些？
2. 电缆线路缺陷性质有哪些判断标准？
3. 电缆线路缺陷闭环管理包括哪些内容？
4. 状态评价中设备状态分为哪几种？
5. 如何对电缆线路进行状态管理？
6. 电缆线路的检修策略可分为哪几种？它们含义是什么？

任务 3.3　配电电缆防护

工作负责人：

10 kV 长远Ⅱ回已投入运行，现要根据线路的需要完成电缆防护工作，包括电缆防火措施、电缆通道安全防护措施等。在电缆防护过程中，要严格按照电缆防护工作的相关规定及要求执行，措施到位，经济合理，为电缆的安全运行提供保障。

【任务目标】

1. 掌握电缆安全防护的范围和要求。
2. 掌握电缆防火、防外力破坏的要求和措施。
3. 掌握电缆线路通道防护措施。
4. 能进行配电电缆通道的电缆防护措施的制订。

【相关规程】

1. GB 50168—2018　电气装置安装工程　电缆线路施工及验收标准。
2. GB 50217—2018　电力工程电缆设计标准。
3. Q/GDW 10742—2016　配电网施工检修工艺规范。
4. DL/T 1253—2013　电力电缆线路运行规程。
5. Q/GDW 1512—2014　电力电缆及通道运维规程。

6. 电力设施保护条例。

【相关知识】

微课　电缆通道防护

3.3.1　电缆安全防护的一般要求

电缆安全防护的一般要求如下：

①电缆及通道应按照《电力设施保护条例》及其实施细则有关规定，采取相应防护措施。

②电缆及通道应做好电缆及通道的防火、防水和防外力破坏。

③对电网安全稳定运行和可靠供电有特殊要求时，应制订安全防护方案，开展动态巡视和安全防护值守。

3.3.2　电缆保护区的规定

电缆保护区的规定如下：

①地下电力电缆保护区的宽度为地下电力电缆线路地面标桩两侧各 0.75 m 所形成两平行线内区域。

②电缆终端和 T 接平台保护区根据电压等级参照架空电力线路保护区执行，距建筑物的水平安全距离 1 kV 以下为 1.0 m，1 ~10 kV 为 1.5 m。

3.3.3　电缆通道防护

做好电缆线路的通道防护，减少电缆遭受外力影响，可靠运行。

(1) 电缆通道标识设置合理

电缆通道标示标牌作为电缆通道路径走向标志，具有标明电缆通道保护区、警示施工和防止外破的作用。常见的标示标牌有标志砖、标志牌和标志桩。运维人员需按照通道环境和路径走向，合理设置标示标牌。其具体设置要求见表 3.14。

表 3.14　电缆通道标识设置

序号	项目	适用场所	图　例
1	通道标志砖	电缆路径通道指示(警告)标志,用于电缆管线路径所在人行道、慢车道或快车道上	 
2	通道立式标志桩	电缆路径通道指示标志兼警告,用于闹市或风景区绿化带、灌木丛、顶管两侧电缆管线路径指示	 

续表

序号	项目	适用场所	图　例
3	路径通道指示标志兼警告牌	用于电缆通道处于绿化带、灌木丛、城乡接合部等地段	
4	电缆通道围栏及警示牌	电缆倒挂及裸露桥架处设置围栏,并设置"禁止攀登,高压危险!"警示牌	 

(2)电缆通道加固保护

电缆通道各设施要进行加固保护,见表3.15。

表 3.15　加固保护的电缆通道各设施

序号	项目	质量要求	图　例
1	电缆工作井加固保护	工作井盖板的缝隙在长期经受车辆碾压后,可能相互碰撞磨损严重,对工作井的加固保护主要采取工作井外扎钢筋后混凝土现浇方式,加厚井壁、加宽台口、更换承重型槽钢包边盖板	 
2	电缆通道加固保护	电力通道承载力发生变化,原电缆通道周边土质较松软(绿化、人行道变更为车行道后),变更为车行道后易造成电力排管不均匀沉降,从而导致排管断裂影响运行安全。通过在原包方两侧新建 250 mm 厚钢筋混凝土墙,包方顶部浇筑 250 mm 厚顶盖与混凝土墙整体浇捣,呈倒 U 形结构,保护原有电缆包方。必要时,在顶盖下方焊接钢板,防止镐头机伤及电缆包方	 

续表

序号	项目	质量要求	图　例
2	电缆通道加固保护		 

(3)电缆本体防护

电缆本体防护措施见表3.16。

表3.16　电缆本体防护措施

序号	项目	质量要求	图　例
1	电缆固定	垂直敷设或超过45°倾斜敷设时电缆刚性固定间距应不大于2 m,固定处应加软衬垫保护;水平敷设的电缆,在电缆首末两端及转弯、电缆接头的两端处应刚性固定,固定处应加软衬垫保护。电缆转弯处的转弯半径,应不小于电缆最小允许弯曲半径	

续表

序号	项目	质量要求	图　例
1	电缆固定		
2	电缆保护罩	电缆进入建筑物、隧道、穿过楼板及墙壁处应有一定机械强度的保护管或加装保护罩,从沟道引至铁塔(杆)、墙外表面或屋内行人容易接近处,距地面高度 2 m 以下的一段保护管埋入非混凝土地面的深度应不小于 100 mm,伸出建筑物散水坡的长度应不小于 250 mm。保护罩根部应不高出地面	 

续表

序号	项目	质量要求	图　例
3	直埋电缆保护	直埋电缆的埋设深度一般由地面至电缆外护套顶部的距离不小于0.7 m,穿越农田或在车行道下时不小于1 m。电缆周围不应有石块或其他硬质杂物以及酸、碱强腐蚀物等,沿电缆全线上下各铺设100 mm厚的细土或沙层,并在上面加盖保护板,保护板覆盖宽度应超过电缆两侧各50 mm	 
4	排管电缆保护	排管敷设时,管材内部应光滑无毛刺,管口应无毛刺和尖锐棱角,管材动摩擦系数应符合GB 50217—2018的规定,管口应进行封堵。排管在10%以上的斜坡中,应在标高较高一端的工作井内设置防止电缆因热伸缩而滑落的构件	

续表

序号	项目	质量要求	图 例
5	电缆桥梁设置	敷设在桥梁上的电缆应加垫弹性材料制成的衬垫(如沙枕、弹性橡胶等)。桥墩两端和伸缩缝处应设置伸缩节,以防电缆由桥梁结构胀缩而受到损伤。露天敷设时,应尽量避免太阳直接照射,必要时加装遮阳罩	

3.3.4 电缆防火阻燃

电缆线路防火是电缆非常重要的防护工作。在有着火隐患、电缆密集的通道内,应综合考虑工程重要性、火灾概率及特点、经济合理等因素,采取适当的防火阻燃措施。一般可采用的措施有防火分隔、阻燃和耐火电缆、自动报警和消防设施。

(1)电缆防火阻燃的要求

①防火重点部位的出入口,应按设计要求设置防火门或防火卷帘。应保持电缆通道、夹层整洁、畅通,消除各类火灾隐患,通道沿线及其内部不得积存易燃、易爆物。

②改、扩建工程施工中,对贯穿已运行的电缆孔洞、阻火墙,应及时恢复封堵。

③电缆接头应加装防火槽盒或采取其他防火隔离措施。

④电缆通道临近易燃或腐蚀性介质的存储容器、输送管道时,应加强监视,及时发现渗漏情况,防止电缆损害或导致火灾。

⑤电缆通道接近加油站类构筑物时,通道(含工作井)与加油站地下直埋式油罐的安全距离应满足《汽车加油加气站设计与施工规范》(GB 50156—2014)的要求,且加油站建筑红线内不应设工作井。

⑥在电缆通道、夹层内使用的临时电源应满足绝缘、防火、防潮要求。工作人员撤离时,应立即断开电源。

⑦在电缆通道、夹层内动火作业应办理动火工作票,并采取可靠的防火措施。

⑧电缆夹层宜安装温度、烟气监视报警器,重要的电缆隧道应安装温度在线监测装置,并应定期传动、检测,确保动作可靠、信号准确。

⑨严格按照运行规程规定对电缆夹层、通道进行巡检,并检测电缆和接头运行温度。

(2)电缆通道的防火阻燃防护

电缆通道的防火措施及适用场所见表3.17。

表3.17　电缆通道的防火措施及适用场所

序号	防火措施	适用场所	图　例
1	阻燃、耐火电缆	1.电缆明敷在火灾概率高、人员密集、易燃易爆、重要供电回路时采用阻燃电缆 2.在着火后需维持一定时间电缆运行的有耐火需要的重要回路，可采用耐火电缆	 阻燃电缆
2	防火涂料和包带	非阻燃电缆共沟敷设，可设置阻火段，如在接头两侧电缆各2～3 m段和该范围内邻近并行敷设的其他电缆上喷刷防火涂料，绕包防火包带	 防火包带  防火涂料
3	防火隔板	不同电压等级电缆之间加装防火隔板	

续表

序号	防火措施	适用场所	图　例
4	防火封堵	电缆穿电气柜孔洞处、电缆穿墙处上下方需实施防火封堵	  防火封堵
5	防火隔断墙	同通道多回路电缆井内、电缆接头工作井修砌防火隔断墙	  阻火墙

续表

序号	防火措施	适用场所	图　例
6	耐火槽盒	同一通道内数量较多的明敷电缆可敷设在半封闭式耐火槽盒内	耐火槽盒
7	电缆防爆盒	在有需要的电缆中间接头可加装防火防爆槽盒	电缆防爆盒
8	电缆消防设施	电缆密集场所或封闭通道中，配备火灾自动探测报警装置，加装自动灭火器	自动灭火装置

3.3.5　外力破坏防护要求

外力破坏防护要求如下：

①在电缆及通道保护区范围内的违章施工、搭建、开挖等违反《电力设施保护条例》和其他可能威胁电网安全运行的行为，应及时进行劝阻和制止，必要时向有关单位和个人送达隐患通知书。对造成事故或设施损坏者，应视情节与后果移交相关执法部门依法处理。

②允许在电缆及通道保护范围内施工的，运维单位必应严格审查施工方案，制订安全防

护措施,并与施工单位签订保护协议书,明确双方职责。施工期间,安排运维人员到现场进行监护,确保施工单位不得擅自更改施工范围。

③对临近电缆及通道的施工,运维人员应对施工方进行交底,包括路径走向、埋设深度和保护设施等,并按不同电压等级要求,提出相应的保护措施。

④对临近电缆通道的易燃、易爆等设施,应采取有效隔离措施,防止易燃、易爆物渗入。

⑤临近电缆通道的基坑开挖工程,要求建设单位做好电力设施专项保护方案,防止土方松动、坍塌引起沟体损伤,且原则上不应涉及电缆保护区。若为开挖深度超过 5 m 的深基坑工程,应在基坑围护方案中根据电力部门提出的相关要求增加相应的电缆专项保护方案,并组织专家论证会讨论通过。

⑥市政管线、道路施工涉及非开挖电力管线时,要求建设单位邀请具备资质的探测单位做好管线探测工作,且召开专题会议讨论确定实施方案。

⑦因施工应挖掘而暴露的电缆,应由运维人员在场监护,并且告知施工人员有关施工注意事项和保护措施。对被挖掘而露出的电缆应加装保护罩,需要悬吊时,悬吊间距应不大于 1.5 m。工程结束覆土前,运维人员应检查电缆及相关设施是否完好,安放位置是否正确,待恢复原状后,方可离开现场。

⑧禁止在电缆沟和隧道内同时埋设其他管道。管道交叉通过时,最小净距应满足表 2.13要求,有关单位应协商采取安全措施达成协议后方可施工。

⑨电缆路径上应设立明显的警示标志,对可能发生外力破坏的区段应加强监视,并采取可靠的防护措施。对处于施工区域的电缆线路,应设置警告标志牌,标明保护范围。

⑩应监视电缆通道结构、周围土层和邻近建筑物等的稳定性,发现异常应及时采取防护措施。

⑪敷设于公用通道中的电缆应制订专项管理措施。

⑫当电缆线路发生外力破坏时,应保护现场,留取原始资料,及时向有关管理部门汇报。运维单位应定期对外力破坏防护工作进行总结分析,制订相应防范措施。

⑬电缆与热管道(沟)及热力设备平行、交叉时,应采取隔热措施。电缆与电缆或管道、道路、构筑物等相互间允许最小净距应按照表 2.13 执行。

3.3.6 其他防护规定

其他防护规定如下:

①重点变电站的出线管口、重点线路的易积水段定期组织排水或加装水位监控和自动排水装置。

②工作井正下方的电缆,应采取防止坠落物体损伤电缆的保护措施。

③电缆隧道放线口在非放线施工的状态下,应作好封堵,或设置防止雨、雪、地表水和小动物进入室内的设施。

④电缆隧道人员出入口的地面标高应高出室外地面，应按百年一遇的标准满足防洪、防涝要求。

⑤电缆隧道的布置应与城市现状及规划的地下铁道、地下通道、人防工程等地下隐蔽性工程协调配合。

⑥对盗窃易发地区的电缆及附属设施应采取防盗措施，加强巡视。

⑦对通道内退运报废电缆应及时清理。

⑧在特殊环境下，应采取防白蚁、鼠啮和微生物侵蚀的措施。

【任务实施】

<table>
<tr><td>工作任务</td><td colspan="3">配电电缆防护</td><td>学时</td><td>2</td><td>成绩</td><td></td></tr>
<tr><td>姓名</td><td></td><td>学号</td><td></td><td>班级</td><td></td><td>日期</td><td></td></tr>
<tr><td colspan="8">1. 给定资料
了解 10 kV 长远Ⅰ线的验收资料和运维资料。
2. 决策
电缆电路防护需求分析。

3. 实施
（1）根据运行要求，进行电缆线路的防火措施的制订。

（2）根据运行要求，进行电缆通道安全防护措施的制订。

</td></tr>
</table>

续表

4. 检查及评价

考评项目		自我评估 20%	组长评估 20%	教师评估 60%	小计 100%
素质考评（20 分）	劳动纪律(5 分)				
	积极主动(5 分)				
	协作精神(5 分)				
	贡献大小(5 分)				
电缆防火措施制订(30 分)					
电缆通道安全防护措施制订(40 分)					
总结分析(10 分)					
总　分					

【思考与练习】

1. 电缆安全防护的一般要求有哪些?
2. 电缆通道标识有哪几种？它们分别设置在哪些地方?
3. 电缆本体防护的要求有哪些?
4. 电缆防火措施有哪些?

任务 3.4　配电电缆故障抢修

工作负责人：

10 kV 长远Ⅱ回长 316 线路电缆故障点已确定在 10 kV 栗雨南路#25 电缆井内。现要进行电缆故障的抢修恢复工作。本次工作需要在 10 kV 栗雨南路#25 电缆井内制作电缆热缩中间接头一个,电缆热缩中间接头制作完成后对修复后的故障电缆进行耐压试验。本次工作由 3 人配合完成,同时设定专职监护人 1 人。在抢修过程中,要遵守电缆工作相关规程,在确保人身安全的前提下,达到工艺标准,保证质量。

【任务目标】

1. 理解电缆故障抢修流程。

2. 掌握电缆故障抢修单的填写要求。

3. 能正确操作,完成电缆故障抢修。

【相关规程】

1. GB 50168—2018　电气装置安装工程　电缆线路施工及验收规范。

2. GB 50217—2018　电力工程电缆设计规范。

3. Q/GDW 10742—2016　配电网施工检修工艺规范。

4. Q/GDW 512—2010　电力电缆线路运行规程。

5. 国家电网公司电力安全工作规程(配电部分)(试行)。

微课　配电电缆故障抢修

【相关知识】

运行电缆线路发生故障后,会造成停电区域内用户供电中断,给用户造成生活不便,必须马上组织电缆抢修工作,严格遵守安全生产规范,尽快恢复故障停电区域的电力供应。

3.4.1　故障抢修单

(1)故障应急抢修单样票

开展故障抢修工作前,应开展故障现场查勘工作,严格履行许可手续,按要求填写故障抢修单,并开展抢修工作。其中,故障抢修单样票如下:

配电故障应急抢修单

单位:__________　　　　编号:__________

1. 抢修工作负责人(监护人):__________　　　　班组:________

2. 抢修班人员(不包括抢修工作负责人):______________________________

____共__人。

3. 抢修工作任务:

工作地点或设备(注明变(配)电站、线路名称、设备双重名称及起止杆号)	工作内容

4. 安全措施:

内　容	安全措施
由调控中心完成的线路间隔名称、状态(检修、热备用、冷备用)	
现场应断开的断路器(开关)、隔离开关(刀闸)、熔断器	
应装设的遮拦(围栏)及悬挂的标示牌	
应装设的接地线的位置	
保留带电部位及其他安全注意事项	

5. 上述1至4项由抢修工作负责人______根据抢修任务布置人______的指令,并根据现场勘察情况填写。

6. 许可抢修时间:______年____月____日____时____分　　工作许可人:________

7. 抢修结束汇报:本抢修工作于______年____月____日____时____分结束。抢修班人员已全部撤离,材料、工具已清理完毕,故障紧急抢修单已终结。

现场设备状况及保留安全措施:______________________________________

工作许可人:______________

抢修工作负责人:__________　　填写时间:______年____月____日____时____分

8. 备注:

(2)配电故障紧急抢修单填写说明

①抢修任务布置人应具备工作票签发人资格,是安排本次工作的最高负责人,应对现场人员、设备的安全工作负责。

②事故应急抢修单由抢修工作负责人根据抢修任务布置填写。

③抢修任务(抢修任务和抢修内容)栏中,填写抢修作业地点、设备双重名称和抢修内容。

④"抢修地点保留带电部分或注意事项"栏内应根据现场情况逐项填写。没有则填"无"。

⑤抢修结束汇报时间填写。抢修工作结束时间填写工作负责人汇报工作实际结束时间。

填写时间应为抢修班人员撤离,材料工具清理完毕后,抢修负责人和许可人(调度/运行人员)签字时间。

3.4.2　电缆故障抢修流程

2019年10月25日上午09:25,10 kV长远Ⅱ回长316发生故障跳闸,10:34通过故障查线确定为10 kV长远Ⅱ回长316武广桥分支箱320间隔至长316#005杆线路之间的电缆发生故障,并故障点在10 k栗雨南路#25电缆井内,线路图如图3.5所示。现开展10 kV长远Ⅱ回长316电缆故障紧急抢修工作。

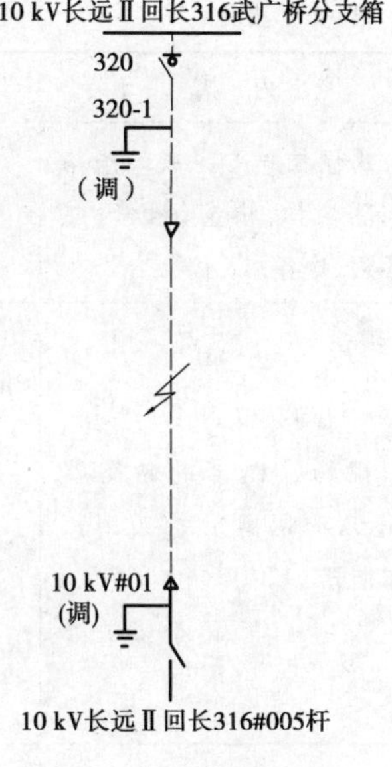

图3.5　故障线路图

(1)开展电缆故障抢修前的准备工作

①进行故障现场查勘工作,明确抢修工作内容,需要的停电范围及保留的带电部位,查勘作业现场的条件、环境及其他危险点,并制订相应的安全防范措施。

②根据现场查勘情况准备抢修材料、安全工器具及试验仪器仪表。准备电缆热缩中间接头材料一套,电缆头制作工器具一套,10 kV绝缘手套一双,10 kV验电器一支,高压工频发生器一个,安全围栏一套,绝缘电阻测试仪,超低频耐压测试仪。

(2)办理故障抢修许可手续

①抢修负责人向调控人员申请抢修工作,申请抢修工作时需要向调控人员明确抢修工作内容及需要的停电范围。如本次电缆抢修工作需要的停电范围为:"10 kV长远Ⅱ回长316武广桥分支箱320间隔与10 kV长远Ⅱ回长316#005杆线路转检修。"工作内容为:"10 kV长远Ⅱ回长316武广桥分支箱320间隔与10 kV长远Ⅱ回长316#005杆线路电缆故障抢修工作。"

②调控人员联系运维人员将10 kV长远Ⅱ回长316武广桥分支箱320间隔与10 kV长远Ⅱ回长316#005杆线路转检修后,许可抢修负责人电缆故障修复工作可以开工。

(3)填写配电故障应急抢修单

得到调控人员工作许可后,抢修负责人根据现场查勘结果与停电线路图纸资料,填写故障紧急抢修单第1—6项。具体内容如下:

配电故障应急抢修单

单位:国网××公司　　　　编号:××班(所)1911×××

1.抢修工作负责人(监护人):杨××　　　　班组:×××班(所)

2.抢修班人员(不包括抢修工作负责人):唐××、张××、李××、王××　共4人。

3.抢修工作任务:

工作地点或设备(注明变(配)电站、线路名称、设备双重名称及起止杆号)	工作内容
10 kV长远Ⅱ回长316武广桥分支箱320至长316#005杆线路电缆	10 kV长远Ⅱ回长316武广桥分支箱320至长316#005杆线路电缆故障处理工。

4. 安全措施：

内　容	安全措施
由调控中心完成的线路间隔名称、状态(检修、热备用、冷备用)	10 kV 长远Ⅱ回长316武广桥分支箱320至长316#005杆线路转检修
现场应断开的断路器(开关)、隔离开关(刀闸)、熔断器	1. 与调度联系，申请拉开10 kV 长远Ⅱ回长316武广桥分支箱320负荷开关 2. 检查确认10 kV 长远Ⅱ回长316武广桥分支箱320负荷开关在断开位置 3. 检查确认10 kV 长远Ⅱ回长316武广桥分支箱320间隔带电指示器已无电 4. 与调度联系，申请拉开10 kV 长远Ⅱ回长316#005杆隔离开关 5. 检查确认10 kV 长远Ⅱ回长316#005杆隔离开关在断开位置 6. 检查确认10 kV 长远Ⅱ回长316#005杆隔离开关靠电缆侧已无电
应装设的遮拦(围栏)及悬挂的标示牌	1. 在10 kV 长远Ⅱ回长316武广桥分支箱320负荷开关操作孔处悬挂“禁止合闸，线路有人工作”标示牌，并上锁 2. 在10 kV 长远Ⅱ回长316#005杆处悬挂“禁止合闸，线路有人工作”标示牌 3. 在栗雨南路#25电缆井四周设置围栏，对外悬挂“止步！高压危险”标示牌 4. 在两侧交通道路设置“电力施工，车辆慢行”标示牌
应装设的接地线的位置	1. 合上10 kV 长远Ⅱ回长316武广桥分支箱320-1接地刀闸 2. 在10 kV 长远Ⅱ回长316#005杆隔离开关靠电缆侧处装设10 kV#01高压接地线一组
保留带电部位及其他安全注意事项	1. 与10 kV 长远Ⅱ回长316武广桥分支箱320至长远Ⅱ回长316#005杆线路共沟的电缆带电 2. 其他风险辨识见《配电检修作业风险辨识及预控卡》

5. 上述1至4项由抢修工作负责人＿杨××＿根据抢修任务布置人＿周××＿的指令，并根据现场勘察情况填写。

6. 许可抢修时间：2019年10月25日11时00分　　　工作许可人：李××

7. 抢修结束汇报：本抢修工作于2019年10月25日××时××分结束。抢修班人员已全部撤离，材料、工具已清理完毕，故障紧急抢修单已终结。

现场设备状况及保留安全措施：＿现场设备试验试验合格，状况良好，保留的安全措施均已拆除，具备复电条件。＿

工作许可人：＿李××＿

抢修工作负责人：＿杨××＿　填写时间：2019年10月25日××时××分

8. 备注：

(4)执行站队三交并录音

①抢修工作负责人向工作班成员执行站队三交手续,即向工作班成员交代作业任务(工作内容及人员分工)、交代现场安全措施及带电部位、交代风险辨识及控制措施。站队三交完成后需要与工作班成员进行现场互动,确保工作班成员已经清楚三交内容,并在风险辨识及预控卡上签字确认。站队三交录音需要保留。

②填写风险配电抢修作业风险辨识及预控卡

配电抢修作业风险辨识及预控卡见表3.18。

表3.18　配电抢修作业风险辨识及预控卡

2019年10月25日

辨识项目	风险辨识	控制措施	执行人
抢修作业	误触电	1. 核对线路名称、杆号及工作位置。核对安措布置位置 2. 应使用相应电压等级的合格的接触式验电器逐相验电,验电时戴好绝缘手套	×××
	火灾、机械伤害、灼伤	1. 工作人员使用刀具时,应掌握力度,并注意开剖方向,防止刀具打滑伤手;电缆损坏 2. 作业现场加强对易燃、易爆物品的管理,完善灭火装置 3. 火焰不能对人,防止人员灼伤	×××
	试验不当引起设备损坏	1. 测量非被试相,屏蔽层及铠装层应可靠接地 2. 更换试验接线或高压试验完毕必须对被试品充分放电 3. 试验设备及被试设备的外壳必须可靠接地 4. 被试品两端不在同一地点,另一端应派人看守 5. 试验设备接线正确,防止试验仪器损坏	×××
	有限空间作业	1. 对电缆井通风后,进行有害气体检测,检测合格后作业 2. 对密闭的电缆井,进行持续通风,并派专人看守	×××
	物体打击	1. 电缆井内外传递材料、工器具不能抛传 2. 电缆井口不能放置材料、工器具,防止跌落井内伤人	×××
	高空坠落	1. 上下电缆井时,检查爬梯设置牢固,无脱焊、松动、严重锈蚀现象 2. 必要时系安全带	×××

(5)设置安全措施

抢修工作负责人根据工作班成员分工设置抢修票中所列的安全措施,在栗雨南#25电缆井四周设置围栏,对外悬挂“止步！高压危险”标示牌。在两侧交通道路设置“电力施工,车辆慢行”标示牌。

(6)开始抢修工作

抢修票中所列的安全措施设置完成,电缆井内有害气体检测合格后,抢修工作负责人根据电缆中间接头制作工艺标准开始进行电缆抢修工作。

(7)电缆绝缘及耐压试验

电缆中间接头制作完成后，工作班成员撤离作业现场，清理材料、工具，对修复后的电缆进行绝缘及耐压试验。试验合格后，拆除工作班设置的安全措施。

(8)办理抢修终结手续

抢修工作完成后，抢修负责人向调控人员申请抢修竣工手续，向调控人员说明抢修具体工作内容，抢修线路、设备状况，并填写配电故障应急抢修单第7项、第8项。

【任务实施】

工作任务	配电电缆故障抢修			学时	4	成绩	
姓名		学号		班级		日期	

1. 计划

小组成员分工：

组别	岗位		
	工作负责人	专职监护人	作业人员

2. 决策

明确风险辨识及预控卡、配电故障应急抢修单内容，确定抢修方案。

3. 实施

各小组按照抢修流程开展故障抢修工作。

4. 检查及评价

考评项目		自我评估 20%	组长评估 20%	教师评估 60%	小计 100%
素质考评(20分)	劳动纪律(5分)				
	积极主动(5分)				
	协作精神(5分)				
	贡献大小(5分)				
	风险辨识及预控(10分)				
故障应急抢修单(30分)					
实际操作(30分)(按技能考核标准考核)					
总结分析(5分)					
工单考评(5分)					
总　分					

【思考与练习】

1. 开展配网事故紧急抢修前的站队三交是哪三交?
2. 抢修负责人向调控人员申请故障抢修时,需要向调控人员明确哪些内容?

项目 4　配电电缆试验和故障测寻

【项目描述】

本项目主要培养学生进行电缆试验的能力。学生了解配电电缆常见试验的项目，熟悉电缆试验检测的仪器使用，掌握电缆绝缘电阻测量、电缆交流耐压试验，掌握电缆局部放电检测的原理、方法和要求，掌握电缆故障测寻的步骤、方法；学生能严格遵守电缆试验相关职业标准、技术规范和试验要求，能完成电缆故障测寻、电缆绝缘电阻测量、交流耐压试验、局部放电检测的操作，能对试验结果进行准确的分析判断。

【项目目标】

1. 能完成电缆绝缘电阻测量并分析数据。

2. 能完成电缆交流耐压试验并分析数据。

3. 能完成电缆局部放电检测并分析数据。

4. 能进行故障测寻试验并完成试验分析。

5. 能在学习中学会自我学习，围绕主题讨论并准确表达观点，培养分析和解决问题的能力，具有安全意识、责任意识和质量意识，精益求精，严格遵守规程标准完成任务。

【教学环境】

电缆实训场、电缆试验设备、电缆故障测寻和试验教学视频、电缆线路相关图纸、多媒体课件。

任务4.1　配电电缆绝缘电阻测量

工作负责人：

2019年某日，据调度反映10 kV长远Ⅱ回电缆支线线路有单相接地故障，经查为长远Ⅱ回长#03环网柜302间隔至长远Ⅱ回长#02环网柜320间隔之间的电缆B相接地。此项工作需两人配合完成，设定试验人员两名试验人员配合完成，同时设定专职监护人1人，在长远Ⅱ回长#03环网柜302间隔处进行此间电缆各相绝缘电阻测量，并初测电缆故障性质。在试验过程中，要遵守电力安全工作规程和配电网试验工作相关规程，达到测量要求，保证安全。

【任务目标】

1. 掌握电缆绝缘电阻测量的原理、方法、步骤和要求。
2. 能按要求完成电缆绝缘电阻的操作，并准确分析试验结果。

【相关规程】

1. GB 50150—2016　电气装置安装工程　电气设备交接试验标准。
2. DL/T 596—1996　电力设备预防性试验规程。

【相关知识】

4.1.1　测量电缆绝缘电阻的意义

电缆的绝缘电阻是指电缆芯线对护套或电缆某芯线对其他芯线及护套间的绝缘电阻。由欧姆定律可知，在直流电压下，绝缘电阻和泄漏电流成反比。因此，运行中的电缆如果绝缘电阻下降，则泄漏电流增大，导致绝缘材料发热、击穿和烧毁，从而引发停电事故。测量绝缘电阻的目的是检查电缆线路的绝缘性能是否良好，绝缘材料是否受潮或老化。因此，检测电缆的绝缘电阻很有必要,通过绝缘电阻试验,能发现电缆整体受潮或贯通性的缺陷。

4.1.2 测量电缆绝缘电阻的方法

绝缘电阻是指在绝缘体的临界电压以下,施加负极性的直流电压 U 时,测量其所含的离子沿电场方向移动形成的电导电流 I_g,应用欧姆定律所确定的比值。用兆欧表测量出的绝缘电阻值根据电流随时间的变化而变化。因此,可以知道任一时刻的绝缘电阻值。一般将 60 s 时刻的兆欧表测得的值,称为绝缘电阻值,即

$$R = \frac{U}{I_g} \tag{4.1}$$

式中 R——绝缘电阻;

I_g——电导电流;

U——直流电压(10 kV 电缆一般采用输出电压为 2 500 V/5 000 V、量程为 2 500 MΩ/5 000 MΩ 的兆欧表/绝缘电阻测试仪来测量)。

吸收比 K 是指 60 s 绝缘电阻值比上 15 s 绝缘电阻值,即

$$K = \frac{R_{60s}}{R_{15s}} \tag{4.2}$$

当 K 下降时,表示绝缘存在受潮现象。

4.1.3 电缆绝缘电阻测量仪表选择

工程中进行电缆绝缘电阻测试所采用的设备为绝缘电阻测试仪或兆欧表,如图 4.1、图 4.2 所示。

不同电压等级的电缆绝缘电阻测量要选择合适电压等级、量程的绝缘电阻测试仪,见表 4.1。

表 4.1 不同电压等级对应的绝缘电阻测试仪选用表

电缆类别	绝缘电阻测试仪
0.6/1 kV	1 000 V
0.6/1 kV 以上	2 500 V
6/6 kV 及以上	2 500 ~ 5 000 V

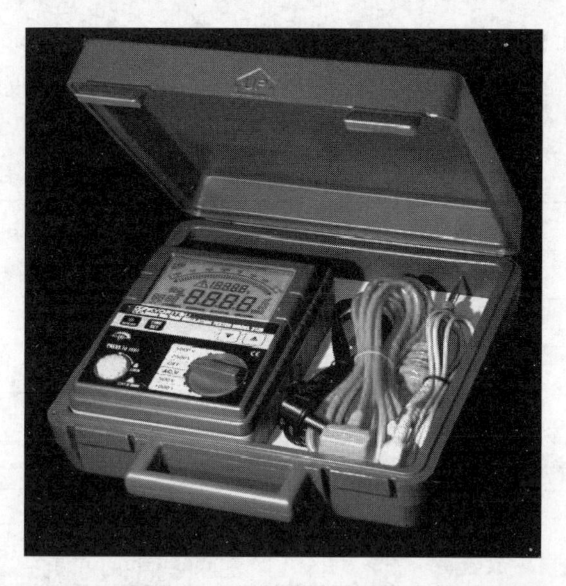

图4.1　绝缘电阻测试仪

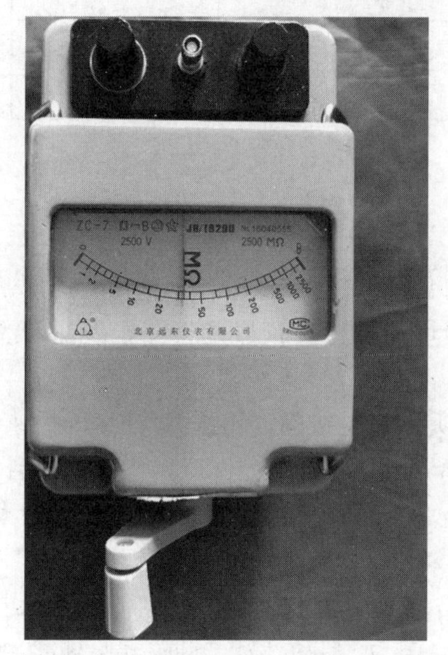

(a)输出电压为2 500 V、量程为2 500 MΩ

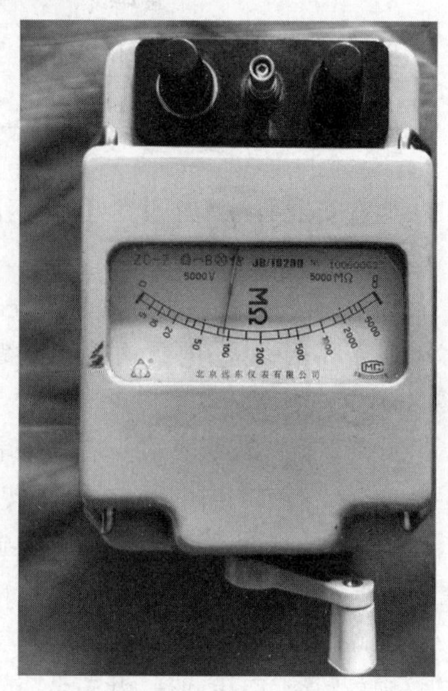

(b)输出电压为5 000 V、量程为5 000 MΩ

图4.2　兆欧表

4.1.4　电缆绝缘电阻测量

下面说明电缆主绝缘的绝缘电阻测量流程。

(1)试验仪器和工器具准备

试验准备的仪器和工器具见表4.2。所有的安全工器具和仪器仪表均有产品合格证,并在有效试验合格期内。

表4.2 10 kV电缆绝缘电阻测量所需仪器仪表及安全工器具

序号	配套材料名称	数量	备 注
1	绝缘手套	1副	试验电压12 kV
2	纱手套	1副	
3	安全帽	2个	
4	温湿度计	1台	
5	绝缘电阻测试仪/兆欧表	1台	2 500 V
6	高压验电器	1台	电压等级10 kV
7	放电棒	1根	电压等级10 kV
8	接地线	1根	
9	试验接线	1根	
10	短接线	1根	

①检查安全工器具是否完好,能正常使用。

②检查兆欧表。

使用前,应检查兆欧表外观是否完好,并进行开路试验、短路试验。开路试验可用于检查仪器是否存在受潮、内部短路等问题;短路试验可用于检查仪器是否存在内部断线等故障。

a.开路试验。兆欧表的L端和E端开路,手摇兆欧表是按额定转速120 r/min摇速,表针应指向"∞",绝缘电阻测试仪则是转动"电压选择"开关至"试验电压"挡位,转动"启动/停止"开关开始测量,绝缘电阻测试仪显示电压值应为"试验电压"值、绝缘电阻值为最大量程值。

b.短路试验。手摇兆欧表是将L端和E端短路,轻摇手柄,指针应指向"0"。绝缘电阻测试仪则是转动"电压选择"开关至"试验电压"挡位,转动"启动/停止"开关开始测量,绝缘电阻测试仪显示应为电压值为零、绝缘电阻值为"$<10\ k\Omega$"。

开路试验、短路试验均合格后方可使用。

③记录测试现场的环境温度和湿度。

④测量前,要断开被试品的电源及被试品与其他设备的一切连线,并对电缆的三相接线端子进行充分放电。

⑤用清洁布将被试电缆终端表面进行擦拭。

(2)测量接线

对电缆的主绝缘测量绝缘电阻时,应分别在每一相进行。对一相进行试验或测量时,其他两相导体、金属屏蔽和铠装层一起接地。

兆欧表共有3个接线端子,即线路端子L、接地端子E和屏蔽端子G。在测试电缆主绝缘电阻值的过程中,L接三相电缆中的被测试相,E接除被测试相外的另两相以及被试电缆的铜屏蔽和地,如图4.3所示。

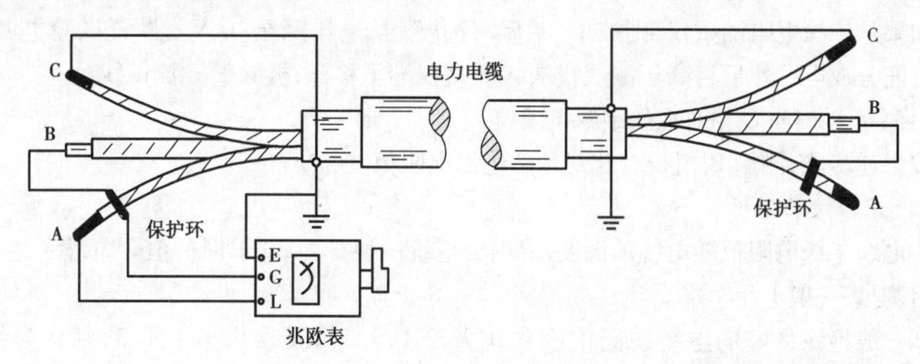

图4.3　电缆绝缘电阻测量试验接线图

(3)测量电缆主绝缘的绝缘电阻

1)测量

以A相测量为例,如果是手用兆欧表测,按图4.16将E端接地,两端电缆B,C相铜屏蔽和铠装层接地,先摇动兆欧表摇柄达120 r/min,再戴绝缘手套将"L"端的测量线迅速搭接电缆A相接线端子,然后才开始计时测量。

如果是绝缘电阻测试仪,则按图4.4将E端接地,两端电缆B,C相铜屏蔽和铠装层接地,戴绝缘手套将"L"端的测量线搭接电缆A相接线端子,直接打开电源开关键,按下电压选择键,选择试验所需挡位"2 500 V",按下"启动/停止"键开始测量。

图4.4　绝缘电阻测试仪测量绝缘电阻

2)读数

测试时间结束,读取15 s和60 s时的绝缘电阻值R_{15s}和R_{60s},60 s的值为A相的主绝缘的绝缘电阻值(见图4.5)。用式(4.2)可计算吸收比。

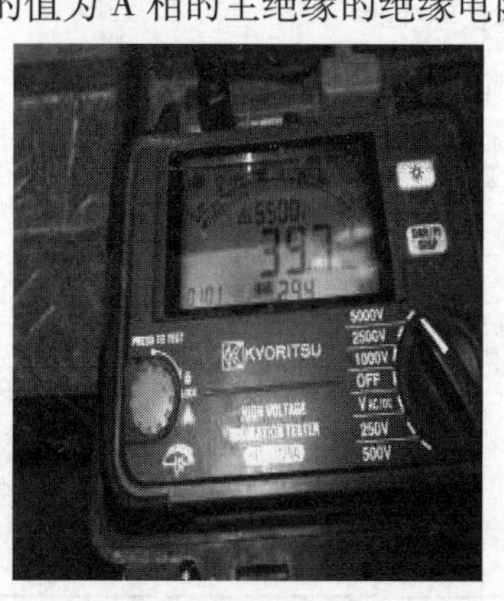

图4.5　绝缘电阻测试仪的读数

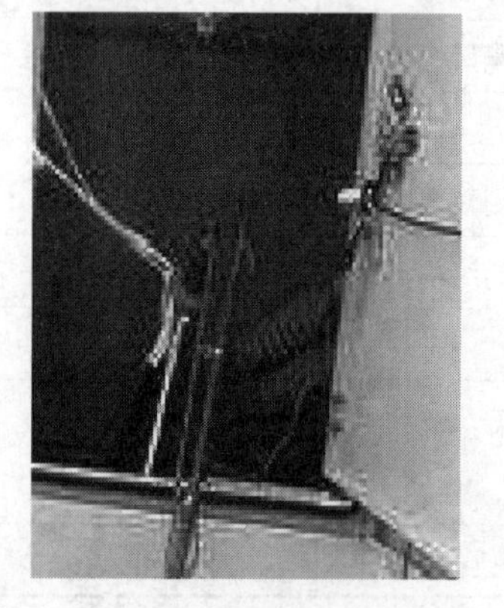

图4.6　对被测试相(A相)进行放电

3)拆线放电

读取 60 s 的绝缘电阻值后,如果是兆欧表,则首先戴绝缘手套,将“L”端的测量线从 A 相接线端子移开,再停止表计摇动,防止电缆电荷反送电表计损坏表计;然后对 A 相进行充分放电(见图 4.6),再拆除 E 端测试线。

如果是绝缘电阻测试仪,则按下“启动/停止”键,电压降至“0 V”,断开试验电源,对 A 相进行充分放电。然后将高压测试线从 A 相接线端子移开,拆除 E 端测试线。

4)测量 B 相和 C 相对地的绝缘电阻值

按上述步骤,测量 B 相和 C 相对地的绝缘电阻值。

(4)试验结果分析

①电缆绝缘电阻值随电缆的温度而变化,应统一换算为 20 ℃时的值。电缆主绝缘的绝缘电阻测量,一般 1 年 1 次。

②一般绝缘良好的电缆线路的吸收比大于 1.3。如吸收比小于 1.3,则认为绝缘已受潮。

③《电力设备预防性试验规程》中电缆主绝缘电阻的合格值自行规定。在对试验数据进行分析时,应与初始值(交接值),与同型号、相同测量部位进行“纵横”比较,应无显著变化。如果数据有明显差异,首先应考虑是否试验接线、表面脏污程度或天气原因等因素的影响。如果试验结果异常,但根据综合判断允许在监视条件下继续运行的电缆线路,其试验周期应缩短。如在不少于 6 个月时间内,经连续 3 次以上试验,试验结果不变坏,则以后可按正常周期试验。

(5)试验报告填写

电缆线路绝缘电阻测量试验报告见表 4.3。

表 4.3　电缆线路绝缘电阻测量试验报告

天气:	温度:　　　℃	湿度:　　　%	试验时间:　　　年　月　日
检测单位		试验性质	
线路名称		试验地点	
电缆型号		电缆长度/km	
电缆厂家		电缆起始点	
耐压前后电缆主绝缘的绝缘电阻测量			
检测仪器			
主绝缘的绝缘电阻	A 相	B 相	C 相
试验结果:			
主管:	审核:	试验人员:	

4.1.5　测量注意事项

(1)电缆绝缘电阻测量应在天气良好状况下进行,空气湿度宜不大于80%,环境温度宜不低于5 ℃。极端恶劣天气(如雷雨、暴雪、冰雹等),严禁进行绝缘电阻测量。

(2)电缆绝缘电阻测量应由两人进行,被试电缆另一端应派专人看守。

(3)测量前后,应对被试电缆进行充分的放电。

(4)试验接线连接应牢固可靠,以减少测量误差。

(5)在测试过程中,应进行“呼唱”。

【任务实施】

工作任务	10 kV电缆主绝缘的绝缘电阻测量			学时	2	成绩	
姓名		学号		班级		日期	

1. 计划

(1)小组成员分工:

组别	岗　位		
	工作负责人	专职监护人	作业人员

(2)制订10 kV电缆主绝缘的绝缘电阻测量试验方案(另附表)。

2. 决策

核对各组任务工单,确定试验方案。

3. 实施

各小组完成10 kV电缆主绝缘的绝缘电阻测量试验。

续表

4. 检查及评价

考评项目		自我评估 20%	组长评估 20%	教师评估 60%	小计 100%
素质考评（20 分）	劳动纪律（5 分）				
	积极主动（5 分）				
	协作精神（5 分）				
	贡献大小（5 分）				
试验方案（10 分）					
实际操作（60 分）（按技能考核标准考核）					
试验报告（10 分）					
总　分					

【思考与练习】

1. 影响电缆绝缘电阻的因素有哪些？
2. 怎样测得电缆主绝缘电阻？

任务 4.2　配电电缆主绝缘交流耐压试验

工作负责人：

10 kV 长远Ⅱ回电缆已经敷设、安装完毕，电缆中间接头、终端头已制作完成，现在需要对该电缆进行主绝缘交流耐压试验。试验操作两人进行，为保障人身安全，电缆对侧需要设专职监护人 1 人，电缆试验加压端也需要设置专职监护人 1 人。在试验过程中，要遵循《国家电网电力安全工作规程（配电部分）》和电缆和试验相关工作规程，保证质量。

【任务目标】

1. 掌握配电电缆主绝缘交流耐压试验的原理、方法、步骤和要求。

2. 能按要求完成配电电缆主绝缘交流耐压试验的操作,并准确分析试验结果。

【相关规程】

1. GB 50150—2016　电气装置安装工程　电气设备交接试验标准。
2. DL/T 596—1996　电力设备预防性试验规程。
3. Q/GDW 11262—2014　电力电缆及通道检修规程。

【相关知识】

交流耐压试验是验证电力电缆能否投运的指标性试验,能反映电缆整体绝缘水平,对电缆中间接头和电缆终端制作工艺以及电缆绝缘是否存在缺陷有间接的指导作用。

微课　10 kV 电缆线路交流耐压试验

4.2.1　交流耐压试验方法

目前,电缆交流耐压试验方法主要分为串联谐振法和超低频法。

(1) 串联谐振法

1) 串联谐振法工作原理

串联谐振耐压试验装置又称串联谐振,分为调频式和调感式。整个装置是由变频电源、激励变压器、电抗器和电容分压器组成。其原理图如图 4.7 所示。被试品的电容与电抗器构成串联谐振连接方式;分压器并联在被试品上,用于测量被试品上的谐振电压,并设置过压保护信号。串联谐振法适用于大容量、高电压的电容性试品的交接和预防性试验,用于 6 kV及以上的高压交联聚乙烯电缆交流耐压试验。

2) 串联谐振法参数配置方案

图 4.7 中,L 是串联谐振的电感部分,也就是由串联谐振装置中电抗器组成的部分;C 为电容部分,指的是试品电容。需要注意的是,电抗器配置是依据电容量为参考基准。电缆电容量与电压等级、主绝缘材质和长度有关,并且同一型号电缆其电容量与长度成正比关系,即

$$C = KL$$

式中　K——常数。

当 RLC 电路产生谐振时,则

$$X_L = X_C, U_C = I_S X_C = U_S X_C / \sqrt{R^2 + (X_L - X_C)^2} \tag{4.3}$$

谐振回路电流为

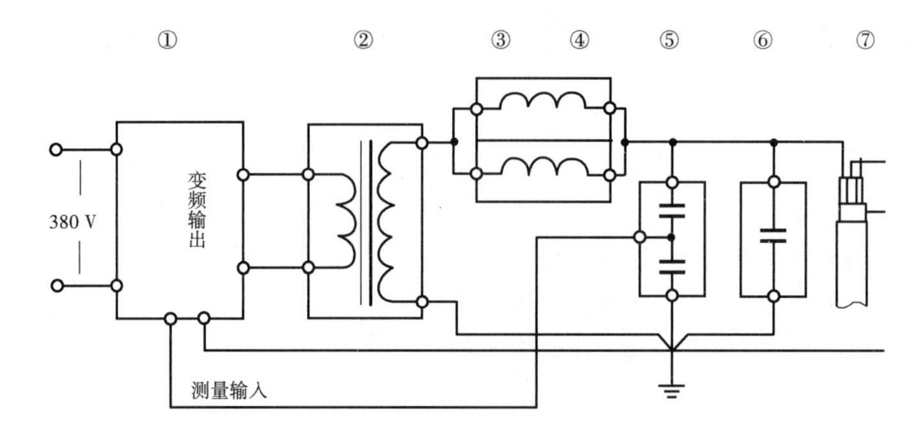

图 4.7　串联谐振法工作原理图

①—变频电源;②—激励变压器;③—电抗器;④—电抗器;

⑤—分压器;⑥—补偿电容;⑦—试品电缆

$$I_S = \frac{U_S}{\sqrt{R^2 + (X_L - X_C)^2}} = \frac{U_S}{R} = U_C/(QR) \tag{4.4}$$

式中　U_C——被试品电压;

U_S——电源输入电压;

Q——品质因数。

由式(4.4)可知被试品上获得的电压是电源输入电压的 Q 倍。

输入功率 $P = U_S I_S \cos\sigma$ 谐振时,电路为纯电阻性的,即 $\cos\sigma = 1$,故 $P = U_S I_S$。

加在被试品上的容量 P_S 是施加的电压 U_C 和电流 I 的乘积,即

$$P_S = U_C I_S = QP_0 \tag{4.5}$$

即在被试品得到的容量为试验电源的 Q 倍。实际试验回路中的 Q 值一般可达 70,激励电压仅为试验品谐振电压的 $1/Q$,激励功率也为谐振功率的 $1/Q$。

配置方案归根结底就是电容和电感的匹配,在电容一定的情况之下,要通过调整电抗的大小让谐振频率尽量地接近于工频。在最初设计时,需要综合考虑试验对象电容量大小、电压等级来确定串联谐振试验装置的装机容量和电抗器组合的逻辑性,既要兼顾现场大容量的设备,又要照顾高电压的设备,还要考虑轻便、匹配度等。目前,仪器设备厂商基本会根据试验所需计算好相关参数,优化配置方案。对运维试验人员来讲,只需选择合适的成套设备即可。

【例 4.1】 10 kV/300 mm^2 电缆交流耐压试验,长度 1 000 m,电容量≤0.375 5 μF,试验频率为 30～300 Hz,试验电压 22 kV(按国家标准 GB 50150—2016,对 10 kV 电缆做 $3U_0$ 试验电压,试验时间为 15 min)。

1)电缆长度

1 km 截面积:300 mm^2 对应的电容量为 0.375 5 μF,最高耐压试验值 26.1 kV。

使用 3 节电抗器并联使用。此时,电感量为

$$L = \frac{60}{3}\ \text{H} = 20\ \text{H}$$

2)谐振频率

谐振频率为

$$谐振频率 = \frac{1}{6.28 \times \sqrt{20} \times 0.3755 \times 10^{-6}} \text{ Hz} = 58 \text{ Hz}$$

58 Hz 下最大被试电容量时的试验电流为

$$试验电流 = 58 \times 6.28 \times 0.3755 \times 10^{-6} \times 22 \times 10^{3} \text{ A} = 3 \text{ A}$$

3)选择设备

6 kW 变频控制源;22 kV/2 A 电抗器 3 台并联;6 kVA(1.2 kV/5A)励磁变压器;60 kV 分压器。

(2)超低频(VLF)法

超低频是相对于50 Hz 工频来说的,指的就是频率在几赫兹以下的交流信号。耐压试验中的0.1 Hz 试验,就是指在试验的时候施加的是0.1 Hz 的正弦交流信号,10 s 就是它的周期。超低频0.1 Hz 耐压试验装置体积小巧,理论上试验变压器容量是工频装置的1/500,其体积也同样小于串联谐振试验装置,在现场具有搬运灵活、使用方便的特点。

超低频耐压试验,能促使水树枝转换为电树枝,因此,容易发现交联电缆的水树枝缺陷。超低频耐压装置适合试品电容范围为0 ~6 μF,基本上可满足大部分长度、截面的配电电缆试验要求。但超低频耐压存在容易引起交联电缆受水树枝影响后,进而加速绝缘老化,减少电缆的使用寿命的问题。因此,试验输出电压要进行限制,目前主要用于35 kV 及以下电缆交流耐压试验。同时,当输出空载时,逆变失败,输出得不到0.1 Hz 正弦波电压,故当测试短距离电力电缆(或小电容试品)时,超低频高压发生器需要辅助电路实施。

0.1 Hz 超低频系统原理示意图如图4.8 所示。

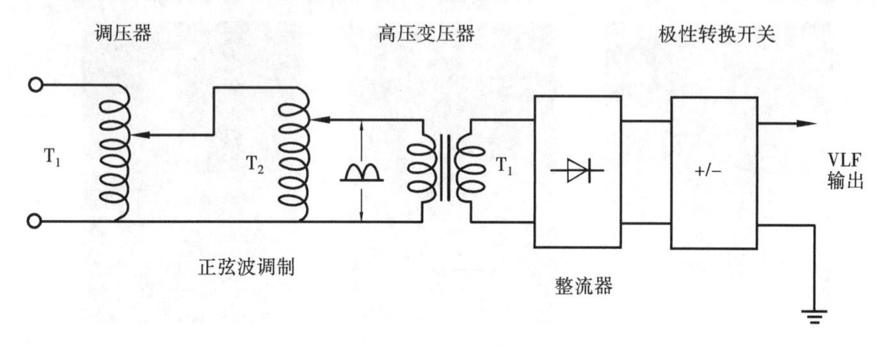

图4.8　VLF 系统原理示意图

4.2.2　电缆主绝缘交流耐压试验

(1)试验条件要求

①确认被测电缆停电,被测电缆近端和远端与电力系统完全断开,远端三相悬空,并互

相保持足够的安全距离。

②新电缆绝缘要求应符合相关投运标准。一般绝缘电阻应不低于5 MΩ/km。

③试品准备。除产品标准中另有规定外,试样有效长度应不小于10 m,试样两端绝缘外的覆盖物应小心地剥除,注意不得损伤绝缘表面;试样应防止在试验环境中足够的时间,使试样温度与环境温度平衡,并保持相对稳定;在空气中试验时,试样绝缘部分露出护套的长度应不小于100 mm,露出的绝缘表面应保持干燥和洁净。若试品两端已制作电缆终端,则需要将电缆终端T形肘头取下。

④测试应在环境温度为-25~40 ℃和空气湿度不大于80%的环境中进行。

(2)串联谐振交流耐压试验操作

交流耐压试验为高压破坏性试验。使用时,要确保试验接线正确,试验设备及试品操作正确,保证作业现场人身安全和设备安全。

1)试验设备元器件介绍

现场涉及设备和元器件有串联谐振主机、励磁变压器、电抗器、补偿电容、分压器及试品电缆,如图4.9所示。

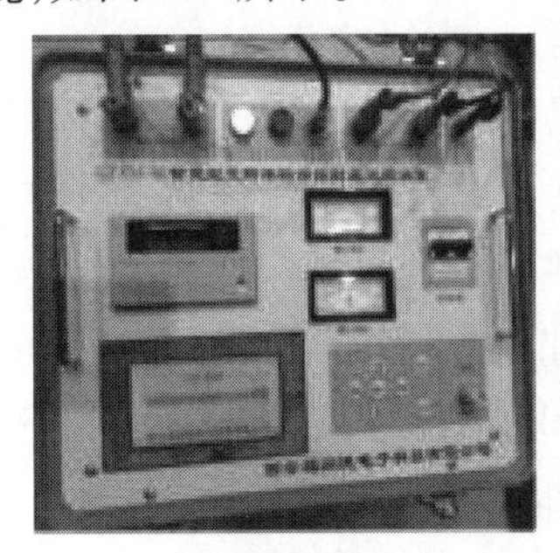

(a)串联谐振主机

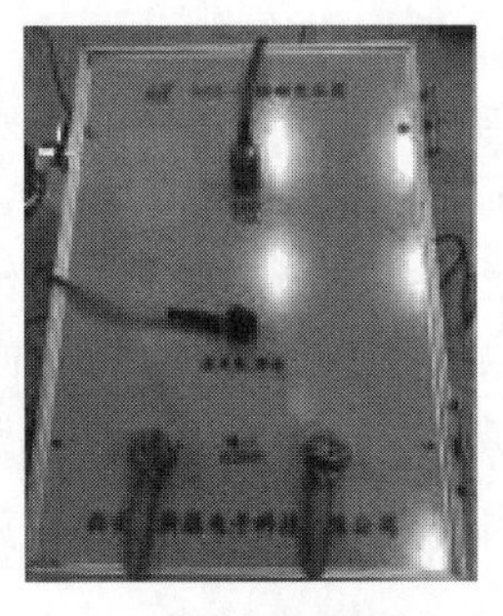

(b)励磁变压器

(c)电抗器

(d)补偿电容

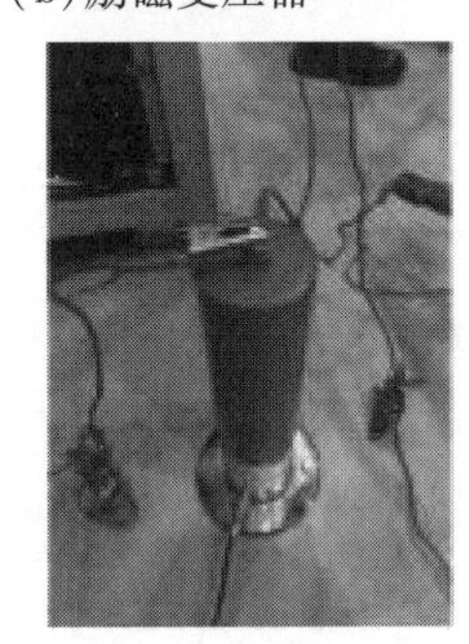

(e)分压器

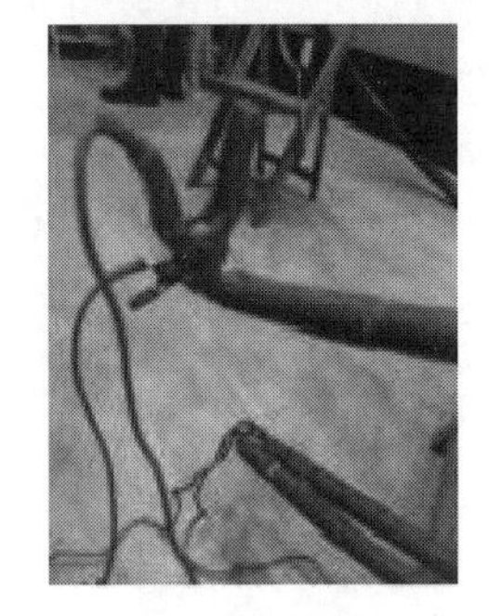

(f)试品电缆

图4.9 串联谐振设备和元器件

试验前,要对试验设备进行检查。其检查内容见表4.4。

现场准备就绪后,将串联谐振仪器及试品按照如图4.10所示连接好,耐压应逐项对A,B,C三相进行。接线前,应对试品电缆逐项充分放电,放电操作图如图4.11所示。非测试相应使用截面16 mm^2 及以上的裸铜线短接并可靠接地。接地极应为不大于4 Ω的接地网(接地体),如接地扁铁、电缆屏蔽层接地线等,现场无可靠接地体时,可采取插入硬实土壤

(如草地周围)至少0.6 m的接地针代替。

表4.4　串联谐振耐压试验设备检查表

序号	检查项目	检查内容和要求
1	试品参数	试验前了解试品情况,包括电容量估算值、电压等级、频率范围,然后计算高压电流、消耗功率。具体要求: (1)主机、励磁变功率容量不小于计算消耗功率 (2)根据两个参数,选择励磁变的不同输出端子 (3)电抗器组合方式符合耐压及高压电流要求
2	主机	主机加输入电源,其他输出线不接。开机检查风扇是否运转正常,预热界面结束后,进入手动搜索界面。将万用表挡位打到"AC200V"挡测输出,显示有几十伏电压时表示输出正常,将万用表挡位打到通断挡,使红黑表笔分别接至信号Q9端的芯及外壳,液晶上电压显示应为2.0 kV左右表示采样电路正常
3	分压器	50 kV时为500∶1,100 kV及以下时一般为1 000∶1
4	励磁变	在工频条件下,用调压器在励磁变输入端加电压,用分压器接输出端和高压尾,根据分压器低压侧显示数值检查是否符合端子上的标称电压
5	电抗器	3H时为51 ±3 Ω,13H时为240 ±5 Ω,75H时为1.7 ±0.1 kΩ,6H时为82 ±3 Ω,26H时为370 ±5 Ω,190H时为2.9 ±0.1 kΩ

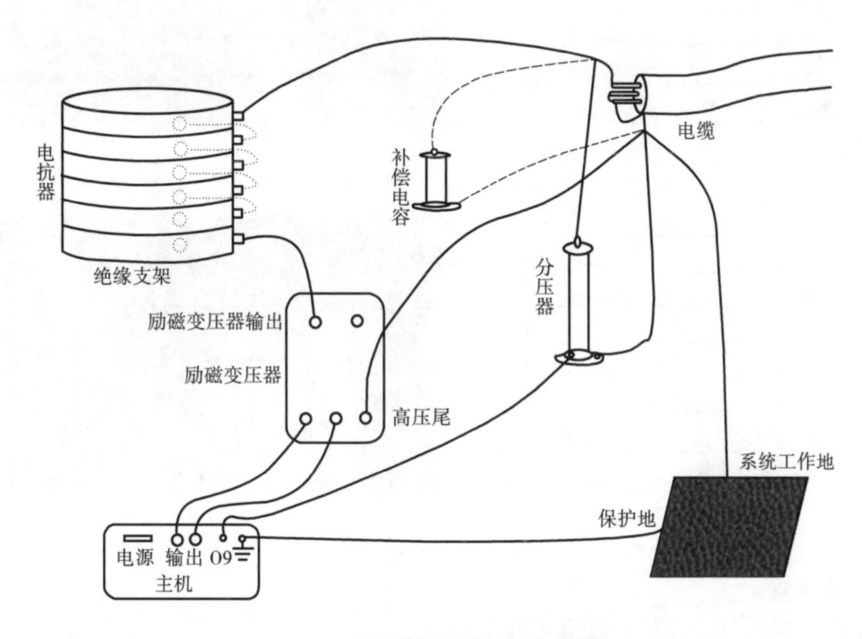

图4.10　串联谐振设备及现场接线

接线应先连接接地部位,再连接高压部分,最后连接电源部分。

根据参数选择合适的电感量。电抗器接线有串联和并联接线法。其中,串联接线法如图4.12所示,适用于10 kV短电缆。并联接线法如图4.13所示,适用于10 kV长电缆。用

图 4.11　使用接地棒对试品电缆逐项充分放电

于 10 kV 中长电缆试验，可采取串并联结合方法，如 3 并 2 串等。

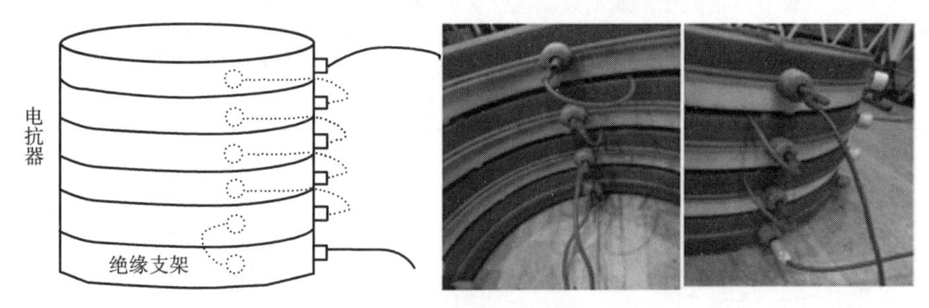

图 4.12　串联接线

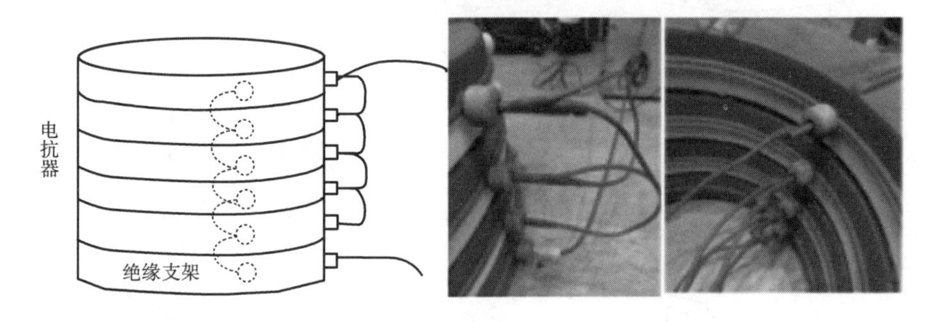

图 4.13　并联接线

2）操作步骤

串联谐振耐压试验操作步骤和要求见表 4.5。

表4.5　串联谐振耐压试验操作步骤和要求

序号	步骤	内容和要求	图　例
1	准备工作	准备好试验设备，做好检查，确保设备合格	按表4.4进行
2	接线	根据试品电容量、电压等级接线，接好线后应反复检查连接线，确保连接正确可靠后再接通电源	按图4.12和图4.13接线
3	打开设备电源	合上装置电源开关，绿色“电源”指示灯亮，LCD显示屏亮，屏幕显示开机界面、显示系统电压等级及预热递减时间 注意：界面显示系统电压仅为软件支持的最高电压，实际升到的电压以分压器的最大电压为准，如界面显示50 kV系统，使用分压器为30 kV，则实际最高电压和界面设置电压数值不超过30 kV	 接通电源 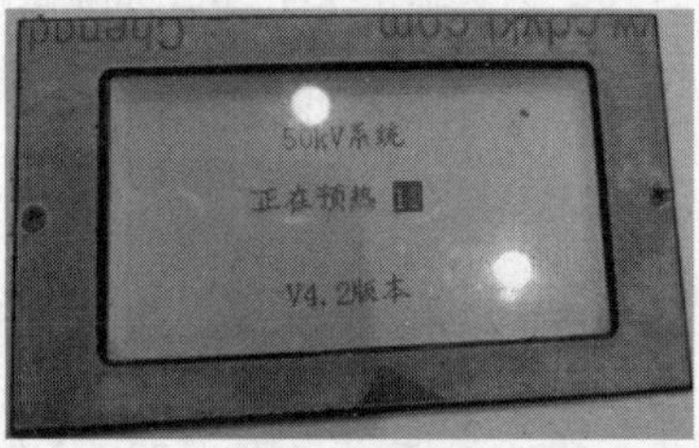 预热后界面
4	试验菜单设置	（1）通过“←”“→”按键选择，按“确认”进入“试验”菜单 （2）进行搜频方式选择。搜频方式有手动、自动和半自动，在界面上进行选择 1）手动方式 在手动搜频方式下，频率和电压均通过“↑”“↓”按键调整 2）自动方式 在自动搜频方式下，频率和电压均自动调整，如图4.29所示。频率范围为20～300 Hz，然后根据试验需要移动光标选择所需的电压值，根据试验需要移动光标选择试验时间，10 kV电缆主绝缘交流耐压试验的试验电压选择$2U_0$时，试验时间为60 min；选择$2.5U_0$时，试验时间为1 min；	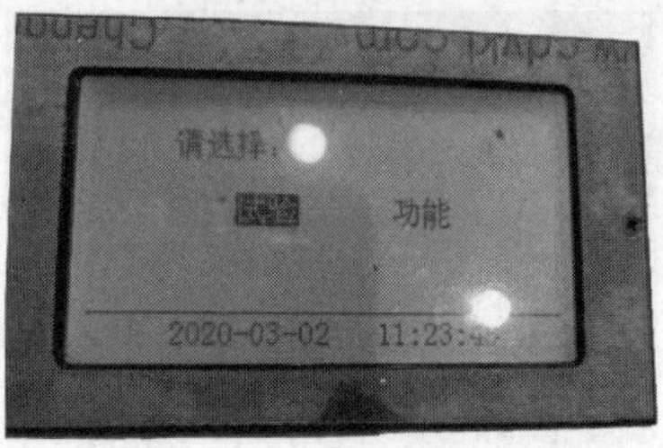 进行试验菜单选择界面 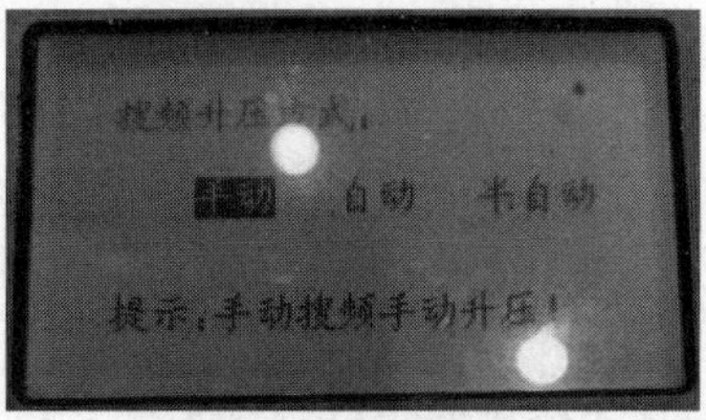 进行搜频方式选择界面

续表

序号	步骤	内容和要求	图 例
4	试验菜单设置	其他根据实际情况确定。参数设置完毕，按下“确认”键，装置自动搜频、升压。按“取消”键可退出试验 3)半自动方式 在半自动搜频方式下，频率为自动搜索，电压需要手动通过“↑”“↓”按键调整	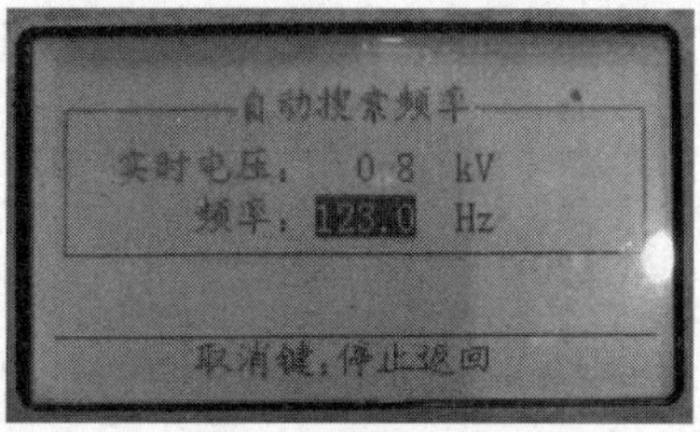 自动搜频设置界面
5	升压操作	第一次试验一般使用手动方式，搜索到谐振点后，缓慢逐步升压至设定的电压值，升压过程中注意观察设备高压部分，电流电压显示部分是否有异常情况，有异常情况应立即终止试验，检查连接线。必要时脱开试品，或更换其他试品 在正常试验计时后，如果试品有放电情况发生，电压会瞬时失谐下降，仪器则输出停止，避免在周围有强电场强磁场环境下试验 在升压过程中，试品有局部放电时，如果不超过设备标称容量，设备会继续工作，只会表现为电压、电流不稳定	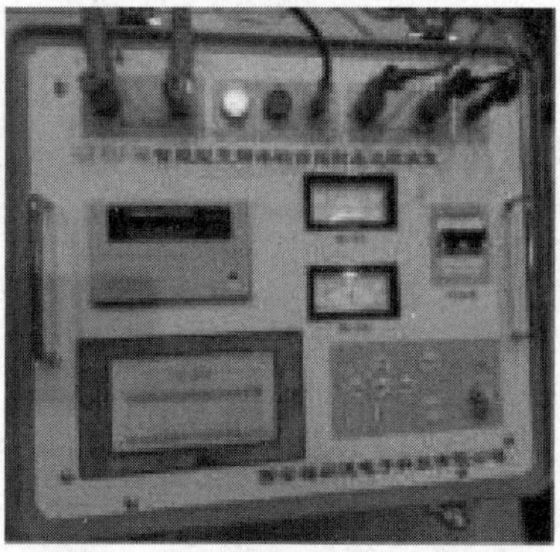
6	试验结束	电压降为0，关闭电源，对试品放电，拆除试验装置，整理现场	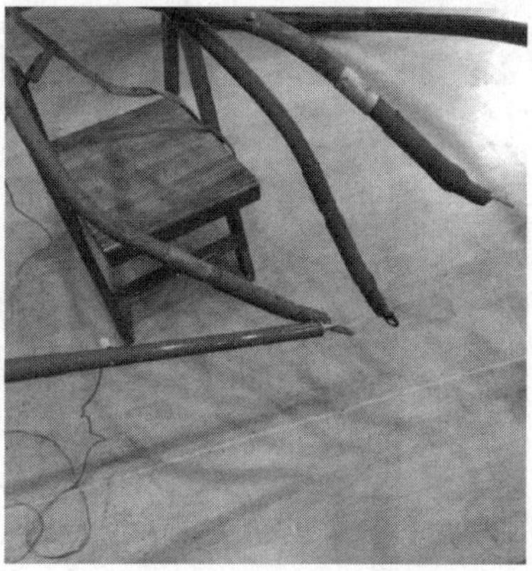

超低频法交流耐压试验操作步骤和要求见表4.6。

表4.6　超低频交流耐压试验操作步骤和要求

序号	步骤	内容和要求	图　例
1	准备仪器设备	准备好超低频电缆耐压装置(以frida VLF装置为例)。仪器主要接口有AC220 V电源接口、保护接地端、高压输出端、电源开关、USB数据接口、电源保险、紧急停机开关。按键主要有开关键、开启键、停止键、主页键、菜单键、升压键、降压键、多功能旋钮	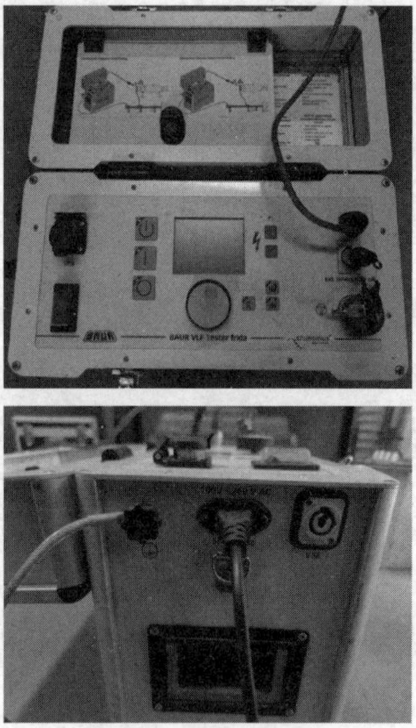 超低频仪器外观及接口
2	接线	现场准备就绪后,将超低频0.1 Hz试验仪器及试品连接好,耐压时应按照A,B,C三相逐相进行。其他要求及注意事项与串联谐振法一致 10 kV配电电缆多为三芯电缆,如YJV22-3 * 300。三芯电缆可采取线芯逐相耐压方法,电压施加在测试相与非测试相、屏蔽层之间;也可对屏蔽层施加电压,试验前应将屏蔽层接地线解除,三相线芯短接接地	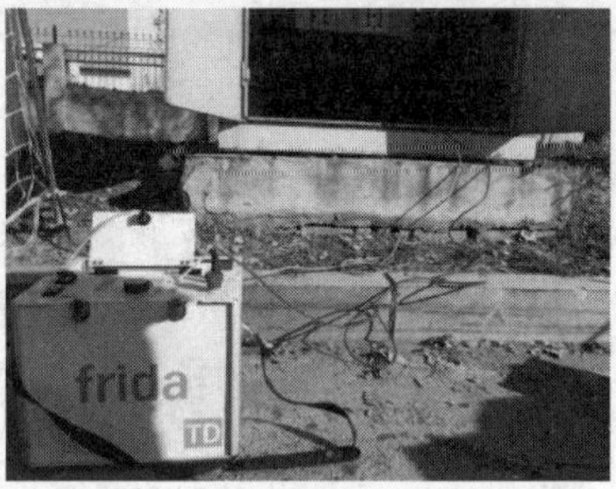 超低频法接线图 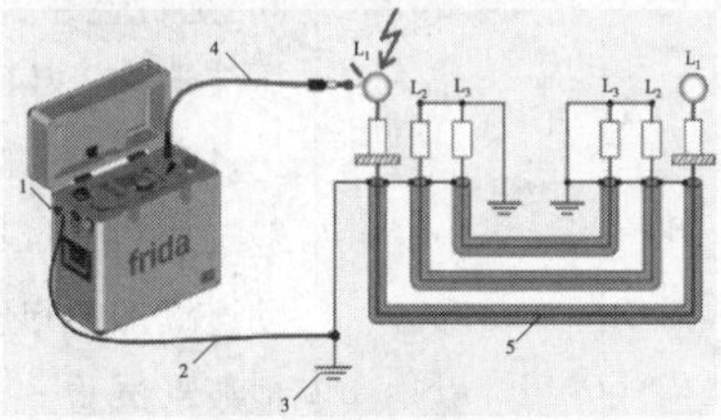 单芯电缆接线

续表

序号	步骤	内容和要求	图　例
2	接线		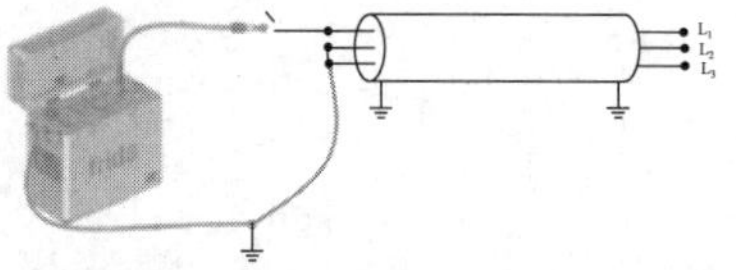 屏蔽层加压法接线(三芯电缆) 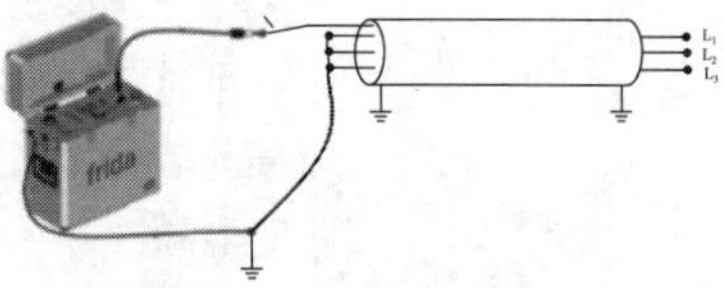 线芯加压法接线(三芯电缆)
3	设置参数	(1)按上述方法连好所有线路之后,将电源开关打开,仪器显示主菜单界面	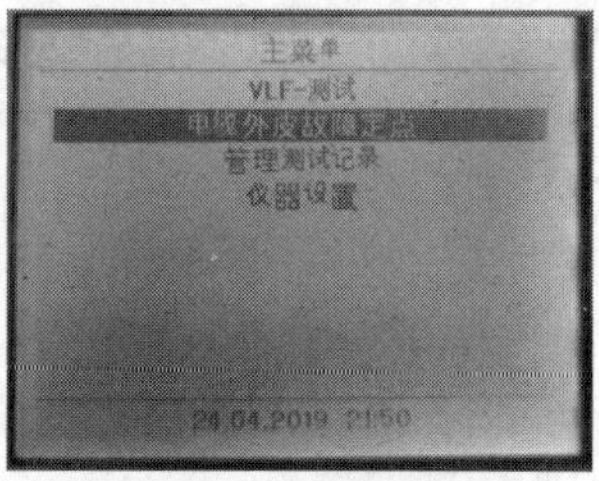 超低频仪器主菜单界面
		(2)选择 VLF 测试,进入参数文件选择/新建界面。可选择历史参数文件,也可新建文件重新设置参数。历史参数文件可使用多功能旋钮修改最高电压、耐压时间、是否烧穿、相数等参数;也可用选择电压波形,有 VLF Sinus 自动、VLF Sinus、DC+、DC-、DC、矩形自动及矩形等选择,一般选择"VLF Sinus 自动"可实现正弦波自动连续加压;还可根据特殊需求,选择其他波形试验	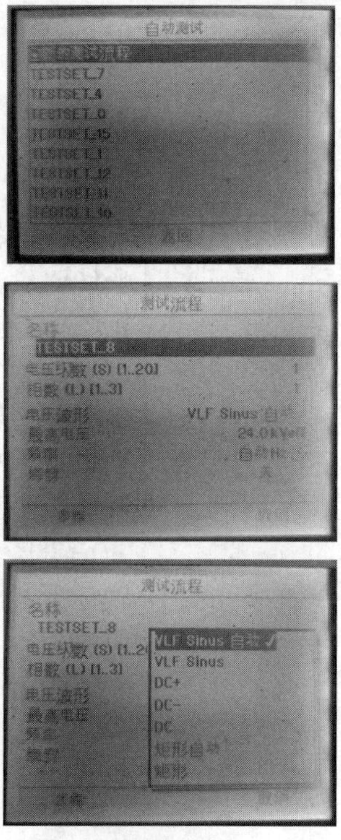 测试选择界面

续表

序号	步骤	内容和要求	图　例
4	升压操作	设置好电压值、耐压时间、波形、相数等参数后,即可准备加压	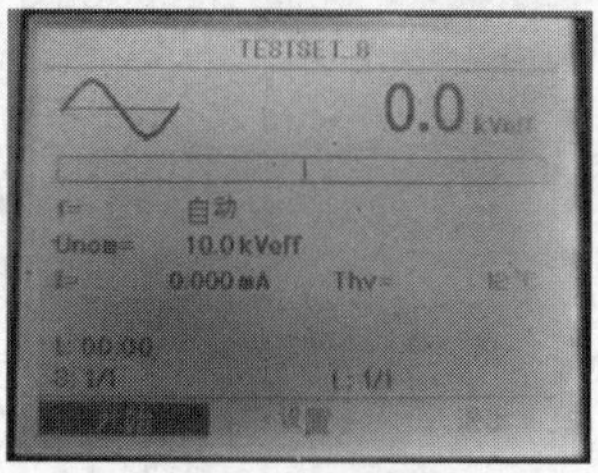 参数设置界面
		选中“开始”,按下多功能旋钮,屏幕显示“高压准备就绪”按钮	 “接通高压”界面
		按下“高压准备就绪”按钮后,高压指示灯从绿色变为红色,屏幕显示一个5 s倒计时进度条。该时间范围内按住“高压启动”按钮至少1 s,高压输出启动。若未在规定时间内操作或按住“高压启动”按钮不足1 s,均会退出至显示“高压准备就绪”界面	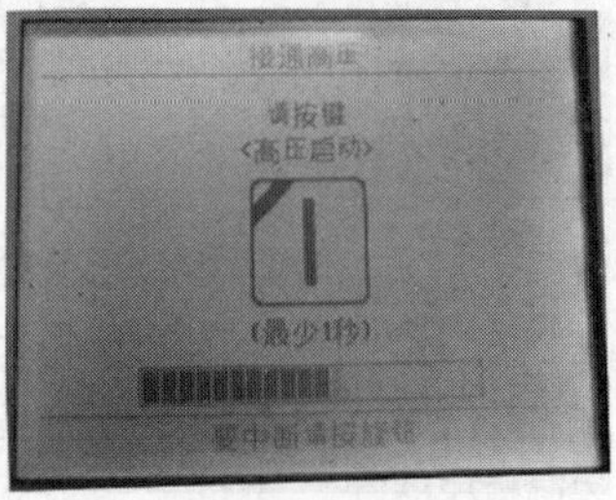 “接通高压”界面
		试验过程中,屏幕上方会显示一个实时变化的正弦波。波形右侧是最高电压。波形下方显示此时电压频率、电阻值、电容值、泄漏电流大小、温度、已耐压时间和总时间	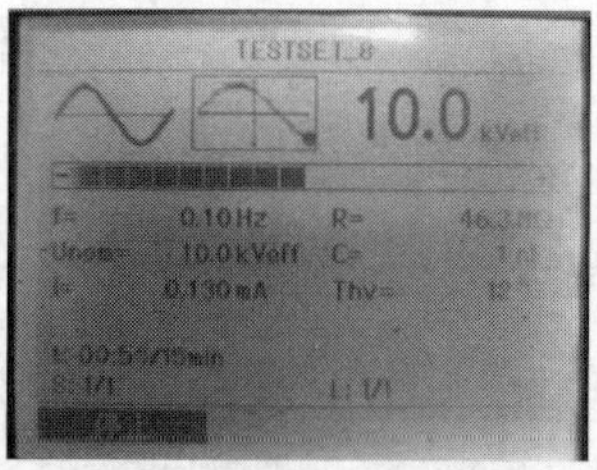 试验波形显示

续表

序号	步骤	内容和要求	图　例
5	试验结束	耐压结束或手动停止，仪器会启动自动放电。放电完成前，屏幕出现请勿触摸被测试品告警窗，高压指示灯保持红灯亮。放电结束，高压指示灯转为绿灯 注意：虽然仪器具备自动放电功能，但是属于不明显放电。依然需要试验接地棒或接地线对被测试品逐相充分放电	放电时界面

3）试验结果分析

电缆不击穿、不闪络、不发热，试验前后，绝缘电阻测量应无明显变化，则合格。

4）试验报告填写

电缆线路交流耐压试验报告见表4.7。

表4.7　电缆线路交流耐压试验报告

天气：	温度：　　　℃	湿度：　　　%	试验时间：　　年　月　日
检测单位		试验性质	
线路名称		试验地点	
电缆型号		电缆长度/km	
电缆厂家		电缆起始点	
耐压前后电缆主绝缘的绝缘电阻测量			
检测仪器			
主绝缘的绝缘电阻	A相	B相	C相
耐压前			
耐压后			
相位核对结果			
交流耐压试验			
试验仪器			
交流耐压试验	A相	B相	C相
试验电压/kV			
低压侧励磁电流/A			
频率/Hz			
时间/min			
试验结果：			
主管：	审核：	试验人员：	

5)试验故障处理

在试验过程中,仪器可能会出现一些故障。为了保证试验正常进行,要了解故障现象发生的原因,且及时处理,再进行试验操作。针对不同故障现象的原因及处理办法见表4.8。

表4.8　不同故障现象的原因及处理办法

序号	故障现象	故障原因	处理办法
1	试验过程中,仪器复位	(1)电源不稳:由于输入引线过长,做负载消耗电能时电压衰减太大,低于正常电压,接线端子有虚接 (2)负载过大,超过励磁变压器容量,励磁变压器饱和或过载 (3)高压输出或试品有放电现象	(1)电源输入线径换大,接线端子接牢靠 (2)重新计算,根据计算结果更换励磁变压器端子 (3)检查高压连接是否与地或其他物品过近
2	仪器供电的电源开关在开机瞬间或者主机有输出时跳闸	空开容量小或输出有短路现象	因有过冲现象,一般使用不小于变频主机最大电流的空开
3	搜索不到谐振点	(1)未形成闭合的串联谐振回路 (2)分压器反馈有问题 (3)软件设置的频率范围太小或实际谐振点过大或过小	(1)检查整个回路接线,重点用万用表测量 (2)整个电抗器组连接是否可靠 (3)检查分压器的高压连接线,地线带屏蔽的反馈线 (4)更改界面上的软件设置,或重新估算谐振点频率,通过加减电抗器,使谐振频率达到要求
4	升不到要求电压	Q值低	(1)更换到电压高的励磁变压器输出端子上,此时注意实际输出电流应不大于励磁变压器输出电流 (2)检查电抗器的工作地面不应是金属体 (3)电压高时输出线使用铝波纹管
5	仪器显示输出错误或高压放电	输出通道故障或者试验品击穿	(1)检查试品绝缘 (2)检查励磁变压器接线 (3)检查电抗器个数及与周围空间距离

续表

序号	故障现象	故障原因	处理办法
6	不能存U盘	U盘故障,或读写U盘芯片故障	换U盘或检查U盘口是否有异物
7	不能计时或界面上时间不走	时钟芯片停止工序	进入时间界面重新设置,或按“↑、↓”键,按“复位”键,清理仪器内存,并初始化时间
8	进入不到“预热”界面	采样电路因过放电或接地不好损坏	(1)有附件时更换 (2)没有时按住“→、←”键不放,然后按“复位”键,直到出现“无电压显示”字样时放手,此时可将分压器的输出接万用表交流200 V挡位,根据变比换算读数,此情况为现场应急使用,不能自动计时及打印
9	计时后,显示的电压跳动或不稳定	仪器自动稳压过程中因Q值过高引起	(1)使用励磁变压器输出电压低的端子进行试验 (2)在手动升压界面下,稍偏离谐振频率点进行升压,如谐振频率为55.8 Hz,使用54 Hz或57 Hz进行升压

6)查看历史数据

凡是通过了定时停机、按“停机”键进行的停机、过压保护停机以及过流保护停机的数据仪器自动将其保存为历史数据。系统最多能保存9次测量的数据,9次以前的将自动删除。按“查看”键,可查看最近九次试验的历史数据。

(3)常见问题

试验过程中,仪器会显示实时正弦电压波形,若电压出现毛刺、变形甚至电压无法达到预定值,则说明电缆存在局部放电或容量超过仪器范围。

仪器若设置烧穿为“否”,若试验过程中,电缆存在严重放电或绝缘击穿,仪器会启动保护程序,显示“被测试品存在闪络”,同时进入自动放电程序,并且退出至“开始”界面。

【任务实施】

工作任务	10 kV 电缆主绝缘交流耐压试验			学时	2	成绩	
姓名		学号		班级		日期	

1. 计划

（1）小组成员分工：

组别	岗　位		
	工作负责人	专职监护人	作业人员

（2）制订 10 kV 电缆主绝缘交流耐压试验方案（另附表）。

2. 决策

核对各组任务工单，确定试验方案。

3. 实施

各小组完成 10 kV 电缆主绝缘交流耐压试验。

4. 检查及评价

考评项目		自我评估 20%	组长评估 20%	教师评估 60%	小计 100%
素质考评（20 分）	劳动纪律（5 分）				
	积极主动（5 分）				
	协作精神（5 分）				
	贡献大小（5 分）				
试验方案（10 分）					
实际操作（60 分）（按技能考核标准考核）					
试验报告（10 分）					
总　分					

【思考与练习】

1. 什么情况下需要做电缆交流耐压试验？
2. 对超长电缆（超过 3 km），宜采取哪种电缆交流耐压方法？
3. 哪种电缆交流耐压法对电缆伤害更大？
4. 如何保证耐压数据准确？
5. 电缆绝缘电阻值过低，能否进行交流耐压试验？为什么？
6. 电缆交流耐压试验，为什么需要将非检测相短接接地？

任务 4.3　配电电缆局部放电检测

工作负责人：

10kV 长远Ⅱ回电缆已正常运行。现需要检测该电缆局部放电量，试验操作两人进行，为保障人身安全，需要设专职监护人 1 人。在检测过程中，要遵循电缆和试验相关工作规程，保证质量。

【任务目标】

1. 掌握电缆局部放电检测的原理、方法、步骤和要求。
2. 能按要求完成配电电缆局部放电检测的操作，并准确分析试验结果。

【相关规程】

1. GB 50150—2016　电气装置安装工程　电气设备交接试验标准。
2. DL/T 596—1996　电力设备预防性试验规程。
3. GB/T 7354　局部放电测量。
4. DL/T 417　电力设备局部放电现场测量导则。
5. GB/T 16927.1—2011　高电压试验技术　第一部分：一般试验要求。
6. GB/T 16927.2—2011　高电压试验技术　第二部分：测量系统。
7. GB/T 16927.3—2011　高电压试验技术　第 3 部分：现场试验的定义及要求。

8. Q/GDW 11262—2014　电力电缆及通道检修规程。

【相关知识】

4.3.1　局部放电检测的目的

电力电缆的局部放电与其绝缘状态密切相关。电缆绝缘在运行中受到电场、热、潮气、酸碱盐腐蚀性气体、多种应力以及其他机械外力的综合作用,绝缘会发生老化、产生裂纹或直接扎穿等造成绝缘事故。由于绝大多数的绝缘故障是从局部放电开始而逐步加深和发展的,因此,监测电缆的局部放电对揭示电缆绝缘可能存在危害电缆安全运行的缺陷,判断电缆绝缘品质和运行状态是最直观、最有效的方法。例如,对交联聚乙烯(XLPE)电缆,在绝缘的树枝放电引发的初期,其局部放电量为仅 0.1 PC,而当树枝放电发展到绝缘临界击穿状态时,其放电量可达 1 000 PC。因此,对 XLPE 电缆绝缘引进局部放电的在线监测是及时发现绝缘隐患、保障电力电缆安全可靠运作的重要手段。

4.3.2　局部放电的产生和传播

如图 4.14 所示,电缆在制造和安装过程中可能会存在杂质与气隙,突起与缺陷。在运行过程中,也可能由于长期浸泡在水中,导致绝缘渗水并逐渐形成水树枝。在工频电压的作用下气隙会发生间歇性的击穿放电。

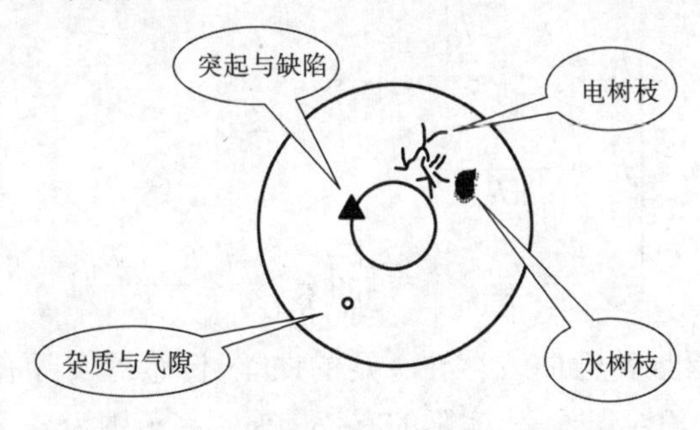

图 4.14　电缆缺陷形式

电缆绝缘缺陷位置发生放电时,会产生脉冲信号,这个信号称为局部放电信号。局部放电信号产生后,随同时沿着线芯和金属屏蔽层向两端传播,如图 4.15 所示。

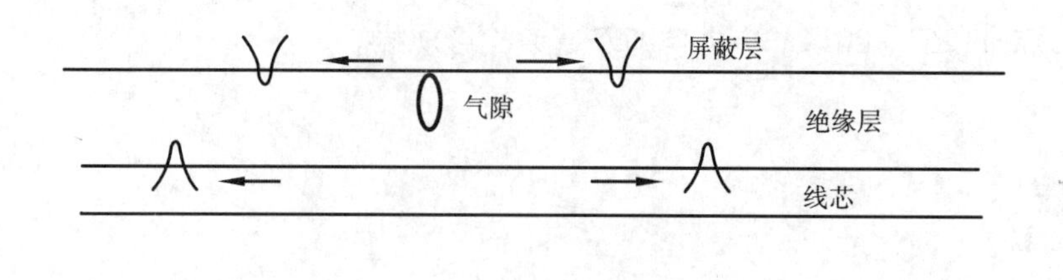

图 4.15　局部放电传播形式

4.3.3　高频传感器基本原理

局部放电的测量精度与电流传感器的精度关系很大,高频电流传感器是应用电磁耦合法来测量局部放电的。电磁耦合法是在电缆金属屏蔽层外或电缆终端、连接头屏蔽层的接地线上安装电磁耦合线圈,通过电磁耦合来感应流过电缆屏蔽层的局部放电脉冲电流。高频电流传感器基于电磁感应定律的罗果夫斯基线圈实现对电流的测量的。它的等效电路如图 4.16 所示。其中,M 为线圈与置于线圈中间的载流导体之间的互感,L_s,R_s,C_s分别为线圈的自感、内阻和杂散电容,R_L高频电流传感器的负载电阻。

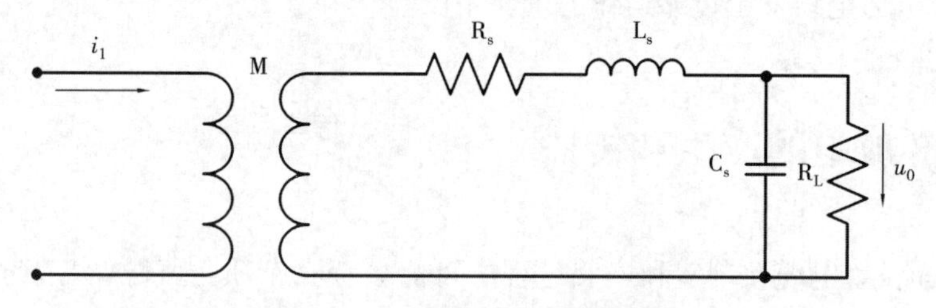

图 4.16　高频电流传感器原理图

测量电路的上下截止频率及工作频带宽度由方程式确定为

$$\begin{cases} f_l \approx \dfrac{R_s + R_L}{2\pi L_s} \\ f_h \approx \dfrac{1}{2\pi R_s C_s} \\ BW = f_h - f_l = \dfrac{1}{2\pi}\left(\dfrac{1}{R_s C_s} - \dfrac{R_s + R_L}{L_s}\right) \end{cases} \tag{4.6}$$

按式(4.6)得到的幅频特性曲线存在一定的误差,传感器实际有效的工作频率要比式(4.5)小。若考虑 1% 的相对误差来,实际的有效工作频率范围为

$$BW = f_h - f_l = \frac{1}{10\sqrt{2}\pi}\left(\frac{1}{R_s C_s} - \frac{R_s + R_L}{L_s}\right) \tag{4.7}$$

实际上固定的仪器和传感器参数固定,在检测带宽 BW(一般为 100 kHz ~ 20 MHz)中检测的电压值μ_0与被测电流 i_1 成正比。通过校正即可通过测量 μ_0 的数值得到被测试品视在放电量 Q。

4.3.4　局放检测仪介绍

局放检测仪如图4.17所示,其相关技术参数见表4.9。

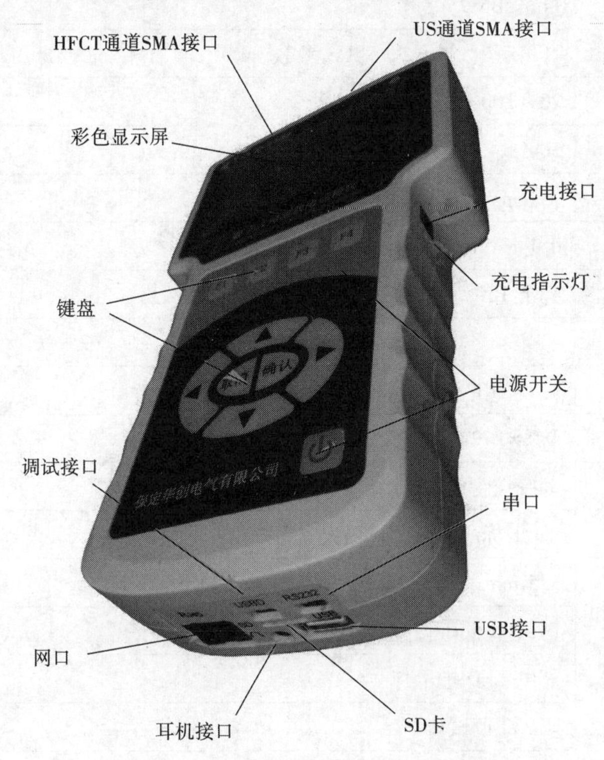

图4.17　局部放电检测仪

表4.9　局部放电检测仪相关技术参数

主机参数	
可检测通道数	2个通道,1个HFCT通道,1个US通道
采样精度	12 bit
触发方式	内同步,外同步
HFCT参数	
检测带宽	100 kHz~50 MHz
传输阻抗	>5 mV/mA(10 MHz)
输出阻抗	50 Ω
检测灵敏度	5pC

续表

测量范围	-20~80 dB
测量误差	±1 dB
分辨率	1 dB
输出接口	标准 BNC
US 参数	
频率范围	20~300 kHz
输出阻抗	50 Ω
检测灵敏度	0.1 mV
测量范围	0.1 mV~1 V
输出接口	标准 BNC
硬　件	
显示屏	4.3″ TFT 真彩色液晶显示屏
分辨率	480×272
操作	薄膜按键
存储	SD 卡标配 16 G 卡,最大支持 32 G
接口	3.5 mm 立体声耳机插孔
	DC-005 低压直流充电器输入口
	充电 LED 指示灯
	RS232 调试口
	USBD 同步口
	网口
	SD 卡插槽
	CH1:SMA 外部 HFCT 互感器输入口
	US:SMA 外部 HFCT 互感器输入口
环　境	
使用环境温度	-20~50 ℃
存储环境温度	-40~70 ℃
湿度	10%~90%(非冷凝)

配电电缆局部放电检测有振动波局部放电检测和高频局部放电检测。采用高频电流脉冲 HFCT 检测技术进行电缆局部放电检测具体的操作步骤和要求见表 4.10。

表 4.10　高频局部放电检测步骤和要求

序号	步骤	内容和要求	图　例
1	接线	10 kV 电缆一般为三芯电缆,且绝缘层外包裹有屏蔽层。局部放电会在屏蔽层和线芯均感应出大小相等、方向相反的脉冲电流信号。因此,不能用高频电流传感器套取整根电缆获取局放信号。通常做法是将高频电缆传感器套在电缆中间接头、终端头屏蔽层接地线,可先三相屏蔽层接地线一起检测,再分相检测	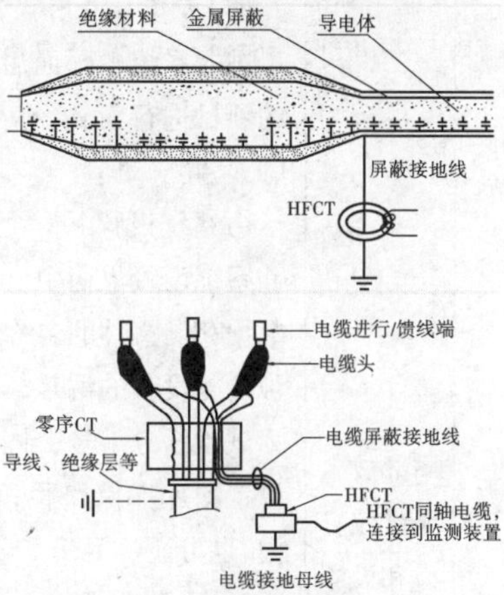 绝缘材料　金属屏蔽　导电体　屏蔽接地线　HFCT 电缆进行/馈线端　电缆头　零序CT　导线、绝缘层等　电缆屏蔽接地线　HFCT　HFCT同轴电缆,连接到监测装置　电缆接地母线 高频电流传感器检测局放接线示意图
2	局部放电测试仪自检和设置	(1)打开电源 按下电源开关,接通仪器电源。1 s 后,开机画面显示在屏幕中	 HCPD-3209P
		(2)仪器自检 仪器启动后,系统会进行自检,自检完成后,显示屏会显示“自检测试结果”“设备型号”“设备编号”“软件版本号”,如果“自检测试结果”显示自检失败,则列出故障点,根据故障类型进行相应处理。若无法处理,则应将仪器返厂修理。另外,也可从系统设置中按“F3”来浏览系统信息显示屏	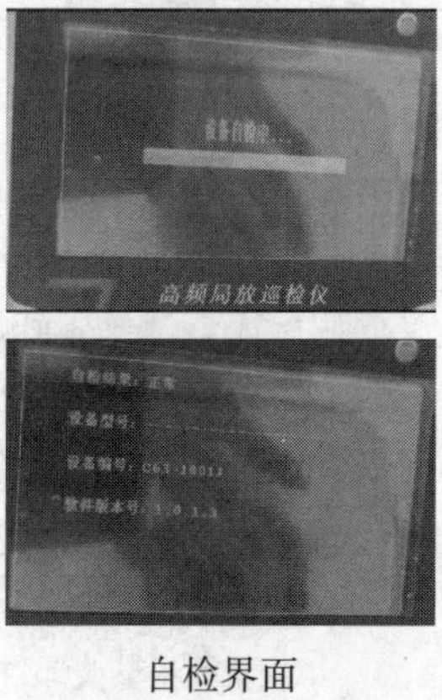 高频局放巡检仪 自检界面

续表

序号	步骤	内容和要求	图　例
2	局部放电测试仪自检和设置	(3)设置 进入系统主画面后,选择想要修改的项目进行设置,有系统设置和 HFCT 设置 1)系统设置 系统设置界面中,"文件名称"显示数据存储文件的名称,"设备名称"是被检测设备的编号,"任务编号"设置为试验任务编号,"图片存储位置"可设置图片存储路径,可存储在 SD 卡内,也可通过 USB 口存储到终端设备 2)HFCT 设置 HFCT 设置初始界面显示的为默认值,"预警值(黄色)""报警值(红色)"可设定同色灯的门限值,"测量模式"分为波形模式、统计模式、脉冲模式,还应进行"增益"调节,系统采用自动增益控制调节,范围为 40,34,28,22,16,10,4,-2,-8,-14,-20,-26 dB	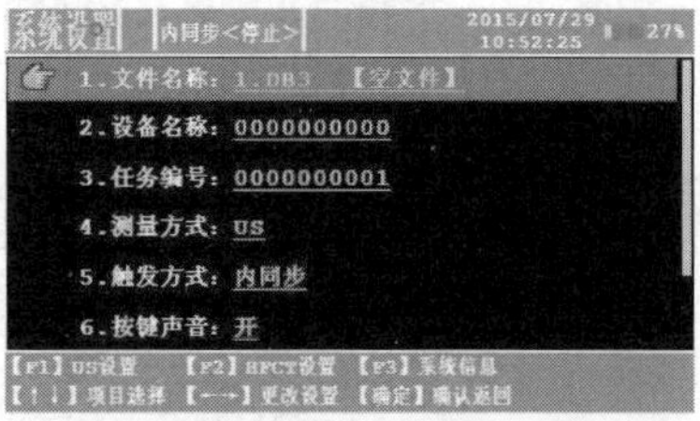 系统设置画面 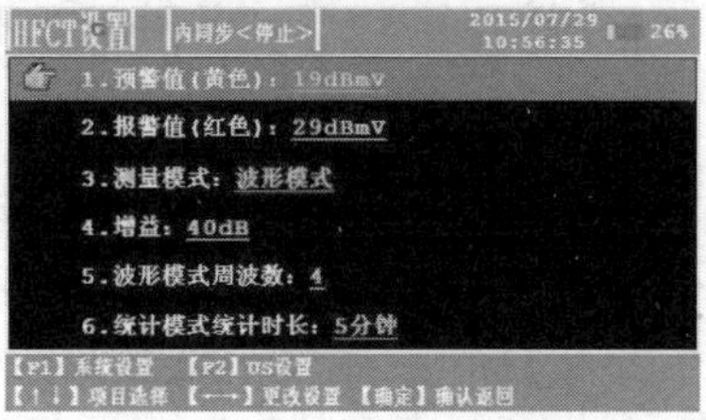 HFCT 设置画面
3	局放检测及记录	用局放检测仪对电缆线路的终端进行局放检测,将测量值进行记录。根据需要选择不同的测试模式进行检测。共有三种模式:波形模式、统计模式和脉冲模式。通过不同模式下的显示内容,判断是否存在局部放电信号及局放量的大小	 电缆局部方法检测现场操作
		(1)波形模式 在"系统设置"中的"测量方式"选择"HFCT",HFCT 设置中的"测量模式"选择"波形模式"后设置周波数,再点击"确认"按钮进入波形模式显示画面。其中"报警指示"显示当前的报警状态,如绿色、黄色或红色,具体由设定值决定。根据图中的"波形图"显示测量波形,根据多个周期放电特	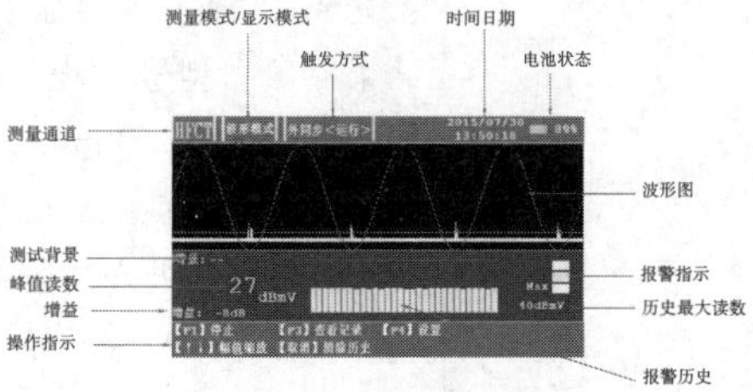 波形运行模式

续表

序号	步骤	内容和要求	图 例
3	局放检测及记录	性判断是否放电 当测量结束，进入波形停止界面，“保存记录”显示以数据库的形式对所测量数据、波形进行存储。“存储图片”显示将所测得波形以图片形式进行保存	波形停止模式
		(2)统计模式 在HFCT设置中“测量模式”选择“统计模式”后，单击“确认”按钮进入“统计模式”显示画面，HFCT的统计模式有3种显示模式，指纹图、峰值图和Q-Φ-T，各模式可进行切换，显示单周期内波形幅值和相位的关系，以及脉冲次数与相位的关系。	峰值图 Q-ϕ-T图 指纹图 显示模式切换
		(3)脉冲模式 在HFCT设置中的“测量模式”选择“脉冲模式”后，单击“确认”按钮进入脉冲模式显示画面。	脉冲模式

国家电网公司《电力设备带电检测规范》中规定，电缆终端和中间接头高频局部放电每年进行1次，在新设备投运、大修后1周内及必要时进行。电缆正常时应无典型放电图谱；如在同等条件下同类设备检测的图谱有明显区别时，存在局部放电特征且放电幅值较小，要缩短检测周期，怀疑有局部放电时，应结合其他检测方法进行综合分析；对具有典型局部放电的检测图谱且放电幅值较大时，判断为存在缺陷，此时的放电幅值大于500 mV，如果放电幅值达到3 V以上，则应尽快安排停运。

如图4.18、图4.19所示为检测人员使用高频电流脉冲HFCT检测间隔出线电缆的图谱。通过图谱可判断是否为电缆局放并确定局放的大小。

从图4.18(a)可以看到，PRPD图谱显示局放量为2.144 pC，属于正常范围，且无异常聚类信号，判断是干扰信号。而图4.18(b)中，PRPD图谱显示局放量高达39.56 pC。另外，信号在工频周期的波峰和波谷存在异常聚类信号，判断检测到明显局部放电信号。

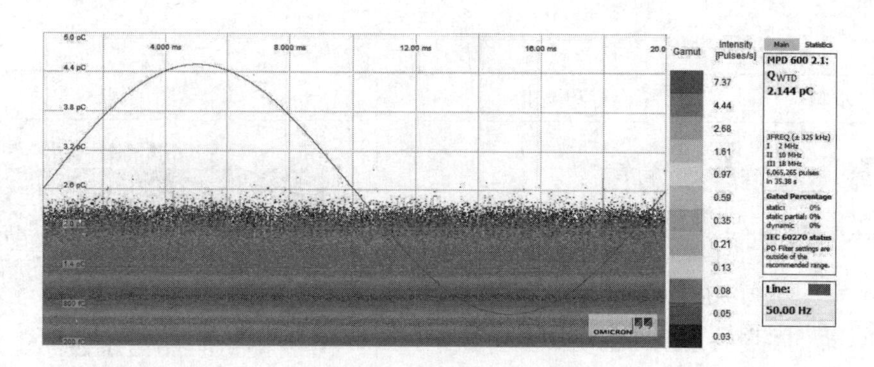

(a)间隔1出线电缆PRPD图谱

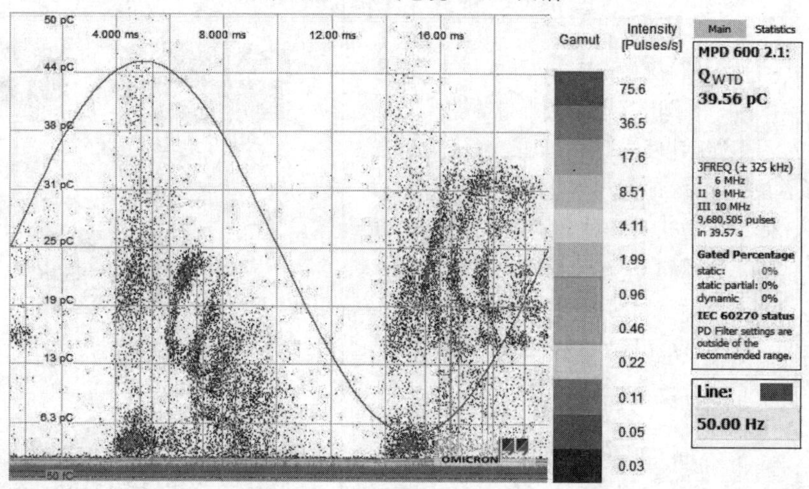

(b)间隔2出线电缆PRPD图谱

图4.18　PRPD图谱

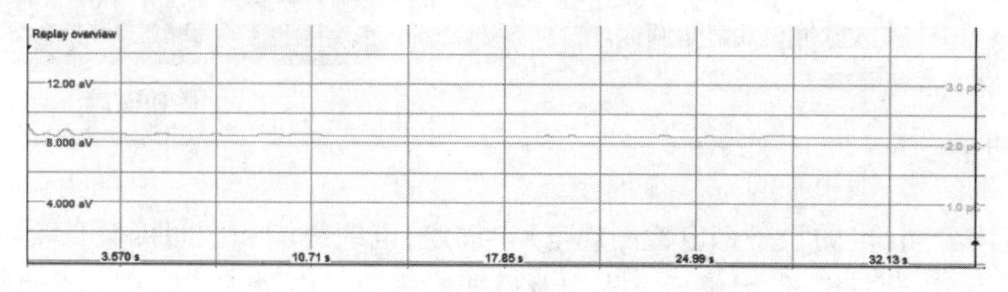

(a)间隔1出线电缆波形图谱

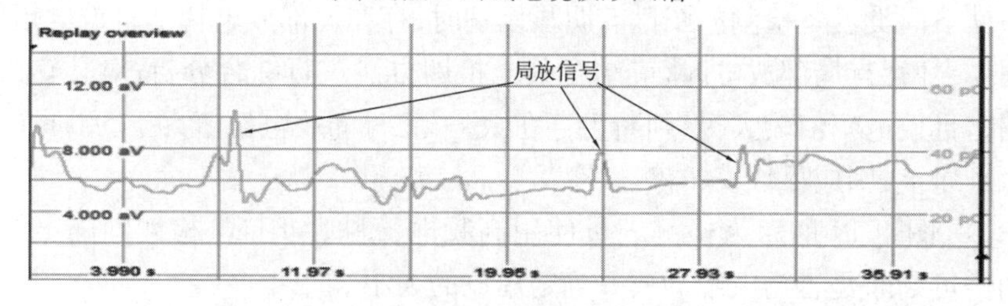

(b)间隔2出线电缆波形图谱

图4.19　波形图谱

从图4.19(a)可知,波形图谱显示无明显局部放电信号,判断是干扰信号。而图4.19(b)

中波形图谱显示存在明显的局部放电信号,判断该电缆存在较严重的绝缘缺陷。事后对间隔2进行停电检修,间隔2电缆肘头未安装后盖。A,C两相封堵表面均存在明显放电痕迹,放电痕迹集中在T形头至接地线区域,其中,A相封堵表面已形成贯穿性放电通道。

电缆局部放电检测试验报告见表4.11。

表4.11 电缆局部放电检测试验报告

天气:	温度: ℃	湿度: %	试验时间: 年 月 日
检测单位		试验性质	
线路名称		投运日期	
电缆型号		电缆接头数量	
电缆厂家		电缆起始点	
试验仪器			
试验结果			
相位	A相	B相	C相
背景噪声			
$1.0U_0$(峰值电压 kV)			
$1.4U_0$(峰值电压 kV)			
电缆接头放电情况			
电缆本体放电情况			
终端位置放电情况			
结论:			
主管:	审核:	试验人员:	

【任务实施】

<table>
<tr><td>工作任务</td><td colspan="2">10 kV 电缆局部放电检测</td><td>学时</td><td>2</td><td>成绩</td><td></td></tr>
<tr><td>姓名</td><td></td><td>学号</td><td>班级</td><td></td><td>日期</td><td></td></tr>
</table>

1. 计划

(1)小组成员分工：

<table>
<tr><td rowspan="2">组别</td><td colspan="3">岗位</td></tr>
<tr><td>工作负责人</td><td>专职监护人</td><td>作业人员</td></tr>
<tr><td></td><td></td><td></td><td></td></tr>
</table>

(2)制订 10 kV 电缆局部放电检测试验方案(另附表)。

2. 决策

核对各组任务工单,确定试验方案。

3. 实施

各小组完成 10 kV 电缆局部放电检测试验。

4. 检查及评价

<table>
<tr><td colspan="2">考评项目</td><td>自我评估 20%</td><td>组长评估 20%</td><td>教师评估 60%</td><td>小计 100%</td></tr>
<tr><td rowspan="4">素质考评(20 分)</td><td>劳动纪律(5 分)</td><td></td><td></td><td></td><td></td></tr>
<tr><td>积极主动(5 分)</td><td></td><td></td><td></td><td></td></tr>
<tr><td>协作精神(5 分)</td><td></td><td></td><td></td><td></td></tr>
<tr><td>贡献大小(5 分)</td><td></td><td></td><td></td><td></td></tr>
<tr><td colspan="2">试验方案(10 分)</td><td></td><td></td><td></td><td></td></tr>
<tr><td colspan="2">实际操作(60 分)(按技能考核标准考核)</td><td></td><td></td><td></td><td></td></tr>
<tr><td colspan="2">试验报告(10 分)</td><td></td><td></td><td></td><td></td></tr>
<tr><td colspan="2">总　分</td><td></td><td></td><td></td><td></td></tr>
</table>

【思考与练习】

1. 电缆局部放电测试意义在于什么？
2. 影响高频电流传感品质的主要因素有哪些？
3. 电缆局部放电量随着电缆传播幅值如何变化？
4. 局部放电量为什么是电荷量的单位？
5. 当检测到电缆局部放电信号异常时，应如何处理？

任务4.4　配电电缆故障测寻

工作负责人：

10 kV 长远Ⅱ回长 316 电缆发生短路故障，现要进行电缆的故障查找和处理工作。本次工作首先需要对 10 kV 长远Ⅱ回长 316 电缆基本信息及现场情况作初步了解，然后对故障类型进行判断，从而选择相应的故障测寻方法，对故障点位置进行精准定位，故障测寻工作由两人配合完成，在施加高压脉冲信号时设定专职监护人两人。在电缆故障测寻过程中，要遵守电力安全生产规程，保障人身与设备的安全。

【任务目标】

1. 掌握电缆故障测寻所需仪器设备及其使用方法。
2. 掌握电缆故障测寻的步骤和要求。
3. 能正确使用电缆故障测寻仪器准确查找故障电缆线路及其定位。

【相关规程】

1. DLT 1253—2013　电力电缆线路运行规程。
2. Q/GDW 11262—2014　电力电缆及通道检修规程。
3.《国家电网公司电力安全工作规程（配电部分）（试行）》。

【相关知识】

电缆线路敷设于地下,肉眼不可见,发生故障后,故障点位置很难确定,故障修复工作难以开展,对用户的优质服务造成巨大影响。因此,采用合适的方法进行快速故障定位,对后续故障修复工作的开展及缩短故障抢修时长,提高用户用电体验感有十分重要的意义。

4.4.1 电缆故障产生的原因

电缆故障主要是由电缆主绝缘被击穿或破坏而产生的。其主要原因大致有机械损伤、绝缘受潮、绝缘老化、过电压击穿、护套的腐蚀、中间接头和终端头的设计与施工工艺不良。其中,中间接头和终端头的设计、选材不当,导致电场分布不均匀,机械强度不够,会加速中间接头的老化;施工工艺不良,形成电场集中分布;电缆接头不密封使电缆受潮,造成电缆头故障。现场经验表明,外力破坏与中间接头故障是电缆故障的主要原因。

4.4.2 电缆故障的分类

微课　橡塑电缆外护套和内衬层破损进水的确定方法

根据故障电缆的电阻与导线的通断情况,可将电缆故障分为以下4类:

(1)低阻故障

低阻故障是指电缆导体对地或导体与导体之间的绝缘电阻值低于 $10Z_0$(电阻小于100 Ω),而导体连续性良好(Z_0为电缆的特性波阻抗)。

(2)高阻故障

高阻故障是指电缆导体对地或导体与导体之间的绝缘电阻值远低于正常值但又高于200 Ω,而导体连续性良好。

(3)开路(断线)故障

开路(断线)故障是指电缆导体线芯有一相或多相不连续。电缆开路故障很少出现。

(4)闪络性故障

闪络性故障是指在电压升高时电缆绝缘击穿,但当电压接近运行电压时绝缘会恢复,当电压升高时又会击穿,有时会反复连续击穿。该类故障无法通过电缆的绝缘值判断。

仿真动画电缆线路断线故障查找

在故障探测过程中,随着高压信号的施加,4类故障会相互转化,特别是闪络性故障最不稳定,随时会转化为高阻故障。

仿真动画　电缆线路低阻故障查找

4.4.3　电缆故障测寻的方法

电缆发生故障后,一般要经过电缆故障性质判断、电缆故障测距、电缆路径探测及电缆故障精确定点4个基本的探测步骤。

(1)电缆故障性质判断

如果电缆路径全线巡查不能发现电缆故障点,则需要利用绝缘电阻测试仪、万用表等仪器对电缆故障性质进行判断,根据故障性质选择合适的故障探测方法。电缆故障性质判断用仪器如图4.20所示。

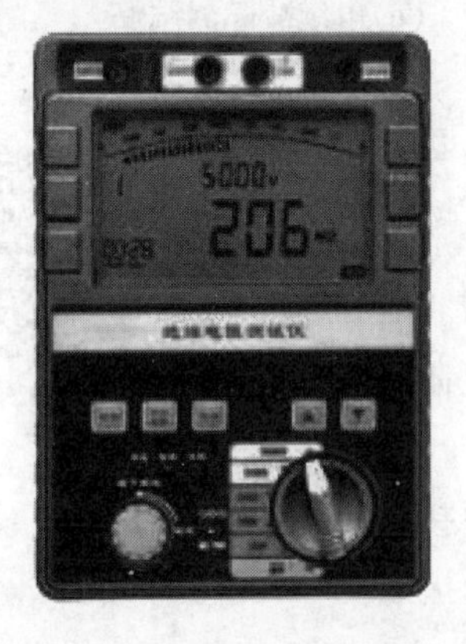

(a)绝缘电阻测试仪

(b)万用表

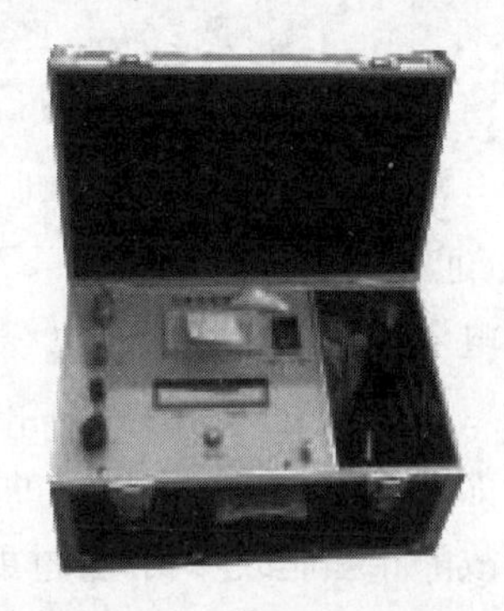

(c)回路电阻测试仪

图4.20　电缆故障性质判断用仪器

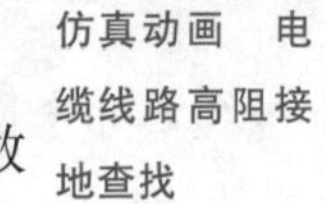

仿真动画　电缆线路高阻接地查找

①用兆欧表进行绝缘电阻测量,通过绝缘电阻值找出故障相,判断故障相是短路、接地故障,还是高阻故障、低阻故障。在低阻时,进一步用万用表进行电阻值的确认。

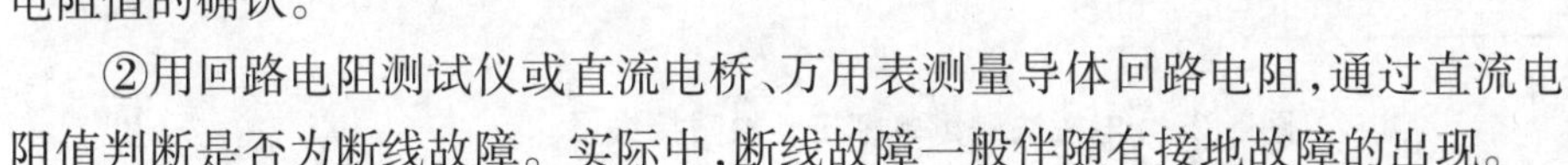

②用回路电阻测试仪或直流电桥、万用表测量导体回路电阻,通过直流电阻值判断是否为断线故障。实际中,断线故障一般伴随有接地故障的出现。

③如果绝缘良好、无断线,进行耐压试验,判断是否有闪络性故障,这种故障比较少。

(2)电缆故障测距

电缆故障测距就是测量故障点与测试点之间的距离,测量的是电缆的长度而不是电缆路径的实际位置,是电缆故障点精确定位的一种辅助手段。目前,电缆故障的测距方法主要有低压脉冲反射法、脉冲电流法、脉冲电压法及二次脉冲法。因脉冲电压法存在安全隐患,故现已逐渐停止使用。

据故障性质的不同,故障测距的方法也不相同。一般情况下,开路断线故障及低阻故障的测距方法选用低压脉冲反射法,高阻故障及闪络性故障的测距方法选用脉冲电流法或二次脉冲法。电缆故障测距用仪器如图4.21所示。

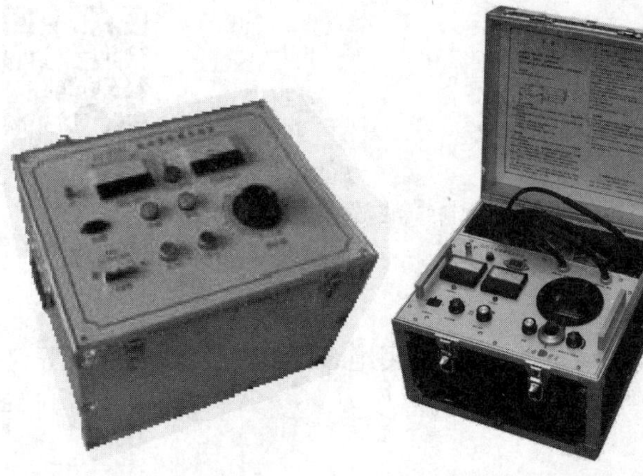
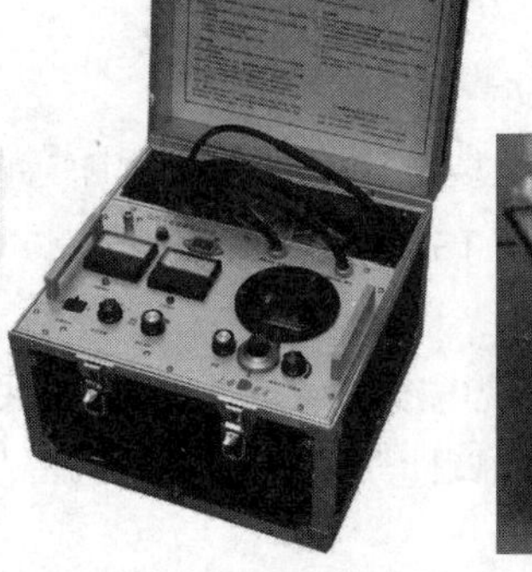
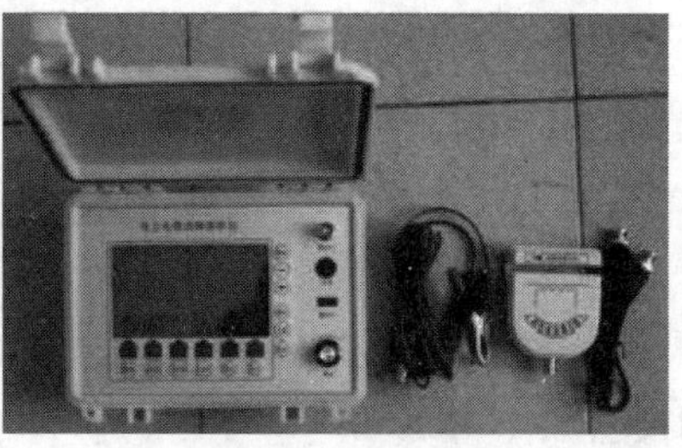
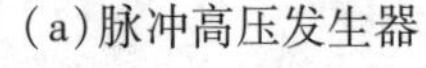

(a)脉冲高压发生器　　(b)电缆故障电位电桥　　(c)电缆故障测试仪

图 4.21　电缆故障测距用仪器

1)电桥法

仿真动画　电缆线路死接地故障查找

电桥法适合低阻单相接地和两相短路故障的测量。它是利用电桥平衡的原理,通过同一条电缆线路不变的情况下,导体电阻与长度成正比的特点,将故障电缆长度与完好部分电缆长度比转换为仪器可读数的电阻比,从而得到故障点位置。电桥法测量单相接地故障接线如图 4.22 所示。

如图 4.22 所示,将找到的故障相与非故障的其中一相短接,电桥两臂分别接故障相和非故障相,通过可调电阻器,使电桥平衡,检流计指示为 0。在已知电缆实际全长的情况下,则可计算故障距离为

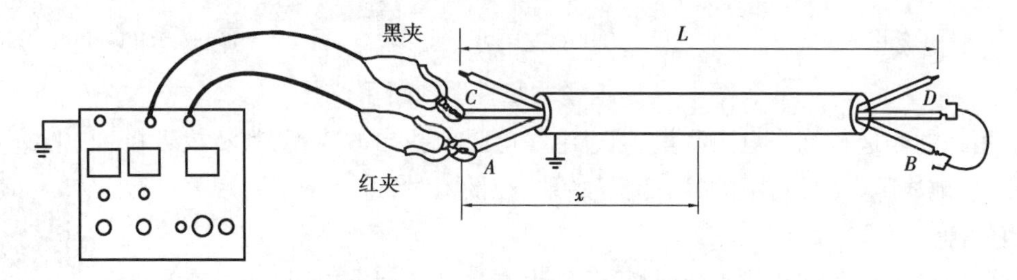

图 4.22　电桥法测量单相接地故障接线图

$$L_x = 2L\frac{R}{R+M} \tag{4.8}$$

一般测量电缆线路的实际全长采用低压脉冲法测量。

2)低压脉冲法

微课　低压脉冲法检测电缆故障

低压脉冲法适用于测量电缆的低阻接地与开路故障、测量电缆线路长度和波速度。测试时,从测试端向电缆中输入一个低压脉冲信号,该脉冲信号沿着电缆传播,当遇到电缆中的阻抗不匹配点(如开路点、短路点、低阻故障点和接头)时,会发生反射脉冲,传播回测试端。假定从仪器发射出反射脉冲到仪器接收反射脉冲的时间差为 Δt,已知脉冲电磁波在电缆中传播的速度为 v,可

计算出故障点距测量端的距离为

$$l = \frac{1}{2}v\Delta t \tag{4.9}$$

需要说明的是，开路断线故障反射脉冲与发射脉冲极性相同，短路或低阻故障的反射脉冲与发射脉冲极性相反，如图4.23所示。

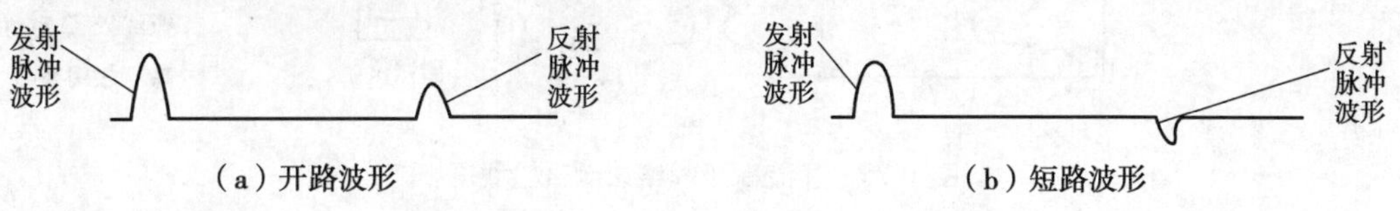

图4.23　发射脉冲与反射脉冲波形

如图4.24所示为典型的低压脉冲反射波形。可知，中间接头反射较故障反射弱。因此，在波形分析时，要注意区分接头和故障的反射波形。

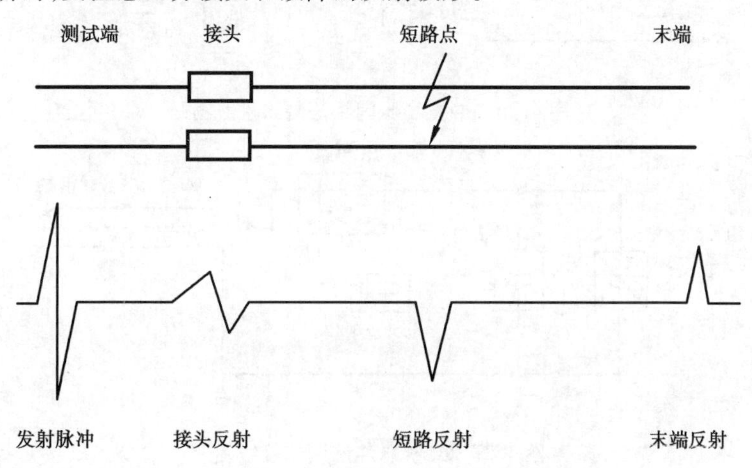

图4.24　低压脉冲反射波形

3）脉冲电流法

仿真动画　电缆线路闪络故障查找

脉冲电流法有直流高压闪络法（直闪法）和冲击高压闪络法（冲闪法）。

①直闪法测试接线如图4.25所示。在测试端对电缆线路故障相施加直流电压，当电压升到一定值时，故障点发生闪络放电，利用闪络放电产生的脉冲波及其反射波在仪器上记录的时间间隔 Δt，从而计算出故障点距离。

②冲击高压闪络法测试接线如图4.26所示。通过高压直流设备首先对电容C充电，当电容C上电压高到使球间隙击穿，电缆回路导通，电容C对电缆放电，相当于直流电源电压突然加到电缆上去，故障点击穿放电，电弧短路，把所加高压脉冲电流波反射回来。通过测量故障点放电产生的电流波信号在测试端和故障点往返一次的时间 Δt，就能计算出故障点距离。

4）二次脉冲法

二次脉冲法测试接线如图4.27所示。利用冲击高压或直流高压击穿故障点，故障点出现弧光放电，弧光电阻很小，因而燃弧期间故障点维持着低电阻状态，可通过在电弧存在和电弧熄灭时分别发射低压脉冲，记录两次的反射脉冲，反射脉冲分别为低阻和高阻的情况。因此，故障点的波形不同，通过比较则可找到故障点。

仿真动画 电缆线路稳定性高阻故障查找

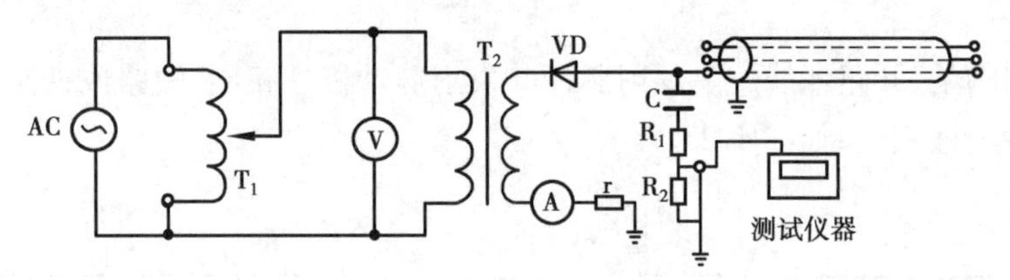

图 4.25 直流高压闪络法测试接线图

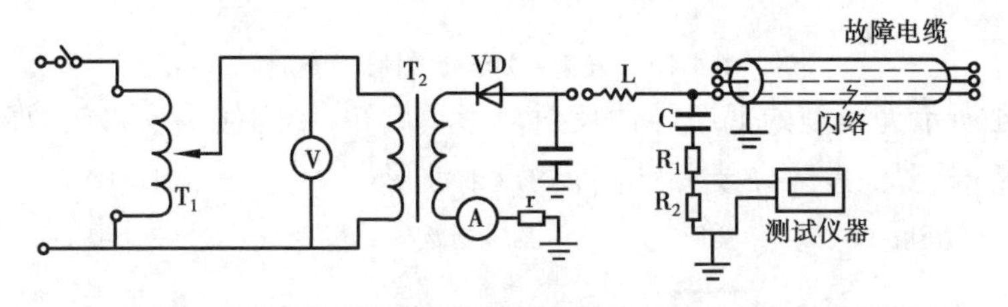

图 4.26 冲击高压闪络法测试接线图

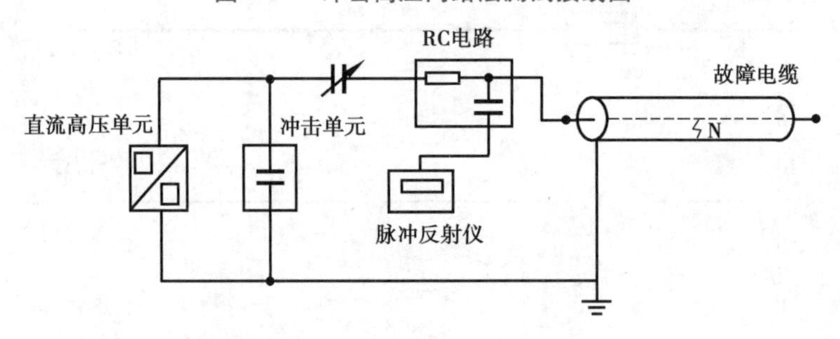

图 4.27 二次脉冲法测试接线图

例如，某 10 kV 电缆长度 473 m，故障点位置在 112 m 处，电缆测距波形图如图 4.28 所示。

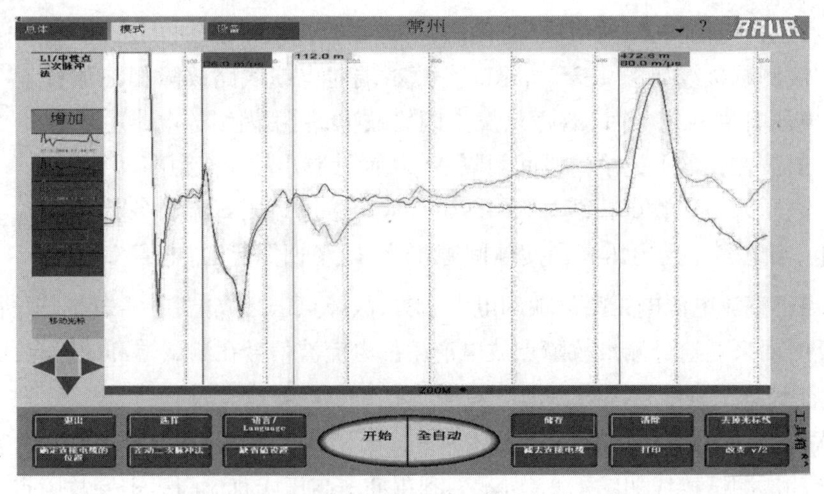

图 4.28 电缆测距波形图

(3)电缆路径探测

对电缆台账不全、路径信息不明确的电缆,在故障点精确定位前,需要首先进行电缆路径的探测。常用的路径探测方法主要有音频信号感应法、脉冲磁场方向法和脉冲磁场幅值法。实际工作时,电缆的路径探测是一个相对独立的过程,可在故障测距后进行,也可作为电缆路径全线巡查的辅助手段,提前到与了解电缆情况的步骤同时进行,以节省故障查找的时间。

(4)电缆故障精确定点

在测得电缆故障点的距离后,首先根据电缆的路径走向,判断出电缆故障点的大致位置,然后通过故障定点仪进行电缆故障点精确定位。故障点精确定位优先选用声磁同步法,这种方法是目前可靠性与精度最高的方法。电缆故障声磁同步定点仪如图 4.29 所示。如果低阻故障为金属性短路或死接地时,用声磁同步法及声测法无法找到故障点,此时可选用音频信号感应法或跨步电压法进行精确定位。

图 4.29　电缆故障声磁同步定点仪

图 4.30　声磁同步法原理

1)声磁同步法

用传感器同步接收故障点放电产生的脉冲磁场信号与声音信号,测量出两个信号传播到传播器的声磁时间差,通过判断声磁时间差的大小来探测故障点精确位置的方法,称为声磁同步接收定点法(声磁同步法),如图 4.30 所示。同一个放电脉冲产生的声音信号和磁场信号传到探头时就会有一个时间差,其值就能代表故障点距离的远近,找到时间差最小的点,就是故障点的正上方。

2)跨步电压法

仿真动画　电缆线路外护套故障查找

对故障点为护套破损类的开放性故障,可采用跨步电压法。在高压信号作用下,故障点两侧的电位呈喇叭状分布,用测量设备测量信号的幅值和方向,首先在未故障位置确定表针摆动方向,由于故障点前后方向相反,因此,找到表针摆动方向相反的点则越过,直到找到前后表针摆动方向不动的点,从而找到故障点,如图 4.31 所示。

3）音频电流信号感应法

仿真动画　电缆线路混合型故障查找

音频电流信号发生器向待测电缆中加入音频电流信号，故障点周围就会产生同频率的电磁波信号，通过探测被测电缆路径上的电磁场信号强弱，故障点的信号强于周围的信号，从而找出故障点。根据传感器感应线圈放置方向的不同，可分为音谷法和音峰法两种，如图4.32所示。

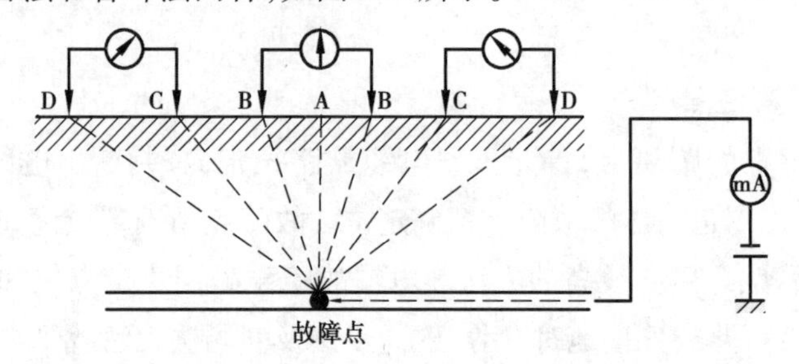

图4.31　跨步电压法原理

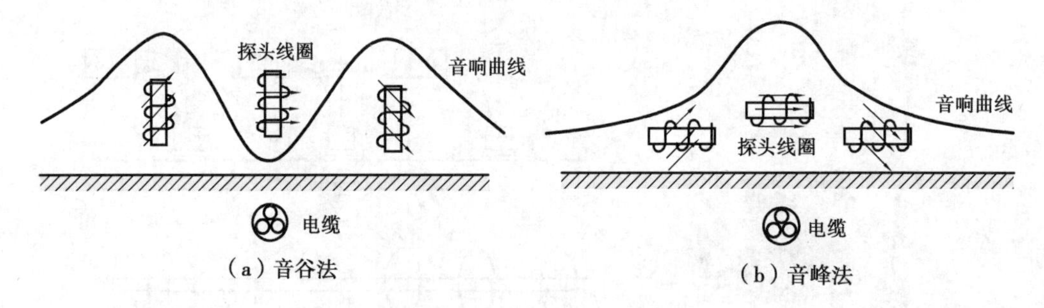

图4.32　音频电流信号感应法原理

4.4.4　电缆故障测寻流程

（1）电缆故障测寻流程

对电缆路径沿线巡查及使用电缆故障定点仪对电缆故障点精确定位时，应做好防止交通事故的措施；在打开电缆井盖或电缆沟盖板时，应在四周设置好安全围栏，并做好明显的警告标志，防止他人误入；进入电缆井前，应先检测井内有毒气体，井内工作人员应戴安全帽，并做好防火、防水及防高空坠物等措施，井口有专人监护；在进行高压试验时，试验现场应装设封闭式的遮拦或围栏，对外悬挂“止步！ 高压危险”警示牌，试验现场及对侧电缆终端处都应派专人监护，每次试验告一段落或试验结束均应将电缆逐相对地放电。

（2）电缆故障测寻操作步骤和要求

电缆故障测寻操作步骤和要求见表4.12。

表4.12　电缆故障测寻操作步骤和要求

序号	步骤	内容和要求	图　例
1	准备工作	(1)作业手续与故障电缆相关资料的准备。当电缆线路是故障停电时,应填用配网紧急故障抢修单,当故障抢修时间超过8 h,应填用配网第一种工作票,并得到调度部门的许可。作业前,查询电缆台账,详细查询故障电缆长度、型号、电压等级、绝缘性质,有无金属防护层,以及是单芯还是多芯统包等电缆基本信息,电缆的单线图、路径走向图,电缆中间接头数量与位置,电缆两终端头的位置,电缆的敷设方式及隐蔽工程的图纸资料,故障电缆其他信息及停电区域	电缆台账
		(2)安全工器具及仪器仪表的准备。检修前需要准备的安全工器具有10 kV绝缘手套、放电棒、验电器、安全围栏、标识标牌、电缆肘头拆装工具;需要准备的仪器仪表有电缆故障探测车、兆欧表、万用表、电缆测距仪、电缆故障定点仪	
2	电缆路径沿线巡查	(1)检查电缆沿线有无动土施工,是否存在外力破坏可能	
		(2)检查电缆井、电缆沟盖板有无异常松动和烧焦的异味	

续表

<table>
<tr><th>序号</th><th>步骤</th><th>内容和要求</th><th>图 例</th></tr>
<tr><td rowspan="2">2</td><td rowspan="2">电缆路径沿线巡查</td><td>(3)检查电缆中间接头有无放电击穿痕迹</td><td></td></tr>
<tr><td>(4)询问周围群众故障发生时段有无异响</td><td></td></tr>
<tr><td rowspan="3">3</td><td rowspan="3">故障电缆两端终端头解头</td><td>(1)核对电缆线路名称及设备双重编号</td><td></td></tr>
<tr><td>(2)在工作地点四周设置安全围栏
对外悬挂“止步！高压危险”警示牌和“在此工作”标示牌</td><td></td></tr>
<tr><td>(3)取出被测电缆终端三相堵头</td><td></td></tr>
</table>

续表

序号	步骤	内容和要求	图 例
3	故障电缆两端终端头解头	(4)用相应电压等级验电笔对三相导电杆进行验电。明确无电压后,取出三相导电杆螺母;当终端头并接有避雷器时,先将避雷器取出	
		(5)按A,B,C三相依次将终端头从母排底座上取出,并依次与底座A,B,C相对应做好标记。注意:将终端头从母排底座上取出前,应检查电缆终端固定牢固,防止产生移位;应将外屏蔽接地线解除;终端头从母排底座上取出时,需用力均匀,防止用力过大产生大幅形变,损伤下方三叉	 
		(6)拔出终端头三相T肘,将三相电缆铜鼻子之间、铜鼻子与电缆室保持一定的距离,防止高压试验时相互击穿	
		(7)按相同的步骤取出电缆对侧电缆终端头	

续表

<table>
<tr><th>序号</th><th>步骤</th><th>内容和要求</th><th>图　例</th></tr>
<tr><td rowspan="4">4</td><td rowspan="4">用兆欧表分别测量 A,B,C 三相绝缘电阻值</td><td>(1)测量电缆 A 相绝缘电阻值。先将非测试相 B,C 相电缆短接接地</td><td></td></tr>
<tr><td>(2)将兆欧表测试线连接好</td><td>
</td></tr>
<tr><td>(3)将黑色的接地线与电网接地线或电缆铜屏蔽相连</td><td>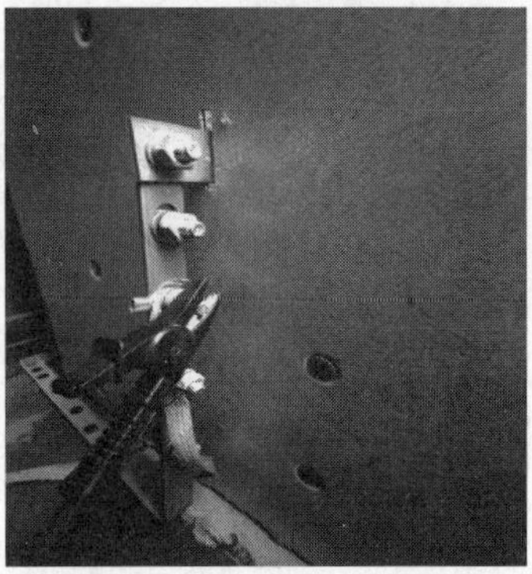</td></tr>
<tr><td>(4)旋转兆欧表右侧挡位开关,选择 2 500 V 或 5 000 V 挡位</td><td>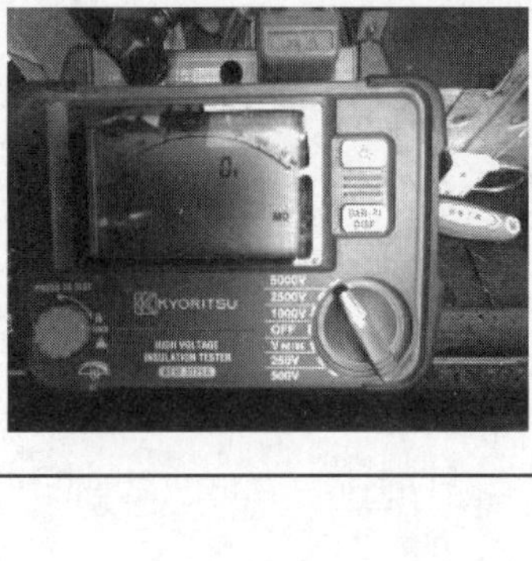
</td></tr>
</table>

续表

序号	步骤	内容和要求	图　例
4	用兆欧表分别测量A,B,C三相绝缘电阻值	(5)佩戴好相应电压等级的绝缘手套,将红色输出线与A相电缆线芯接触良好	
		(6)将兆欧表左侧输出旋钮按下,并顺时针旋转至输出位置	
		(7)待显示屏上数据稳定后记录测量的电阻值及电压值	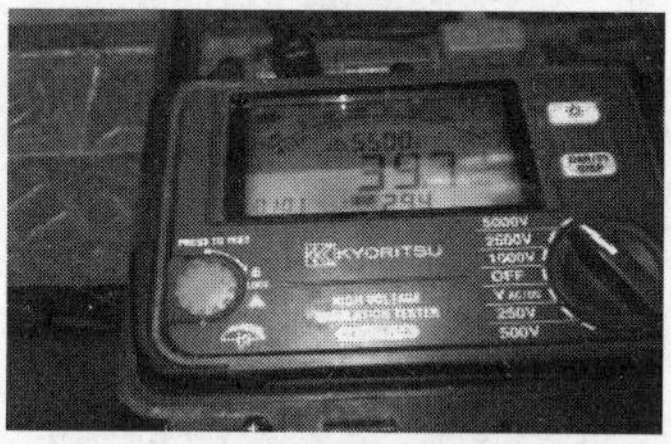
		(8)将兆欧表左侧输出旋钮按下,并逆时针旋转至放电位置,或用接地棒将测试电缆进行充分放电	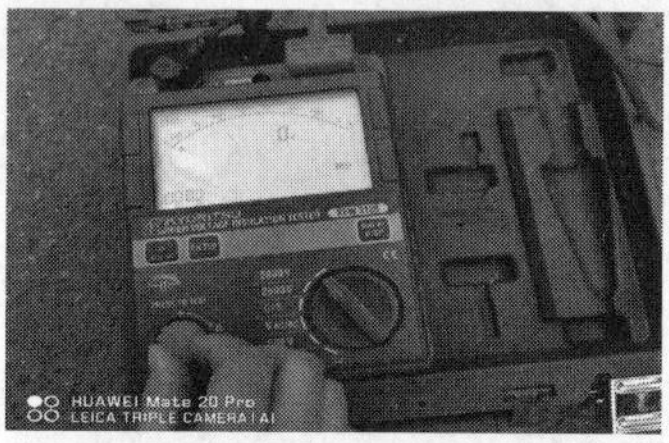
		(9)按相同的方法测量B,C相绝缘值	

续表

序号	步骤	内容和要求	图例
5	用万用表测量绝缘电阻值为0的相,即故障相	(1)将万用表测试线连接好	
		(2)将万用表挡位开关旋转至欧姆挡	
		(3)黑色测试线与接地线或同屏蔽接触良好	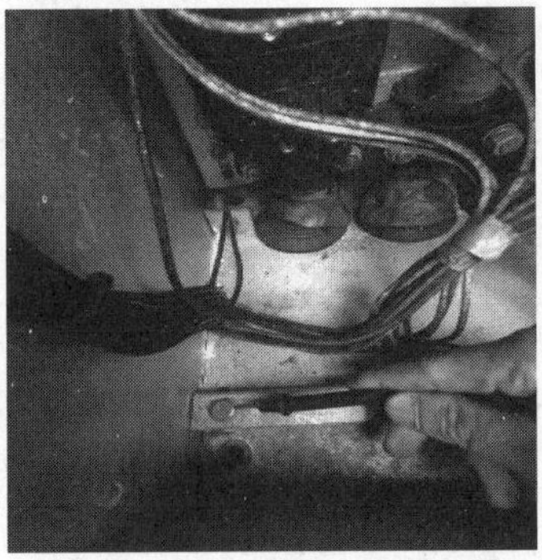

续表

<table>
<tr><th>序号</th><th>步骤</th><th>内容和要求</th><th>图　例</th></tr>
<tr><td rowspan="2">5</td><td rowspan="2">用万用表测量绝缘电阻值为0的相，即故障相</td><td>(4)红色接地线与电缆线芯接触良好</td><td></td></tr>
<tr><td>(5)待显示屏上数据稳定后，记录测量的电阻值</td><td>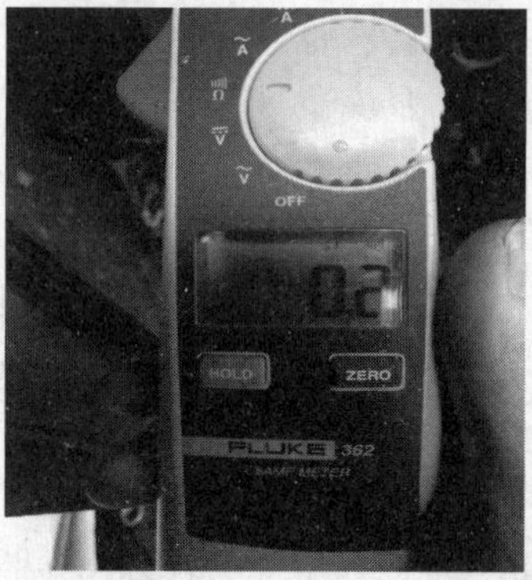
</td></tr>
<tr><td>6</td><td>电缆故障性质判断与测距方法、精确定位方法的选择</td><td>(1)万用表测量电阻值小于200 Ω判断为低阻故障，一般选用低压脉冲反射法进行测距，选用声磁同步法与声测法进行精准定位</td><td>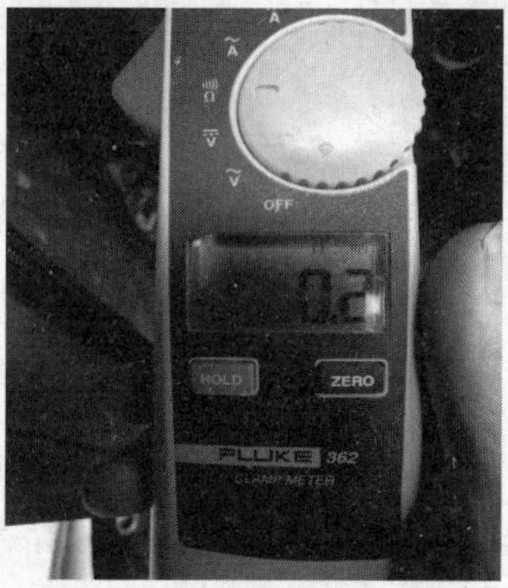
</td></tr>
</table>

续表

序号	步骤	内容和要求	图　例
6	电缆故障性质判断与测距方法、精确定位方法的选择	(2)万用表测量电阻值大于 200 Ω 且远小于正常绝缘值判断为高阻故障，一般选用高压闪络法或二次脉冲法进行测距，选用声磁同步法与声测法进行精准定位	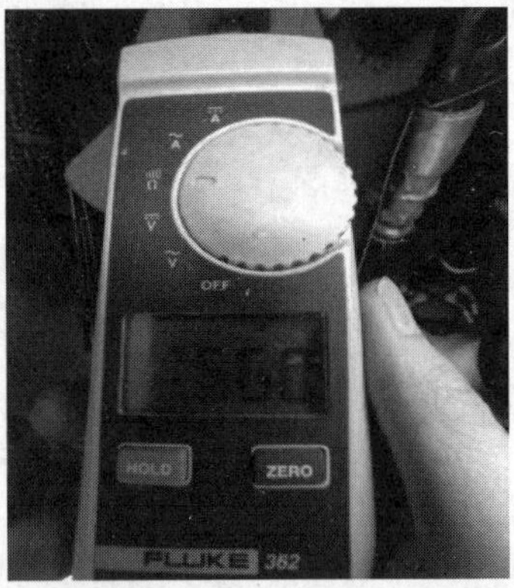
		(3)三相绝缘值正常则用万用表进行导通试验。如果 A，B 相导通，A，C 相及 B，C 不导通，则判断为 C 相断线；同理，如果 B，C 导通，A，B 相及 A，C 相不导通，则判断为 A 相断线；A，C 相导通，A，B 相及 B，C 不导通，则判断为 B 相断线；断线故障一般选用低压脉冲反射法进行测距，选用声磁同步法与声测法进行精准定位	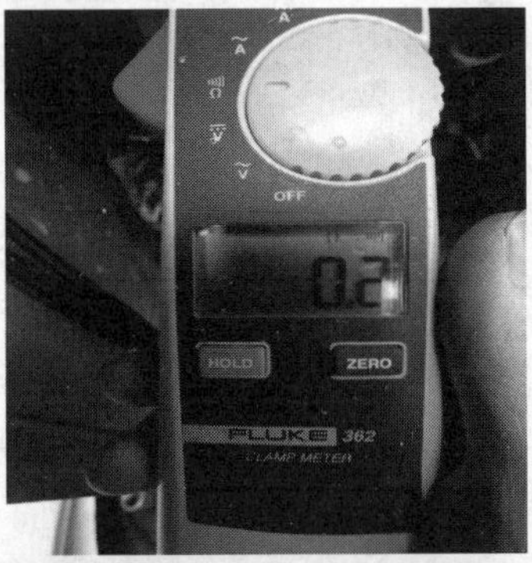 
		(4)闪络性故障主要是在耐压试验阶段发生，运行电缆多发生闪络性故障，一般判定为闪络性故障后，会采用将其绝缘薄弱处烧穿，将闪络性故障转化为高阻或低阻故障进行故障处理。一般选用高压闪络法或二次脉冲法进行测距，选用声磁同步法与声测法进行精准定位	

续表

序号	步骤	内容和要求	图　例
7	低压脉冲反射法进行测距	(1)将被测电缆两端悬空	
		(2)测试仪器连接线接好	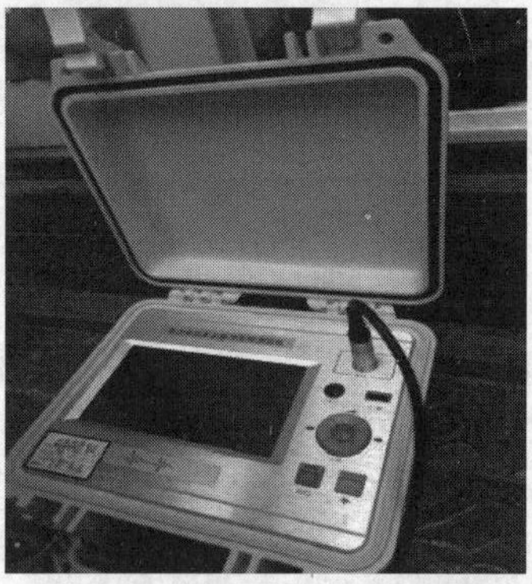
		(3)红色线一端与仪器输出端相连	
		(4)红色线另一端与被测电缆线芯相连	

续表

序号	步骤	内容和要求	图例
7	低压脉冲反射法进行测距	(5)打开测试仪器电源,出现测试界面后,选择测试范围	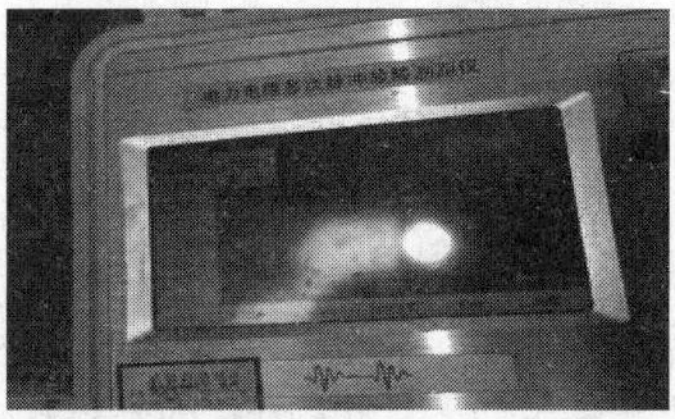
		(6)根据电缆型号,选择测试波速	
		(7)按下脉冲测试键,测试完成后,在测试仪器上会显示一个实测波形,包含两个明显的上升波形,或一个上升波形、一个下降波形 开路故障时,实测波形为两个上升波形;短路故障时,实测波形中入射波为上升波形,反射波为下降波形	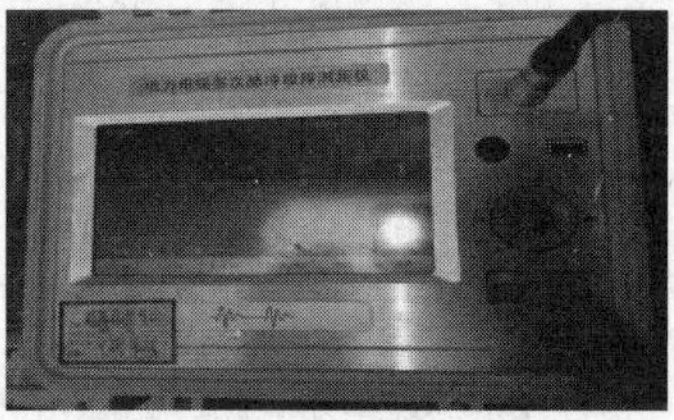
		(8)把虚光标移动到反射波上升沿或者下降沿的起点。设置为反射波的起点。此时,右上角显示的距离就是测试点到故障点之间电缆的长度	
8	二次脉冲法测距	(1)将被测电缆两端悬空,非测试相短接接地,测试相与非测试相、测试相与电缆室两壁之间保持足够的距离,防止测试相施加高压脉冲时对非测试相、电缆室两壁放电	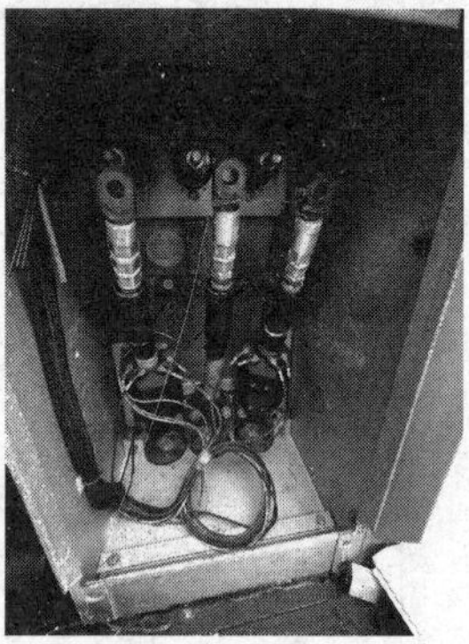

续表

序号	步骤	内容和要求	图　例
8	二次脉冲法测距	(2)打开电缆故障探测车后门,将仪器高压绝缘线取出,一端与测试相电缆线芯连接牢固,接地线与分支箱接地网连接牢固;另一端插入仪器高压输出孔,连接牢固	 
		(3)将仪器接地线取出,一端与分支箱接地网连接牢固;另一端与仪器接地端连接牢固	
		(4)将仪器电源线与电缆故障探测车发电机 220 V 输出孔相连	

续表

序号	步骤	内容和要求	图 例
8	二次脉冲法测距	(5)再次检查所有接线正确且牢固后，关闭电缆故障测试车后门	
		(6)在故障测试车四周及被测电缆两终端头四周设置安全围栏	
		(7)派专人监护试验电缆对侧，防止外人误入高压区域	
		(8)进入故障车仪器操作室，检查各指示灯指示正常，将电压旋钮逆时针旋转至底部，将连杆拉出至 test(测试)模式	

续表

序号	步骤	内容和要求	图　例
8	二次脉冲法测距	(9)拉出最上隔二次脉冲法测距仪,长按电源键以开启仪器	
		(10)旋转按钮,选择测试键,长按发出低压脉冲,测量电缆全长	 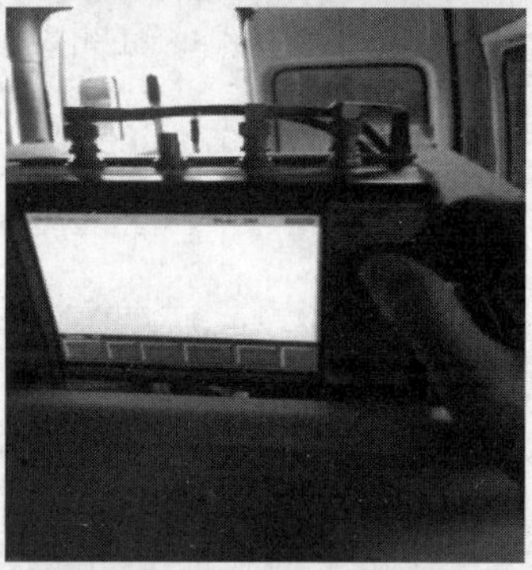
		(11)待测试界面上出现完整波形后,说明仪器已记录了低压脉冲下的测试波形;将连杆推入至 ssg 模式,顺时针旋转高压输出旋钮,旋转至单次触发模式	
		(12)顺时针旋转调压旋钮,将单次输出电压升至 20 kV。逆时针旋转调压旋钮至底部	

续表

<table>
<tr><th>序号</th><th>步骤</th><th>内容和要求</th><th>图　例</th></tr>
<tr><td rowspan="5">8</td><td rowspan="5">二次脉冲法测距</td><td>(13)按下单次脉冲触发按钮,发出一次高压脉冲将故障点击穿,故障点激发的同时仪器自动发射一次低压脉冲,低压脉冲通过故障击穿点发生反射,仪器记录低压脉冲反射波形</td><td>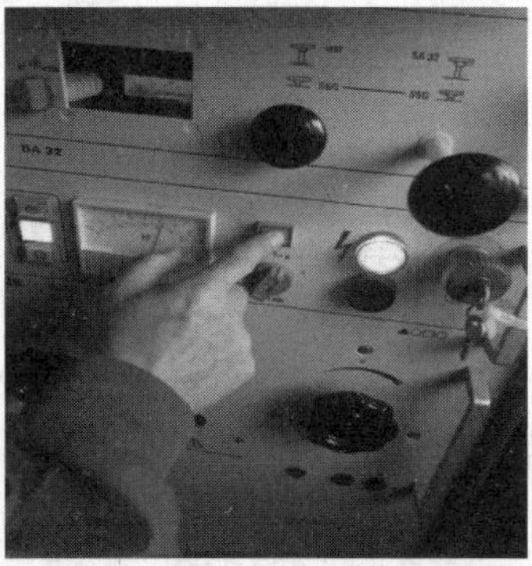</td></tr>
<tr><td>(14)等待测量计算过程结束后,仪器显示屏上出现前后两次低压脉冲的测量图谱及两个光标</td><td>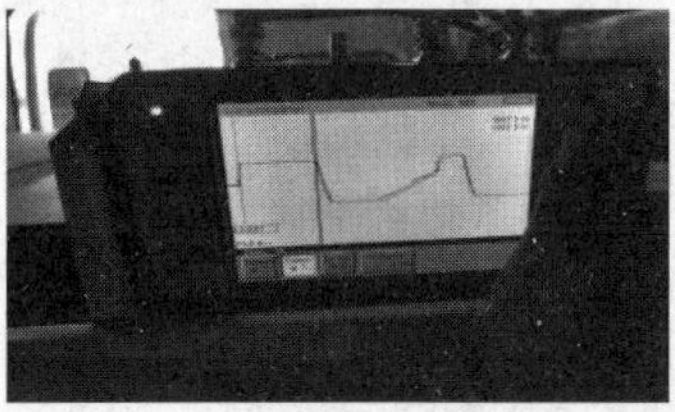</td></tr>
<tr><td>(15)先把其中一个光标移动到最左边脉冲波形的上升沿起点,即设定为入射波的起点</td><td>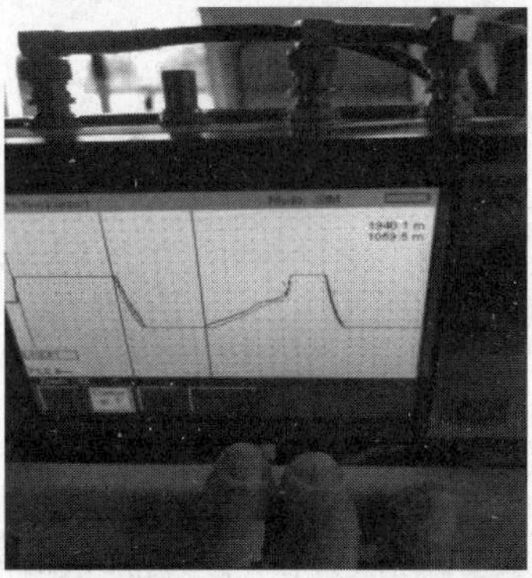</td></tr>
<tr><td>(16)再把另一个光标移动到两个图谱的分叉点,界面右上角显示的距离就是测试点到故障点之间的电缆长度</td><td>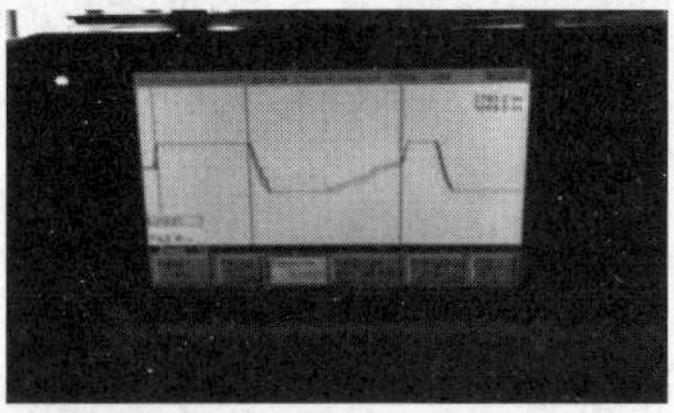</td></tr>
<tr><td>(17)保存测试波形,关闭二次脉冲法测距仪,将二次脉冲测距仪收入抽屉</td><td></td></tr>
</table>

续表

序号	步骤	内容和要求	图　例
9	声测法精确定位	(1)顺时针旋转高压输出旋钮,旋转至连续触发模式	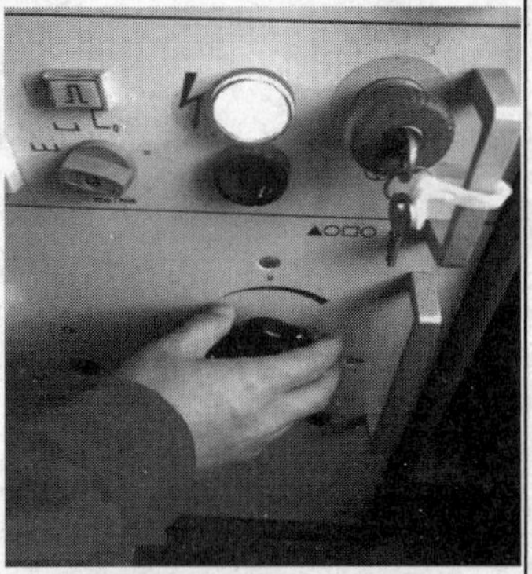
		(2)顺时针旋转调压旋钮,将输出电压升压缓慢升高,待仪器发出“啪啪”清脆响亮的声音且电流表指针摆幅较大时,停止旋转,保持该输出电压	
		(3)取出声测法故障定位仪,将耳机连接线接入仪器左边的输出孔,将振动传感器连接线接入右边的输入孔。长按仪器电源,开启仪器	
		(4)在初测电缆故障点距离附近,将传感器箭头所指方向对准电缆走向,前后、左右移动振动传感器,调节耳机音量,探听电缆故障点的放电声音。如果电缆在显示器的右边,则表示电缆在传感器的右侧;反之,则在左侧。如果电缆在显示器的正中间,则表示电缆在传感器的正下方	 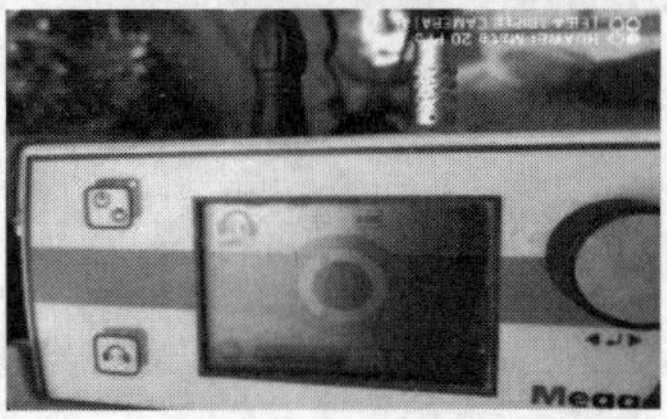

续表

序号	步骤	内容和要求	图　例
9	声测法精确定位	(5)当耳机里能听到连续的频率与施加脉冲电压频率相同的“啪啪”声，且前后、左右移动传感器后，仪器屏幕上显示距离为最小距离处，即故障点的准确位置	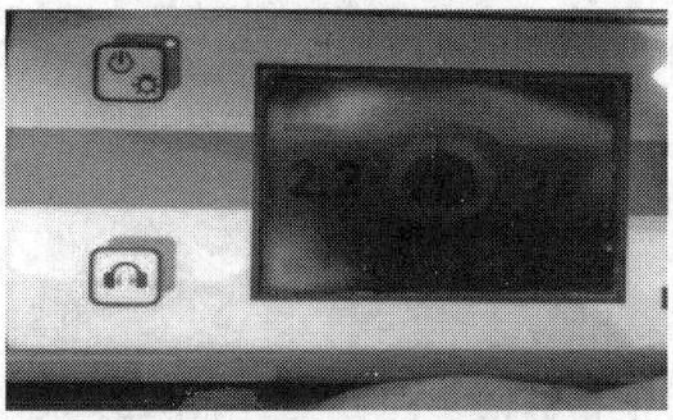
		(6)打开电缆井盖板，看到明显的放电弧光，即故障点	
		(7)逆时针旋转调压旋钮，将输出电压降为零	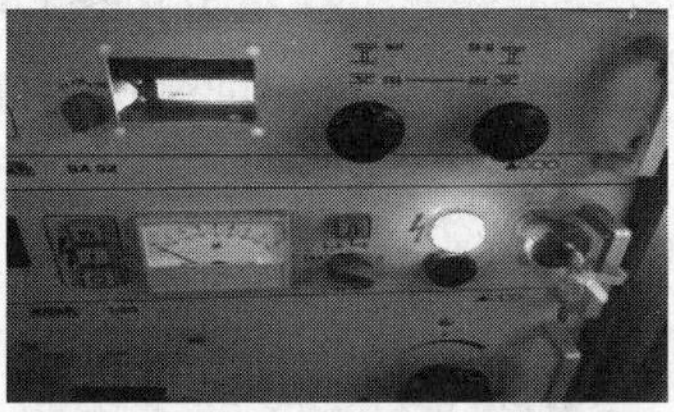
		(8)按下高压输出按钮0，切断高压输出。按下高压电源开关，关闭电源	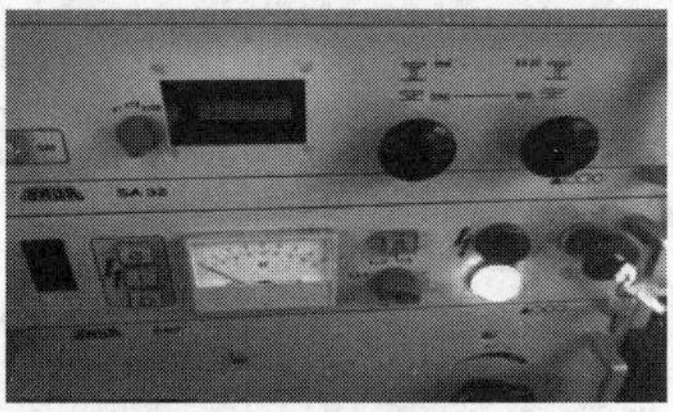
		(9)对测试电缆进行充分放电	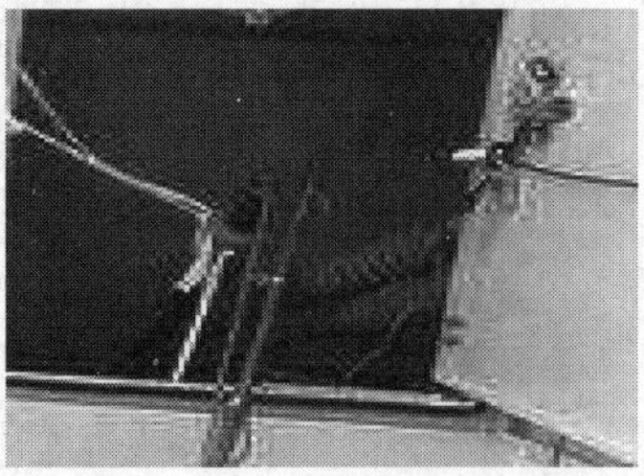
10	故障排除	找到电缆故障点后，根据故障的程度采取不同的处理办法，对故障部位进行修复。切除并重做电缆中间接头，可参考任务2.4	

【任务实施】

<table>
<tr><td>工作任务</td><td colspan="2">10 kV 配电电缆故障查找</td><td>学时</td><td>6</td><td>成绩</td><td></td></tr>
<tr><td>姓名</td><td></td><td>学号</td><td></td><td>班级</td><td></td><td>日期</td></tr>
</table>

1. 计划

(1)小组成员分工:

<table>
<tr><td rowspan="2">组别</td><td colspan="3">岗位</td></tr>
<tr><td>工作负责人</td><td>专职监护人</td><td>作业人员</td></tr>
<tr><td></td><td></td><td></td><td></td></tr>
</table>

(2)制订 10 kV 电缆线路故障测寻方案(另附表)。

2. 决策

核对各组任务工单,确定故障测寻方案。

3. 实施

(1)准备电缆故障查找工器具和设备。

(2)各小组完成 10 kV 电缆故障查找工作。

4. 检查及评价

<table>
<tr><td colspan="2">考评项目</td><td>自我评估 20%</td><td>组长评估 20%</td><td>教师评估 60%</td><td>小计 100%</td></tr>
<tr><td rowspan="4">素质考评
(20 分)</td><td>劳动纪律(5 分)</td><td></td><td></td><td></td><td></td></tr>
<tr><td>积极主动(5 分)</td><td></td><td></td><td></td><td></td></tr>
<tr><td>协作精神(5 分)</td><td></td><td></td><td></td><td></td></tr>
<tr><td>贡献大小(5 分)</td><td></td><td></td><td></td><td></td></tr>
<tr><td colspan="2">10 kV 电缆故障测寻方案(10 分)</td><td></td><td></td><td></td><td></td></tr>
<tr><td colspan="2">实际操作(60 分)(按技能考核标准考核)</td><td></td><td></td><td></td><td></td></tr>
<tr><td colspan="2">总结分析(10 分)</td><td></td><td></td><td></td><td></td></tr>
<tr><td colspan="2">总　分</td><td></td><td></td><td></td><td></td></tr>
</table>

【思考与练习】

1. 电桥法适用于哪种故障查找?
2. 在进行电缆故障查找中,可能会有哪些情况影响故障查找的准确性?
3. 电缆故障查找的盲区怎么处理?

参考文献

[1] 国家电网公司人力资源部. 配电电缆[M]. 北京:中国电力出版社,2010.

[2] 常瑞增. 电缆的选型与应用[M]. 北京:机械工业出版社,2016.

[3] 中国电力企业联合会. 电力工程电缆设计标准[S]. 北京:中国计划出版社,2018.

[4] 中国电力企业联合会. 电气装置安装工程　电缆线路施工及验收标准[S]. 北京:中国计划出版社,2018.

[5] 电力电缆线路运行规程[S]. 北京:中国电力出版社,2014.

[6] 刘振亚. 国家电网公司配电网工程典型设计(2013 年版):10 kV 电缆分册[M]. 北京:中国电力出版社,2014.